21世纪高等学校计算机
专业实用系列教材

SQL Server 数据库教程

（第3版）（SQL Server 2012）

◎ 赵明渊 主编

清华大学出版社

北京

内 容 简 介

本书以数据库原理为基础,以功能强大的关系数据库 SQL Server 2012 作为平台,将基础知识和实际应用有机结合起来。全书共 15 章,分别介绍数据库系统和数据库设计、SQL Server 概述、创建数据库、创建和使用表、数据查询、视图、索引、数据完整性、T-SQL 程序设计、存储过程、触发器、系统安全管理、备份和恢复、事务和锁、基于 Java EE 和 SQL Server 的学生成绩管理系统开发等基本内容和实验。每章章末都配有习题,附录 A 提供了习题参考答案。

本书可作为大学本科、高职高专及培训班的教材,还可作为计算机应用人员和计算机爱好者的自学参考书。

图书在版编目(CIP)数据

SQL Server 数据库教程：SQL Server 2012/赵明渊主编. —3 版. —北京：清华大学出版社,2022.2
21 世纪高等学校计算机专业实用系列教材
ISBN 978-7-302-59619-6

Ⅰ. ①S… Ⅱ. ①赵… Ⅲ. ①关系数据库系统-高等学校-教材 Ⅳ. ①TP311.138

中国版本图书馆 CIP 数据核字(2021)第 242197 号

责任编辑：黄 芝 张爱华
封面设计：刘 键
责任校对：郝美丽
责任印制：沈 露

出版发行：清华大学出版社
　　　网　　　址：http://www.tup.com.cn,http://www.wqbook.com
　　　地　　　址：北京清华大学学研大厦 A 座　　邮　　编：100084
　　　社 总 机：010-83470000　　邮　　购：010-62786544
　　　投稿与读者服务：010-62776969,c-service@tup.tsinghua.edu.cn
　　　质量反馈：010-62772015,zhiliang@tup.tsinghua.edu.cn
　　　课件下载：http://www.tup.com.cn,010-83470236
印 装 者：三河市君旺印务有限公司
经　　销：全国新华书店
开　　本：185mm×260mm　　印　　张：22.75　　字　　数：526 千字
版　　次：2014 年 1 月第 1 版　2022 年 4 月第 3 版　印　　次：2022 年 4 月第 1 次印刷
印　　数：11501~13000
定　　价：69.80 元

产品编号：093405-01

前　　言

为了适应数据库技术的新进展,反映数据库教学的实践经验,保持本书的先进性和实用性,本书自 2014 年出版以来,于 2017 年出版第 2 版,现在对第 2 版进行修订。

在第 3 版中,主要修改内容如下。

(1) 教学和实验配套,各章(除第 14 章、第 15 章)都增加一节有关实验的内容,方便课程教学和实验课教学。

(2) 深化实验课的教学,实验分为验证性实验和设计性实验两个阶段。

第一阶段给出实现实验题目的步骤和方法,供学生熟悉、借鉴和参考有关实验题目的设计和实现。例如,给出实验题目的 SQL 语句,供学生进行 SQL 语句调试的借鉴和参考。

第二阶段引导学生独立设计和实现实验题目的步骤和方法。例如,培养学生独立设计、编写和调试 SQL 语句以达到实验题目的要求的能力。

(3) 以应用广泛的 SQL Server 2012 作为平台介绍数据库技术和应用。

(4) 培养学生掌握数据库理论知识和运用 SQL Server 数据库进行管理、操作和编程的能力。

(5) 着重培养学生画出合适的 E-R 图的能力、编写查询语句的能力和数据库语言编程的能力,培养学生开发简单的数据库应用系统的能力。

本书可作为大学本科、高职高专及培训班课程的教学用书,也可作为计算机应用人员和计算机爱好者的自学参考书。

本书由赵明渊主编,参加本书编写的还有周亮宇、程小菊、蔡露、袁育廷、李姣。在此对于帮助完成基础工作的同志,表示衷心的感谢!

为方便教学,本书提供教学大纲、教学课件、授课计划、所有实例的源代码,读者可在清华大学出版社官网下载,也可扫描封底的"书圈"二维码下载。每章章末都配有习题,附录 A 提供了习题参考答案。

由于编者水平有限,书中难免存在疏漏之处,敬请读者批评指正。

编　者

2022 年 1 月

目　　录

第1章 数据库系统和数据库设计

本章要点

- 数据库系统介绍。
- 数据库设计。

数据库是按照一定的数据模型组织起来并存放在存储介质中的数据集合,数据库系统是在计算机系统中引入数据库之后组成的系统,它是用来组织和存取大量数据的管理系统。本章介绍数据库系统、数据库设计等内容,它是学习以后各章的基础。

1.1 数据库系统介绍

本节介绍数据库、数据库管理系统、数据模型、关系数据库和数据库系统等内容。

1.1.1 数据库、数据库管理系统

1. 数据

数据(data)是事物的符号表示。数据可以是数字、文字、图像、声音等。一个学生记录数据如下所示。

| 121001 | 李贤友 | 男 | 1991-12-30 | 通信 | 52 |

2. 数据库

数据库(DataBase,DB)是以特定的组织结构存放在计算机的存储介质中的相互关联的数据集合。

数据库具有以下特征。

- 数据库是相互关联的数据集合,不是杂乱无章的数据集合。
- 数据存储在计算机的存储介质中。
- 数据结构比较复杂,有专门理论支持。

数据库包含了以下含义。

- 提高了数据和程序的独立性,有专门的语言支持。
- 建立数据库的目的是为应用服务。

3. 数据库管理系统

数据库管理系统(DataBase Management System,DBMS)是在操作系统支持下的系统软件,它是数据库应用系统的核心组成部分。它的主要功能如下。

2

- 数据定义功能：提供数据定义语言定义数据库和数据库对象。
- 数据操纵功能：提供数据操纵语言对数据库中的数据进行查询、插入、修改、删除等操作。
- 数据控制功能：提供数据控制语言进行数据控制，即提供数据的安全性、完整性、并发控制等功能。
- 数据库建立和维护功能：包括数据库初始数据的装入、转储、恢复和系统性能监视、分析等功能。

1.1.2 数据模型

数据模型(data model)是现实世界的模拟，它是按计算机的观点对数据建立模型，包含数据结构、数据操作和数据完整性三要素。数据模型有层次模型、网状模型、关系模型。

1. 层次模型

层次模型采用树状层次结构组织数据。树状结构每一个结点都表示一个记录类型，记录类型之间的联系是一对多的联系。层次模型有且仅有一个根结点，位于树状结构顶部，其他结点有且仅有一个父结点。某大学按层次模型组织数据的示例如图 1.1 所示。

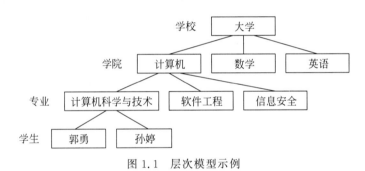

图 1.1　层次模型示例

层次模型简单易用，但现实世界很多联系是非层次性的，如多对多联系等，用层次模型表达起来比较笨拙且不直观。

2. 网状模型

网状模型采用网状结构组织数据。网状结构每一个结点表示一个记录类型，记录类型之间可以有多种联系。按网状模型组织数据的示例如图 1.2 所示。

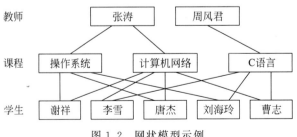

图 1.2　网状模型示例

网状模型可以更直接地描述现实世界,层次模型是网状模型的特例,但网状模型结构复杂,用户不易掌握。

3. 关系模型

关系模型采用关系的形式组织数据。一个关系就是一张二维表,二维表由行和列组成。按关系模型组织数据的示例如图 1.3 所示。

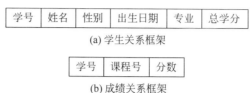

| 学号 | 姓名 | 性别 | 出生日期 | 专业 | 总学分 |

(a) 学生关系框架

| 学号 | 课程号 | 分数 |

(b) 成绩关系框架

学号	姓名	性别	出生日期	专业	总学分
121001	李贤友	男	1991-12-30	通信	52
121002	周映雪	女	1993-01-12	通信	49

(c) 学生关系

学号	课程号	分数
121001	205	91
121001	801	94
121002	801	73

(d) 成绩关系

图 1.3　关系模型示例

关系模型建立在严格的数学概念基础上,数据结构简单清晰,用户易懂易用。关系数据库是目前应用最为广泛、最为重要的一种数学模型。

1.1.3　关系数据库

关系数据库采用关系模型组织数据。关系数据库是目前最流行的数据库,关系数据库管理系统(Relational DataBase Management System,RDBMS)是支持关系模型的数据库管理系统。

1. 关系数据库基本概念

- 关系。关系就是表(table),在关系数据库中,一个关系存储为一个数据表。
- 元组。表中一行(row)为一个元组(tuple)。一个元组对应数据表中的一条记录(record),元组的各个分量对应关系的各个属性。
- 属性。表中的列(column)称为属性(property),对应数据表中的字段(field)。
- 域。属性的取值范围即为域。
- 关系模式。对关系的描述称为关系模式。其格式如下:

  关系名(属性名 1,属性名 2,…,属性名 n)

- 候选码。属性或属性组即为候选码,其值可唯一标识其对应元组。

4

- 主关键字(主键)。在候选码中选择一个作为主键(primary key)。
- 外关键字(外键)。在一个关系中的属性或属性组不是该关系的主键,但它是另一个关系的主键,称为外键(foreign key)。

在图 1.3 中,学生的关系模式为

学生(学号, 姓名, 性别, 出生日期, 专业, 总学分)

主键为学号。

成绩的关系模式为

成绩(学号, 课程号, 成绩)

2. 关系运算

关系数据操作称为关系运算。选择、投影、连接是最重要的关系运算。关系数据库管理系统支持关系数据库和选择、投影、连接运算。

1) 选择

选择(selection)指选出满足给定条件的记录。它是从行的角度进行的单目运算,运算对象是一个表,运算结果形成一个新表。

【例 1.1】 从学生表中选择专业为计算机且总学分在 50 分以上的行进行选择运算,选择所得的新表如表 1.1 所示。

表 1.1 选择后的新表

学 号	姓 名	性 别	出生日期	专 业	总 学 分
121001	李贤友	男	1991-12-30	通信	52

2) 投影

投影(projection)是选择表中满足条件的列。它是从列的角度进行的单目运算。

【例 1.2】 从学生表中选取姓名、性别、专业进行投影运算,投影所得的新表如表 1.2 所示。

表 1.2 投影后的新表

姓 名	性 别	专 业
李贤友	男	通信
周映雪	女	通信

3) 连接

连接(join)是将两个表中的行按照一定的条件横向结合生成的新表。选择和投影都是单目运算,其操作对象是一个表,而连接是双目运算,其操作对象是两个表。

【例 1.3】 学生表与成绩表通过学号相等的连接条件进行连接运算,连接所得的新表如表 1.3 所示。

表 1.3　连接后的新表

学号	姓名	性别	出生日期	专业	总学分	学号	课程号	分数
121001	李贤友	男	1991-12-30	通信	52	121001	205	91
121001	李贤友	男	1991-12-30	通信	52	121001	801	94
121002	周映雪	女	1993-01-12	通信	49	121002	801	73

1.1.4　数据库系统

数据库系统(DataBase System, DBS)是数据库应用系统的简称。数据库系统由数据库(DB)、操作系统、数据库管理系统(DBMS)、应用程序、用户、数据库管理员(DataBase Administrator, DBA)组成，如图 1.4 所示。

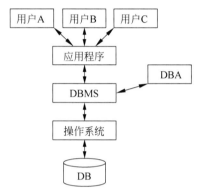

图 1.4　数据库系统的组成

数据库应用系统分为客户-服务器(C/S)模式和三层客户-服务器(B/S)模式。

1. C/S 模式

应用程序直接与用户打交道，数据库管理系统不直接与用户打交道，因此，应用程序称为前台，数据库管理系统称为后台。因为应用程序向数据库管理系统提出服务请求，所以称为客户程序(client)，而数据库管理系统向应用程序提供服务，所以称为服务器程序(server)，上述操作数据库的模式称为客户-服务器(C/S)模式，如图 1.5 所示。

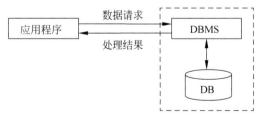

图 1.5　C/S 模式

2. B/S 模式

基于 Web 的数据库应用采用三层客户-服务器(B/S)模式，其中第一层为浏览器，第

数据库系统和数据库设计

二层为 Web 服务器,第三层为数据库服务器,如图 1.6 所示。

图 1.6　B/S 模式

1.2　数据库设计

数据库设计是将业务对象转换为数据库对象的过程,它包括需求分析、概念结构设计、逻辑结构设计、物理结构设计、数据库实施、数据库运行和维护 6 个阶段。现以学生成绩管理系统和图书借阅系统数据库设计为例进行介绍。

1.2.1　需求分析

需求分析阶段是整个数据库设计中最重要的一个步骤,它需要从各个方面对业务对象进行调查、收集、分析,以准确了解用户对数据和处理的需求。需求分析中的结构化分析方法采用逐层分解的方法分析系统,通过数据流图、数据字典描述系统。

- 数据流图:用来描述系统的功能,表达数据和处理的关系。
- 数据字典:各类数据描述的集合,对数据流图中的数据流和加工等进一步定义,包括数据项、数据结构、数据流、存储、处理过程等。

1.2.2　概念结构设计

为了把现实世界的具体事物抽象、组织为某一 DBMS 支持的数据模型,首先将现实世界的具体事物抽象为信息世界某一种概念结构,这种结构不依赖于具体的计算机系统,然后,将概念结构转换为某个 DBMS 所支持的数据模型。

需求分析得到的数据描述是无结构的,概念结构设计是在需求分析的基础上转换为有结构的、易于理解的精确表达。概念结构设计阶段的目标是形成整体数据库的概念结构。它独立于数据库逻辑结构和具体的 DBMS。描述概念结构的工具是 E-R 模型。

E-R 模型即实体-联系模型。在 E-R 模型中:

- 实体:客观存在并可相互区别的事物。实体用矩形框表示,框内为实体名。实体可以是具体的人、事、物或抽象的概念。例如,在学生成绩管理系统中,"学生"就是一个实体。
- 属性:实体所具有的某一特性。属性采用椭圆框表示,框内为属性名,并用无向边与其相应实体连接。例如,在学生成绩管理系统中,学生的特性有学号、姓名、性别、出生日期、专业、总学分,它们就是学生实体的 6 个属性。
- 实体型:用实体名及其属性名集合来抽象和刻画同类实体。例如,学生(学号,姓名,性别,出生日期,专业,总学分)就是一个实体型。
- 实体集:同型实体的集合。例如,全体学生记录就是一个实体集。
- 联系:实体之间关联的集合。实体之间的联系可分为一对一的联系($1:1$)、一对多的联系($1:n$)、多对多的联系($m:n$)。实体间的联系采用菱形框表示,联系以适当的含义命名,名字写在菱形框中,用无向边将参加联系的实体矩形框分别与菱形框相连,并在连线上标明联系的类型。如果联系也具有属性,则将属性与菱形也用无向边连上。

1. 一对一的联系

例如,一个班只有一个正班长,而一个正班长只属于一个班,班级与正班长两个实体间具有一对一的联系。

2. 一对多的联系

例如,一个班可有若干学生,一个学生只能属于一个班,班级与学生两个实体间具有一对多的联系。

3. 多对多的联系

例如,一个学生可选多门课程,一门课程可被多个学生选修,学生与课程两个实体间具有多对多的联系。

实体之间的三种联系如图 1.7 所示。

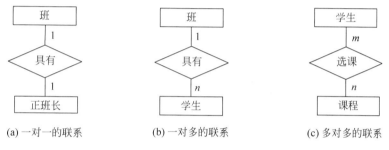

(a) 一对一的联系　　　(b) 一对多的联系　　　(c) 多对多的联系

图 1.7　实体之间的联系

【例 1.4】　设学生成绩管理系统有学生、课程、教师实体如下。

学生:学号、姓名、性别、出生日期、专业、总学分。

课程:课程号、课程名、学分。

教师:教师编号、姓名、性别、出生日期、职称、学院。

上述实体中存在如下联系。

(1) 一个学生可选修多门课程,一门课程可被多个学生选修。

(2) 一个教师可讲授多门课程,一门课程可被多个教师讲授。

要求设计该系统的 E-R 图。

设计的学生成绩管理系统 E-R 图如图 1.8 所示。

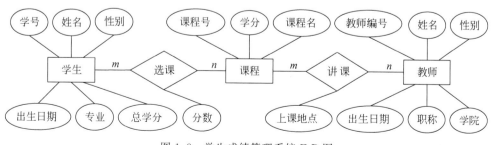

图 1.8　学生成绩管理系统 E-R 图

数据库系统和数据库设计

1.2.3 逻辑结构设计

为了建立用户所要求的数据库,必须将概念结构转换为某个 DBMS 所支持的数据模型。由于当前主流的数据模型是关系模型,因此逻辑结构设计是将概念结构转换为关系模型,即将 E-R 模型转换为一组关系模式。

1. 1∶1 联系的 E-R 图到关系模式的转换

以学校和校长之间的联系为例。一个学校只有一个校长,一个校长只在一个学校任校长,属于一对一关系(下画线"_"表示该字段为主键)。

(1)每个实体设计一张表。

学校(学校编号,名称,地址)
校长(校长编号,姓名,职称)

(2)任选一表,其中的主键在另一个表中充当外键。

选择校长表中的主键在学校表中充当外键,设计以下关系模式。

学校(学校编号,名称,地址,校长编号)
校长(校长编号,姓名,职称)

2. 1∶n 联系的 E-R 图到关系模式的转换

以班级和学生之间的联系为例。一个班级中有若干个学生,每个学生只在一个班级中学习,属于一对多关系。

(1)每个实体设计一张表。

班级(班级编号,教室号,人数)
学生(学号, 姓名, 性别, 出生日期, 专业, 总学分)

(2)选"1"方表,其主键在"n"方表中充当外键。

选择校长表中的主键在学校表中充当外键,设计以下关系模式。

班级(班级编号,教室号,人数)
学生(学号, 姓名, 性别, 出生日期, 专业, 总学分, 班级编号)

3. m∶n 联系的 E-R 图到关系模式的转换

以学生和课程之间的联系为例。一个学生可以选多门课程,一门课程可以被多个学生选,属于多对多关系。

(1)每个实体设计一张表。

学生(学号, 姓名, 性别, 出生日期, 专业, 总学分)
课程(课程号,课程名,学分)

(2)产生一个新表,"m"方和"n"方的主键在新表中充当外键。

选择学生表中的主键和在课程表中的主键在新选课表中充当外键,设计以下关系模式。

学生(学号, 姓名, 性别, 出生日期, 专业, 总学分)
课程(课程号,课程名,学分)
选课(学号,课程号,分数)

【例 1.5】 设计学生成绩管理系统的逻辑结构。

设计学生成绩管理系统的逻辑结构,即设计学生成绩管理系统的关系模式。选课联系与讲课联系都是多对多的联系,它们都转换为关系,选课关系的属性有分数,讲课关系的属性有上课地点。选课关系实际上是成绩关系,将选课关系改为成绩关系。

学生成绩管理系统的关系模式设计如下。

学生(<u>学号</u>, 姓名, 性别, 出生日期, 专业, 总学分)
课程(<u>课程号</u>,课程名,学分)
成绩(<u>学号</u>, <u>课程号</u>,分数)
教师(<u>教师编号</u>, 姓名, 性别, 出生日期, 职称, 学院)
讲课(<u>教师编号</u>, <u>课程号</u>, 上课地点)

为了程序设计方便,将汉字表示的关系模式改为英文表示的关系模式。

student(<u>stno</u>, stname, stsex, stbirthday, speciality, tc)   对应学生关系模式
course(<u>cno</u>, cname, credit)   对应课程关系模式
score(<u>stno</u>, <u>cno</u>, grade)   对应成绩关系模式
teacher(<u>tno</u>, tname, tsex, tbirthday, title, school)   对应教师关系模式
lecture(<u>tno</u>, <u>cno</u>, location)   对应讲课关系模式

1.2.4　物理结构设计

数据库在物理设备上的存储结构和存取方法称为数据库的物理结构,它依赖于给定的计算机系统。为逻辑数据模型选取一个最适合应用环境的物理结构,就是物理结构设计。

数据库的物理结构设计通常分为如下两步。

(1)确定数据库的物理结构,在关系数据库中主要指存取方法和存储结构。

(2)对物理结构进行评价,评价的重点是时间和空间效率。

1.2.5　数据库实施

数据库实施包括以下工作。

- 建立数据库。
- 组织数据入库。
- 编制与调试应用程序。
- 数据库试运行。

1.2.6　数据库运行和维护

数据库投入正式运行后,经常性维护工作主要由 DBA 完成,内容如下。

- 数据库的转储和恢复。
- 数据库的安全性、完整性控制。
- 数据库性能的监督、分析和改进。
- 数据库的重组织和重构造。

1.3 小 结

本章主要介绍了以下内容。

(1) 数据库(DataBase,DB)是长期存放在计算机内的有组织的可共享的数据集合,数据库中的数据按一定的数据模型组织、描述和储存,具有尽可能小的冗余度、较高的数据独立性和易扩张性。

数据库管理系统(DataBase Management System,DBMS)是数据库系统的核心组成部分,它是在操作系统支持下的系统软件,是对数据进行管理的大型系统软件,用户在数据库系统中的一些操作都是由数据库管理系统来实现的。

数据库系统(DataBase System,DBS)是在计算机系统中引入数据库后的系统构成,数据库系统由数据库、操作系统、数据库管理系统、应用程序、用户、数据库管理员(DataBase Administrator,DBA)组成。

(2) 数据模型(data model)是现实世界数据特征的抽象,一般由数据结构、数据操作、数据完整性约束三部分组成。数据模型有层次模型、网状模型、关系模型等。

关系数据库采用关系模型组织数据,关系数据库是目前最流行的数据库,关系数据库管理系统(Relational DataBase Management System,RDBMS)是支持关系模型的数据库管理系统。

(3) 数据库设计是将业务对象转换为数据库对象的过程,它包括需求分析、概念结构设计、逻辑结构设计、物理结构设计、数据库实施、数据库运行和维护 6 个阶段。

(4) 需求分析得到的数据描述是无结构的,概念结构设计是在需求分析的基础上转换为有结构的、易于理解的精确表达。概念结构设计阶段的目标是形成整体数据库的概念结构。它独立于数据库逻辑结构和具体的 DBMS。描述概念结构的工具是 E-R 模型,即实体-联系模型。

(5) 为了建立用户所要求的数据库,必须将概念结构转换为某个 DBMS 所支持的数据模型。由于当前主流的数据模型是关系模型,因此逻辑结构设计是将概念结构转换为关系模型,即将 E-R 模型转换为一组关系模式。

习 题 1

一、选择题

1. 下面不属于数据模型要素的是_____。

    A. 数据结构   B. 数据操作

    C. 数据控制   D. 完整性约束

2. 数据库(DB)、数据库系统(DBS)和数据库管理系统(DBMS)之间的关系是_____。

    A. DBMS 包括 DBS 和 DB   B. DBS 包括 DBMS 和 DB

    C. DB 包括 DBS 和 DBMS   D. DBS 就是 DBMS,也就是 DB

3. 如果关系中某一属性组的值能唯一地标识一个元组,则称为_____。

    A. 候选码   B. 外码

    C. 联系   D. 主码

4. 以下对关系性质的描述中,错误的是_____。

    A. 关系中每个属性值都是不可分解的

    B. 关系中允许出现相同的元组

    C. 定义关系模式时可随意指定属性的排列顺序

    D. 关系中元组的排列顺序可任意交换

5. 数据库设计中概念设计的主要工具是_____。

    A. E-R 图   B. 概念模型

    C. 数据模型   D. 范式分析

二、填空题

1. 数据模型由数据结构、数据操作和_____组成。

2. 实体之间的联系分为一对一、一对多和_____三类。

三、问答题

1. 什么是数据库?

2. 数据库管理系统有哪些功能?

3. 什么是关系数据库?简述关系运算。

4. 数据库设计分为哪几个阶段?

四、应用题

1. 设学生成绩管理系统在需求分析阶段搜集到以下信息。

学生信息:学号、姓名、性别、出生日期。

课程信息:课程号、课程名、学分。

该业务系统有以下规则。

I. 一名学生可选修多门课程,一门课程可被多名学生选修;

II. 学生选修的课程要在数据库中记录课程成绩。

(1)根据以上信息画出合适的 E-R 图。

(2)将 E-R 图转换为关系模式,并用下画线标出每个关系的主键,说明外键。

2. 设图书借阅系统在需求分析阶段搜集到以下信息。

图书信息:书号、书名、作者、价格、复本量、库存量。

学生信息:借书证号、姓名、专业、借书量。

该业务系统有以下约束。

I. 一个学生可以借阅多种图书,一种图书可被多个学生借阅;

II. 学生借阅的图书要在数据库中记录索书号、借阅时间。

(1)根据以上信息画出合适的 E-R 图。

(2)将 E-R 图转换为关系模式,并用下画线标出每个关系的主键,说明外键。

实验 1 E-R 图画法与概念模型向逻辑模型的转换

1．实验目的及要求

（1）了解 E-R 图的构成要素。

（2）掌握 E-R 图的绘制方法。

（3）掌握概念模型向逻辑模型的转换原则和方法。

2．验证性实验

1）某同学需要设计开发班级信息管理系统，希望能够管理班级与学生信息，其中学生信息包括学号、姓名、年龄、性别；班级信息包括班号、年级号、班级人数。

（1）确定班级实体和学生实体的属性。

学生：学号，姓名，年龄，性别。

班级：班号，班主任，班级人数。

（2）确定班级和学生之间的联系，给联系命名并指出联系的类型。

一个学生只能属于一个班级，一个班级可以有很多个学生，所以班级和学生间是一对多的关系，即 $1 : n$。

（3）确定联系的名称和属性。

联系的名称：属于。

（4）画出班级与学生关系的 E-R 图。

班级和学生关系的 E-R 图如图 1.9 所示。

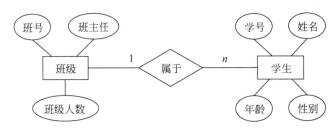

图 1.9 班级和学生关系的 E-R 图

（5）将 E-R 图转换为关系模式，写出各关系模式并标明各自的主键。

学生(<u>学号</u>，姓名，年龄，性别，班号)，主键：学号。

班级(<u>班号</u>，班主任，班级人数)，主键：班号。

2）设图书借阅系统在需求分析阶段搜集到图书信息：书号、书名、作者、价格、复本量、库存量，学生信息：借书证号、姓名、专业、借书量。

（1）确定图书和学生实体的属性。

图书信息：书号、书名、作者、价格、复本量、库存量。

学生信息：借书证号、姓名、专业、借书量。

（2）确定图书和学生之间的联系，为联系命名并指出联系的类型。

一个学生可以借阅多种图书，一种图书可被多个学生借阅。学生借阅的图书要在数据库中记录索书号、借阅时间，所以，图书和学生间是多对多关系，即 $m:n$。

（3）确定联系名称和属性。

联系名称：借阅，属性：索书号、借阅时间。

（4）画出图书和学生关系的 E-R 图。

图书和学生关系的 E-R 图如图 1.10 所示。

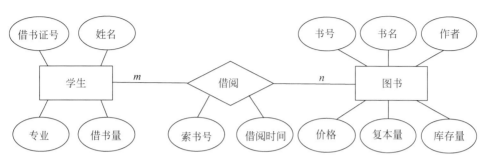

图 1.10　图书和学生关系的 E-R 图

（5）将 E-R 图转换为关系模式，写出关系模式并标明各自的主键。

学生(借书证号，姓名，专业，借书量)，主键：借书证号。

图书(书号，书名，作者，价格，复本量，库存量)，主键：书号。

借阅(书号，借书证号，索书号，借阅时间)，主键：书号，借书证号。

3）在商品销售系统中，搜集到顾客信息：顾客号、姓名、地址、电话，订单信息：订单号、单价、数量、总金额，商品信息：商品号、商品名称。

（1）确定顾客、订单、商品实体的属性。

顾客信息：顾客号、姓名、地址、电话。

订单信息：订单号、单价、数量、总金额。

商品信息：商品号、商品名称。

（2）确定顾客、订单、商品之间的联系，给联系命名并指出联系的类型。

一个顾客可拥有多个订单，一个订单只属于一个顾客，顾客和订单间是一对多关系，即 $1:n$。一个订单可购买多种商品，一种商品可被多个订单购买，订单和商品间是多对多关系，即 $m:n$。

（3）确定联系的名称和属性。

联系的名称：订单明细，属性：单价，数量。

（4）画出顾客、订单、商品之间联系的 E-R 图。

顾客、订单、商品之间联系的 E-R 图如图 1.11 所示。

（5）将 E-R 图转换为关系模式，写出关系模式并标明各自的主键。

顾客(顾客号，姓名，地址，电话)，主键：顾客号。

订单(订单号，总金额，顾客号)，主键：订单号。

订单明细(订单号，商品号，单价，数量)，主键：订单号，商品号。

商品(商品号，商品名称)，主键：商品号。

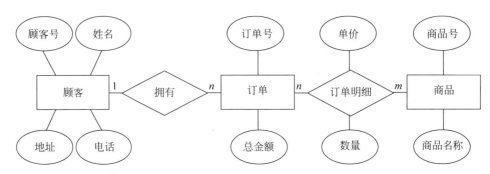

图 1.11 顾客、订单、商品之间联系的 E-R 图

4)设某汽车运输公司想开发车辆管理系统,其中,车队信息有车队号、车队名等;车辆信息有牌号照、厂家、出厂日期等;司机信息有司机编号、姓名、电话等。车队与司机之间存在"聘用"联系,每个车队可聘用若干个司机,但每个司机只能应聘一个车队,车队聘用司机有"聘用开始时间"和"聘期"两个属性;车队与车辆之间存在"拥有"联系,每个车队可拥有若干车辆,但每辆车只能属于一个车队;司机与车辆之间存在"使用"联系,司机使用车辆有"使用日期"和"千米数"两个属性,每个司机可使用多辆汽车,每辆汽车可被多个司机使用。

(1)确定实体和实体的属性。

车队:车队号,车队名。

车辆:牌照号,厂家,生产日期。

司机:司机编号,姓名,电话,车队号。

(2)确定实体之间的联系,给联系命名并指出联系的类型。

车队与车辆间联系类型是 $1:n$,联系名称为拥有;车队与司机间联系类型是 $1:n$,联系名称为聘用;车辆和司机间联系类型为 $m:n$,联系名称为使用。

(3)确定联系的名称和属性。

联系"聘用"有"聘用开始时间"和"聘期"两个属性;联系"使用"有"使用日期"和"千米数"两个属性。

(4)画出 E-R 图。

车队、车辆和司机之间关系的 E-R 图如图 1.12 所示。

(5)将 E-R 图转换为关系模式,写出关系模式并标明各自的主键。

车队(车队号,车队名),主键:车队号。

车辆(牌照号,厂家,生产日期,车队号),主键:牌照号。

司机(司机编号,姓名,电话,车队号,聘用开始时间,聘期),主键:司机编号。

使用(司机编号,牌照号,使用日期,千米数),主键:司机编号,牌照号。

3. 设计性试验

1)设计存储生产厂商和产品信息的数据库,生产厂商的信息包括厂商名称、地址、电话;产品信息包括品牌、型号、价格、产品数量和生产日期。

(1)确定产品和生产厂商实体的属性。

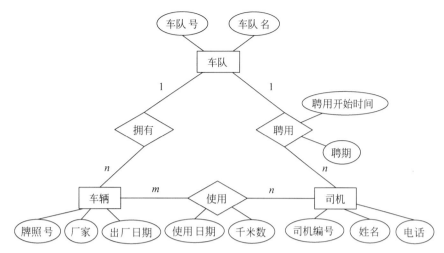

图 1.12 车队、车辆和司机之间关系的 E-R 图

（2）确定产品和生产厂商之间的联系，为联系命名并指出联系的类型。

（3）确定联系的名称和属性。

（4）画出产品与生产厂商关系的 E-R 图。

（5）将 E-R 图转换为关系模式，写出关系模式并标明各自的主键。

2）某房地产交易公司需要设计存储房地产交易中客户、业务员和合同三者信息的数据库，其中，客户信息有客户编号、购房地址；业务员信息有员工号、姓名、年龄；合同信息有客户编号、员工号、合同有效时间。其中，一个业务员可以接待多个客户，每个客户只签署一份合同。

（1）确定客户实体、业务员实体和合同的属性。

（2）确定客户、业务员和合同三者之间的联系，为联系命名并指出联系类型。

（3）确定联系的名称和属性。

（4）画出客户、业务员和合同三者关系的 E-R 图。

（5）将 E-R 图转换为关系模式，写出关系模式并标明各自的主键。

4. 观察与思考

如果有 10 个不同的实体集，它们之间存在 12 个不同的二元联系（二元联系是指两个实体集之间的联系），其中有 3 个 1∶1 联系、4 个 1∶n 联系和 5 个 m∶n 联系，那么根据 E-R 模式转换为关系模型的规则，这个 E-R 结构转换为关系模式至少有多少个？

数据库系统和数据库设计

第 2 章　SQL Server 概述

本章要点

- SQL Server 简介。
- SQL Server 2012 的安装。
- SQL Server 服务器组件和管理工具。
- SQL Server Management Studio 环境。
- SQL 和 T-SQL。

开发一个数据库应用系统,在本书中,前台使用的程序开发环境为 Java EE,后台使用的数据库平台为 SQL Server。本章对 SQL Server 进行介绍,主要内容有 SQL Server 简介、SQL Server 2012 的安装、服务器组件和管理工具、SQL Server Management Studio 环境、SQL 和 T-SQL 等内容。

2.1　SQL Server 简介

本节介绍 SQL Server 的发展历程、SQL Server 2012 的新特性和 SQL Server 2012 的版本等内容。

1. SQL Server 的发展历程

1988 年,Microsoft、Sybase 和 Ashton-Tate 三家公司联合开发出运行于 OS/2 操作系统上的 SQL Server 1.0。

1989 年,Ashton-Tate 公司退出 SQL Server 的开发。

1994 年,Microsoft 和 Sybase 公司分道扬镳。

1995 年,SQL Server 6.0 第一次完全由 Microsoft 公司开发。

1996 年,Microsoft 公司发布了 SQL Server 6.5,提供了成本低的可以满足众多小型商业应用的数据库方案。

1998 年,Microsoft 公司发布了 SQL Server 7.0,在数据库存储和数据库引擎方面发生了根本变化,提供了面向中小型商业应用数据库功能的支持。

2000 年,Microsoft 公司发布了 SQL Server 2000(SQL Server 8.0),具有使用方便、可伸缩性好、相关软件集成度高等特点。

2005 年,Microsoft 公司发布了 SQL Server 2005(SQL Server 9.0),它是一个全面的数据库平台,使用集成的商业智能工具提供了企业级的数据管理,加入了分析报表和集成等功能。

2008 年,Microsoft 公司发布了 SQL Server 2008(SQL Server 10.0),增加了许多新

特性并改进了关键性功能,支持关键任务企业数据平台、动态开发、关系数据和商业智能。

2012 年,Microsoft 公司发布了 SQL Server 2012(SQL Server 11.0)。

2. SQL Server 2012 的新特性

SQL Server 2012 是一个能用于大型联机事务处理、数据仓库和电子商务等方面的数据库平台,又是一个能用于数据集成、数据分析和报表解决方案的商业智能平台。

(1) 高可用性和灾难恢复。

AlwaysOn 将高可用性和灾难恢复结合起来,大幅度地提高数据库镜像性能。

(2) 提供灵活和有效的安全机制。

配置包含数据库(Contained DataBase),用户可在数据库内部而无须创建服务器登录;创建用户自定义服务器角色;增强了审计功能。

(3) 商业智能。

商业智能(Business Intelligence,BI)代表数据向知识的转化,帮助用户使用数据来判断销售趋势和顾客购买模式等。SQL Server 2012 强化了商业智能,提供了商业智能语义模型和使用 PowerView 商业智能工具创建商业智能报告。

(4) 超快的性能。

列存储索引和有关技术结合,使数据仓库的查询速度大幅度提升。

(5) 集成服务。

提供了在各种数据源场景中快速导入、导出的工具,这些数据源包括 Excel 文件、文本文件、Oracle 和 DB2。

(6) 大数据支持。

提供了从数太字节到数百太字节全面端到端的解决方案。

(7) 实现了一个为云做好准备的信息平台。

3. SQL Server 2012 的版本

SQL Server 2012 是一个产品系列,运行在 Windows 操作系统上,其版本有企业版(Enterprise 版)、商业智能版(Business Intelligence 版)、标准版(Standard 版)、网络版(Web 版)、开发版(Developer 版)和快捷版(Express 版),根据需要和运行环境,用户可以选择不同的版本。

2.2 SQL Server 2012 的安装

可从 Microsoft 网站下载 SQL Server 2012 Evaluation 免费版本,网址为 https://www.microsoft.com/zh-cn/search/result.aspx?q=sql+server+evaluation&form=MSHOME。

下面介绍 SQL Server 2012 Evaluation 的安装。

1. 安装要求

1) 操作系统要求

操作系统可为 Windows 7、Windows Server 2008 R2、Windows Server 2008 Service Pack 2 和 Windows Vista Service Pack 2。

2）硬件要求

（1）CPU。

- 32 位系统：具有 Intel 1GHz（或同等性能的兼容处理器）或速度更快的处理器（建议使用 2GHz 或速度更快的处理器）的计算机。
- 64 位系统：1.4GHz 或速度更快的处理器。

（2）内存。

微软推荐 1GB 或者更大的内存。

（3）硬盘空间。

完全安装 SQL Server 需要 1GB 以上的硬盘空间。

2. 安装步骤

SQL Server 2012 安装步骤如下。

（1）进入"安装中心"窗口。

双击 SQL Server 安装文件夹中的 setup. exe 应用程序，屏幕出现 SQL Server"安装中心"窗口，单击"安装"选项，出现如图 2.1 所示的界面，单击"全新 SQL Server 独立安装或向现有安装添加功能"选项。

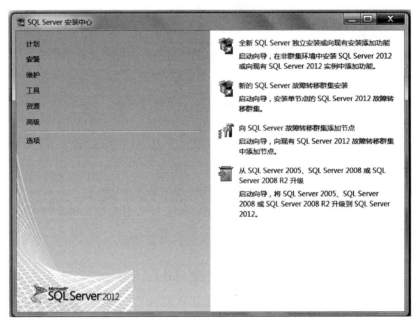

图 2.1 "安装中心"窗口

（2）进入"安装程序支持规则"窗口。

进入"安装程序支持规则"窗口，只有通过安装程序支持规则，安装程序才能继续进行，如图 2.2 所示，单击"确定"按钮。

（3）进入"功能选择"窗口。

进入"功能选择"窗口后，单击"全选"按钮，如图 2.3 所示。

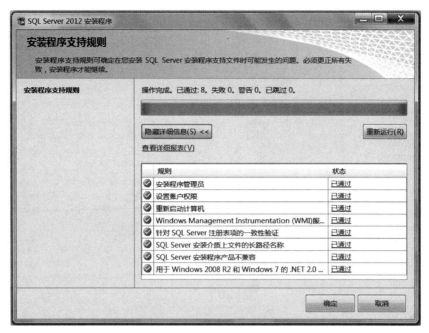

图 2.2 "安装程序支持规则"窗口

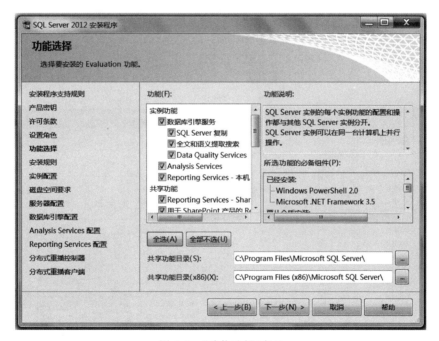

图 2.3 "功能选择"窗口

（4）进入"实例配置"窗口。

单击"下一步"按钮，进入"实例配置"窗口，选择"命名实例"单选按钮，如图 2.4 所示，单击"下一步"按钮。

图 2.4 "实例配置"窗口

（5）进入"服务器配置"窗口。

选择"对所有 SQL Server 服务使用相同的账户"单选按钮，出现一个新窗口，在"账户名"文本框中输入 NT AUTHORTY\SYSTEM，单击"确定"按钮，出现如图 2.5 所示的窗口。

图 2.5 "服务器配置"窗口

（6）进入"数据库引擎配置"窗口。

单击"下一步"按钮，进入"数据库引擎配置"窗口，选择"混合模式"单选按钮，单击"添加当前用户"按钮，在"输入密码"和"确认密码"文本框中设置密码为123456，如图2.6所示。

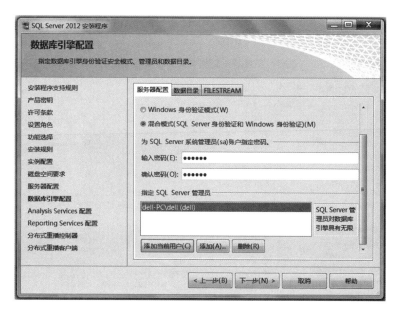

图 2.6 "数据库引擎配置"窗口

（7）进入"Analysis Services 配置"窗口。

单击"下一步"按钮，进入"Analysis Services 配置"窗口，单击"添加当前用户"按钮，如图2.7所示，单击"下一步"按钮。

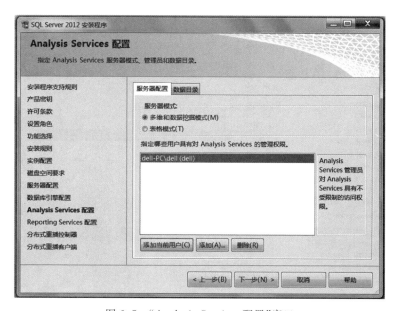

图 2.7 "Analysis Services 配置"窗口

(8) 进入"安装配置规则"窗口和"安装进度"窗口。

以下在"Reporting Services 配置"窗口、"错误和使用情况报告"窗口中,都单击"下一步"按钮,进入"安装配置规则"窗口,如图 2.8 所示。单击"下一步"按钮,进入"准备安装"窗口。单击"安装"按钮,进入"安装进度"窗口。单击"下一步"按钮,进入安装过程界面,安装过程完成后单击"下一步"按钮。

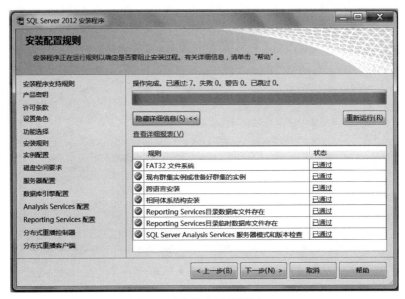

图 2.8 "安装配置规则"窗口

(9) 进入"完成"窗口。

进入"完成"窗口,如图 2.9 所示。单击"关闭"按钮,完成全部安装过程。

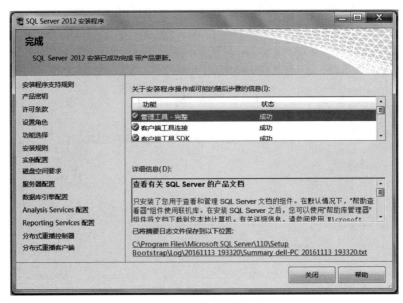

图 2.9 "完成"窗口

2.3 SQL Server 服务器组件和管理工具

2.3.1 SQL Server 服务器组件

SQL Server 服务器组件包括数据库引擎、SQL Server 分析服务、SQL Server 报表服务、SQL Server 集成服务等。

1. 数据库引擎

数据库引擎(database engine)用于存储、处理和保护数据的核心服务,例如,创建数据库、创建表和视图、数据查询、可控访问权限、快速事务处理等。

实例(instances)即 SQL Server 服务器。同一台计算机上可以同时安装多个 SQL Server 数据库引擎实例,例如,可在同一台计算机上安装 2 个 SQL Server 数据库引擎实例,分别管理学生成绩数据和教师上课数据,两者互不影响。实例分为默认实例和命名实例两种类型,安装 SQL Server 数据库通常选择默认实例进行安装。

默认实例由运行该实例的计算机的名称唯一标识,SQL Server 默认实例的服务名称为 MSSQLSERVER,一台计算机上只能有一个默认实例。

命名实例可在安装过程中用指定的实例名标识,命名实例格式为:计算机名\实例名,命名实例的服务名称即为指定的实例名。

2. SQL Server 分析服务

SQL Server 分析服务(SQL Server Analysis Services,SSAS)为商业智能应用程序提供联机分析处理(OLAP)和数据挖掘功能。

3. SQL Server 报表服务

SQL Server 报表服务(SQL Server Reporting Services,SSRS)是基于服务器的报表平台,可以用来创建和管理包含关系数据源和多维数据源中的数据的表格、矩阵报表、图形报表、自由格式报表等。

4. SQL Server 集成服务

SQL Server 集成服务(SQL Server Integration Services,SSIS)主要用于清理、聚合、合并、复制数据的转换以及管理 SSIS 包,提供生产并调试 SSIS 包的图形向导工具,执行 FTP、电子邮件消息传递等操作。

2.3.2 SQL Server 管理工具

安装完成后,单击"开始"按钮,选择"所有程序"→Microsoft SQL Server 命令,即可查看 SQL Server 管理工具,如图 2.10 所示。

- SQL Server Management Studio:为数据库管理员和开发人员提供图形化和集成开发环境。
- SQL Server 配置管理器:用于管理与 SQL Server 相关联的服务,管理服务器和客户端网络配置设置。

24

图 2.10　SQL Server 管理工具

单击"开始"按钮,选择"所有程序"→Microsoft SQL Server→"配置工具"→"SQL Server 配置管理器"命令,出现 SQL Server Configuration Manager 窗口,即"SQL Server 配置管理器"窗口,如图 2.11 所示。

图 2.11　SQL Server Configuration Manager 窗口

注意: 在 SQL Server 正常运行以后,如果启动 SQL Server Management Studio 并连接到 SQL Server 服务器时,出现不能连接到 SQL Server 服务器的错误,应首先检查

SQL Server 配置管理器中的 SQL Server 服务是否正在运行。
- SQL Server 安装中心：安装、升级、更改 SQL Server 实例中的组件。
- Reporting Services 配置管理器：提供报表服务器配置的统一的查看、设置和管理方式。

2.4　SQL Server Management Studio 环境

1. 启动 SQL Server Management Studio

单击"开始"按钮，选择"所有程序"→SQL Server→SQL Server Management Studio 命令，出现"连接到服务器"对话框，在"服务器名称"下拉列表框中选择"(local)"选项，在"身份验证"下拉列表框中选择"SQL Server 身份验证"选项，在"登录名"下拉列表框中选择 sa 选项，在"密码"文本框中输入 123456（此为安装过程中设置的密码），如图 2.12 所示，单击"连接"按钮，即可以混合模式启动 SQL Server Management Studio，并连接到 SQL Server 服务器。

图 2.12　"连接到服务器"对话框

屏幕出现 SQL Server Management Studio 窗口，如图 2.13 所示。它包括对象资源管理器、已注册的服务器、模板浏览器等。

2. 对象资源管理器

在"对象资源管理器"窗格中，包括数据库、安全性、服务器对象、复制、管理、SQL Server 代理等对象。选择"数据库"→"系统数据库"→master 命令，即展开为表、视图、同义词、可编程性、存储、安全性等子对象，如图 2.14 所示。

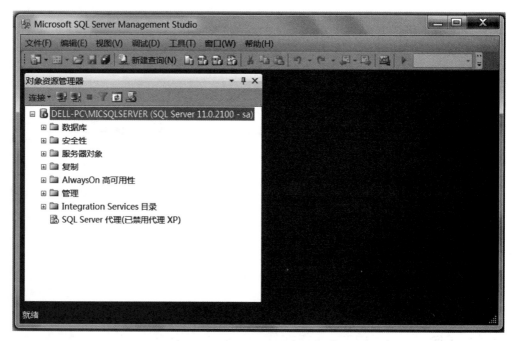

图 2.13　SQL Server Management Studio 窗口

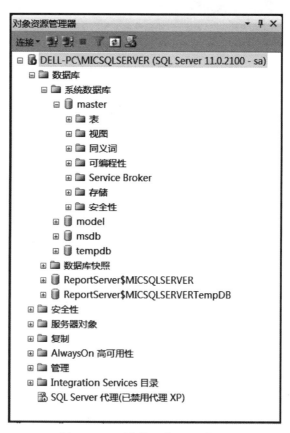

图 2.14　"对象资源管理器"窗格

3. 模板浏览器

在 SQL Server Management Studio 窗口的菜单栏中,选择"视图"→"模板浏览器"命令,该窗口右侧出现"模板浏览器"窗格,如图 2.15 所示。在"模板浏览器"窗格中可以找到 100 多个对象。

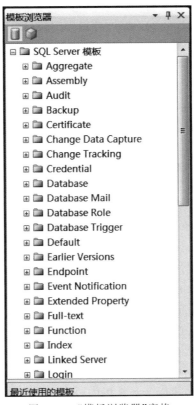

图 2.15 "模板浏览器"窗格

4. 已注册的服务器

在 SQL Server Management Studio 窗口的菜单栏中,选择"视图"→"已注册的服务器"命令,该窗口左侧出现"已注册的服务器"窗格,包括数据库引擎、Analysis Services、Reporting Services、Integration Services、SQL Server Compact 5 种服务器类型,可用该窗口工具栏中的按钮切换,如图 2.16 所示。后 4 种服务器类型的切换,由读者进行操作即可,就不在书中说明了。

图 2.16 "已注册的服务器"窗格

2.5　SQL 和 T-SQL

SQL（Structured Query Language，结构化查询语言）是关系数据库管理的标准语言，不同的数据库管理系统在标准的 SQL 基础上进行扩展，T-SQL（Transact-SQL）是 Microsoft SQL Server 在 SQL 基础上增加控制语句和系统函数的扩展。

2.5.1　SQL 概述

SQL 是应用于数据库的结构化查询语言，是一种非过程性语言，本身不能脱离数据库而存在。一般高级语言存取数据库时要按照程序顺序处理许多动作，使用 SQL 只需简单的几行命令，便可由数据库系统来完成具体的内部操作。

1. SQL 分类

通常将 SQL 分为以下 4 类。

（1）数据定义语言（Data Definition Language，DDL）：用于定义数据库对象，对数据库、数据库中的表、视图、索引等数据库对象进行建立和删除。DDL 包括 CREATE、ALTER、DROP 等语句。

（2）数据操纵语言（Data Manipulation Language，DML）：用于对数据库中的数据进行插入、修改、删除等操作。DML 包括 INSERT、UPDATE、DELETE 等语句。

（3）数据查询语言（Data Query Language，DQL）：用于对数据库中的数据进行查询操作，例如用 SELECT 语句进行查询操作。

（4）数据控制语言（Data Control Language，DCL）：用于控制用户对数据库的操作权限。DCL 包括 GRANT、REVOKE 等语句。

2. SQL 的特点

SQL 具有高度非过程化、应用于数据库的语言、面向集合的操作方式、既是自含式语言又是嵌入式语言、综合统一、语言简洁和易学易用等特点。

（1）高度非过程化。

SQL 是非过程化语言，进行数据操作，只要提出"做什么"，而无须指明"怎么做"，因此无须说明具体处理过程和存取路径，处理过程和存取路径由系统自动完成。

（2）应用于数据库。

SQL 本身不能独立于数据库而存在，它是应用于数据库和表的语言。使用 SQL，应熟悉数据库中的表结构和样本数据。

（3）面向集合的操作方式。

SQL 采用集合操作方式，不仅操作对象、查找结果可以是记录的集合，而且一次插入、删除、更新操作的对象也可以是记录的集合。

（4）既是自含式语言又是嵌入式语言。

SQL 作为自含式语言，它能够用于联机交互的使用方式，用户可以在终端键盘上直接输入 SQL 命令对数据库进行操作；作为嵌入式语言，SQL 语句能够嵌入高级语言（例如 C、C++、Java）程序中，供程序员设计程序时使用。在两种不同的使用方式下，SQL 的语法结构基本上是一致的，提供了极大的灵活性与方便性。

（5）综合统一。

SQL 集数据定义（data definition）、数据操纵（data manipulation）、数据查询（data query）和数据控制（data control）功能于一体。

（6）语言简洁，易学易用。

SQL 接近英语口语，易学使用，功能很强。由于其设计巧妙，语言简洁，完成核心功能只用了 9 个动词，如表 2.1 所示。

表 2.1　SQL 的动词

SQL 的功能	动　　词	SQL 的功能	动　　词
数据定义	CREATE，ALTER，DROP	数据查询	SELECT
数据操纵	INSERT，UPDATE，DELETE	数据控制	GRANT，REVOKB

2.5.2　T-SQL 概述

本节介绍使用 T-SQL 的预备知识：T-SQL 的语法约定和在 SQL Server Management Studio 中执行 T-SQL 语句。

1. T-SQL 的语法约定

T-SQL 的语法约定如表 2.2 所示。在 T-SQL 的代码中不区分大写和小写。

表 2.2　T-SQL 的语法约定

语 法 约 定	说　　明
大写	T-SQL 关键字（这里的大写是在语法格式中）
|	分隔括号或大括号中的语法项，只能选择其中一项
[ ]	可选项
{ }	必选项
[,...n]	指示前面的项可以重复 n 次，各项由逗号分隔
[...n]	指示前面的项可以重复 n 次，各项由空格分隔
<label> ::=	语法块的名称。此约定用于对可在语句中的多个位置使用的过长语法段或语法单元进行分组和标记。可使用的语法块的每个位置由括在尖括号内的标签指示

2. 在 SQL Server Management Studio 中执行 T-SQL 语句

在 SQL Server Management Studio 中，用户可在查询分析器编辑窗口中输入或粘贴 T-SQL 语句、执行语句，在查询分析器结果窗口中查看结果。

在 SQL Server Management Studio 中执行 T-SQL 语句的步骤如下。

（1）启动 SQL Server Management Studio。

（2）在左边"对象资源管理器"窗格中选中"数据库"节点，单击 stsc 数据库，单击左上方工具栏中的"新建查询"按钮，右边出现查询分析器编辑窗口，可输入或粘贴 T-SQL 语句。例如，在窗口中输入命令

```
USE stsc
SELECT *
FROM student
```

如图 2.17 所示。

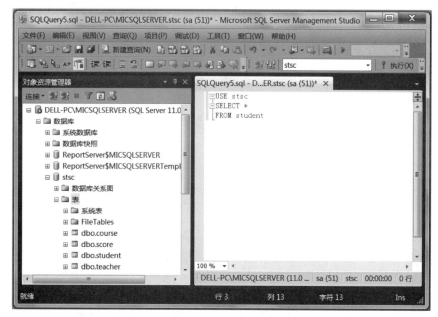

图 2.17　SQL Server 查询分析器编辑窗口

（3）单击左上方工具栏中的 ! 执行(X) 按钮或按 F5 键，编辑窗口一分为二，上半部分仍为编辑窗口，下半部分出现结果窗口。结果窗口有两个选项卡："结果"选项卡用于显示 T-SQL 语句的执行结果，如图 2.18 所示；"消息"选项卡用于显示 T-SQL 语句的执行情况。

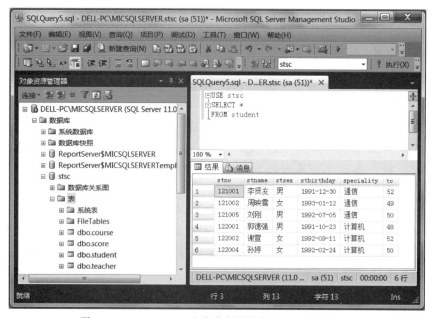

图 2.18　SQL Server 查询分析器编辑窗口和结果窗口

提示：在查询分析器编辑窗口中执行 T-SQL 语句的方法有按 F5 键、单击工具栏中的 ❗执行(X) 按钮或在编辑窗口右键快捷菜单中选择"执行"命令。

2.6 小 结

本章主要介绍以下内容。

（1）SQL Server 的发展历程、SQL Server 2012 的新特性和 SQL Server 2012 的版本。

（2）SQL Server 2012 的安装要求和安装步骤。

（3）SQL Server 服务器组件包括数据库引擎、分析服务、报表服务、集成服务等。

SQL Server 管理工具包括 SQL Server Management Studio、SQL Server 安装中心、Reporting Services 配置管理器、SQL Server Profiler、数据库引擎优化顾问等。

（4）启动 SQL Server Management Studio 的操作步骤，在 SQL Server Management Studio 中的对象资源管理器、已注册的服务器、模板浏览器。

（5）SQL（Structured Query Language）是关系数据库管理的标准语言，T-SQL（Transact-SQL）是 Microsoft SQL Server 在 SQL 基础上增加控制语句和系统函数的扩展。

通常将 SQL 分为以下 4 类：数据定义语言（Data Definition Language，DDL）、数据操纵语言（Data Manipulation Language，DML）、数据查询语言（Data Query Language，DQL）和数据控制语言（Data Control Language，DCL）。

SQL 具有高度非过程化、应用于数据库、面向集合的操作方式、既是自含式语言又是嵌入式语言、综合统一、语言简洁和易学易用等特点。

（6）在 SQL Server Management Studio 中，用户可在查询分析器编辑窗口中输入或粘贴 T-SQL 语句、执行语句，在查询分析器结果窗口中查看结果。

习 题 2

一、选择题

1. SQL Sever 是_____。

    A. 数据库   B. DBMS

    C. DBA   D. 数据库系统

2. SQL Sever 为数据库管理员和开发人员提供的图形化和集成开发环境是_____。

    A. SQL Server 配置管理器   B. SQL Server Profiler

    C. SQL Server Management Studio   D. 对象资源管理器

3. SQL Server 服务器组件不包括_____。

    A. 数据库引擎   B. 分析服务

    C. 报表服务   D. SQL Server 配置管理器

二、填空题

1. SQL Server 数据库引擎实例分为默认实例和_____两种类型。

2. SQL Server 配置管理器用于管理与 SQL Server 相关联的服务，管理服务器和客户端_____配置设置。

三、问答题

1. SQL Server 2012 具有哪些新特征？

2. SQL Server 2012 安装要求有哪些？

3. 简述 SQL Server 2012 的安装步骤。

4. SQL Server 2012 有哪些服务器组件？

5. SQL Server 2012 有哪些管理工具？

6. SQL Server Management Studio 2012 有哪些功能？

7. 简述启动 SQL Server Management Studio 2012 的操作步骤。

8. SQL Server 2012 配置管理器有哪些功能？

9. 什么是 SQL？什么是 T-SQL？

10. 简述 SQL 的分类和特点。

11. 简述在 SQL Server Management Studio 中执行 T-SQL 语句的步骤。

实验 2　SQL Server 2012 的安装和运行

1. 实验目的及要求

（1）掌握 SQL Server 2012 的安装步骤。

（2）掌握连接到 SQL Server 服务器的步骤。

（3）掌握 SQL Server 服务的启动、停止、暂停、继续、重新启动等操作。

2. 实验内容

1）SQL Server 2012 的安装步骤参见 2.2 节。

2）连接到 SQL Server 服务器的步骤：单击"开始"按钮，选择"所有程序"→SQL Server→SQL Server Management Studio 命令，出现"连接到服务器"对话框，如图 2.19 所示。

在"服务器类型"下拉列表框中选择"数据库引擎"选项，在"服务器名称"下拉列表框中选择"(local)"选项，在"身份验证"下拉列表框中选择"SQL Server 身份验证"选项，在"登录名"下拉列表框中选择 sa 选项，在"密码"文本框中输入 123456（此为安装过程中设置的密码），单击"连接"按钮，即可以混合模式启动 SQL Server Management Studio，并连接到 SQL Server 服务器。

3）SQL Server 服务的启动、停止、暂停、继续、重新启动等操作，有以下两种常用的方法。

（1）使用操作系统中的"服务"命令。

单击"开始"按钮，选择"控制面板"→"管理工具"→"服务"命令，出现"服务"窗口，在右边的列表框中选择所需要的服务，右击，在弹出的快捷菜单中选择相应的命令，即可进

图 2.19 "连接到服务器"对话框

行 SQL Server 服务的启动、停止、暂停、恢复、重新启动等操作。

（2）使用"SQL Server 配置管理器"。

单击"开始"按钮,选择"所有程序"→Microsoft SQL Server→"配置工具"命令,单击"SQL Server 配置管理器"选项,出现"SQL Server 配置管理器"窗口,在右边的列表区中选择所需要的服务,右击,在弹出的快捷菜单中选择相应的命令,即可进行 SQL Server 服务的启动、停止、暂停、继续、重新启动等操作。

第 3 章 | 创建数据库

本章要点

- SQL Server 数据库的基本概念。
- 以图形界面方式创建 SQL Server 数据库。
- 以命令方式创建 SQL Server 数据库。

使用 SQL Server 设计和实现信息系统,首先就要设计和实现数据的表示和存储,即创建数据库。数据库是 SQL Server 用于组织和管理数据的基本对象,SQL Server 能够支持多个数据库。本章介绍 SQL Server 数据库的基本概念、使用 SQL Server Management Studio 的图形用户界面创建 SQL Server 数据库、使用 T-SQL 语句创建 SQL Server 数据库等内容。

3.1 SQL Server 数据库的基本概念

数据库是 SQL Server 存储和管理数据的基本对象,下面从逻辑数据库和物理数据库两个角度进行讨论。

3.1.1 逻辑数据库

从用户的观点看,组成数据库的逻辑成分称为数据库对象,SQL Server 数据库由存放数据的表以及支持这些数据的存储、检索、安全性和完整性的对象所组成。

1. 数据库对象

SQL Server 的数据库对象包括表(table)、视图(view)、索引(index)、存储过程 (stored procedure)、触发器(trigger)等。

- 表:包含数据库中所有数据的数据库对象,由行和列构成。它是最重要的数据库对象。
- 视图:由一张表或多张表导出的表,又称虚拟表。
- 索引:为加快数据检索速度并可以保证数据唯一性的数据结构。
- 存储过程:为完成特定功能的 T-SQL 语句集合,编译后存放于服务器端的数据库中。
- 触发器:一种特殊的存储过程,当某个规定的事件发生时,该存储过程自动执行。

2. 系统数据库和用户数据库

SQL Server 的数据库有两类:一类是系统数据库;另一类是用户数据库。

1) 系统数据库

SQL Server 在安装时创建 4 个系统数据库:master、model、msdb 和 tempdb。系统

数据库存储有关 SQL Server 的系统信息,当系统数据库受到破坏时,SQL Server 将不能正常启动和工作。

- master 数据库:系统最重要的数据库,记录了 SQL Server 的系统信息,例如登录账号、系统配置、数据库位置及数据库错误信息等,用于控制用户数据库和 SQL Server 的运行。
- model 数据库:为创建数据库提供模板。
- msdb 数据库:代理服务数据库,为调度信息、作业记录等提供存储空间。
- tempdb 数据库:一个临时数据库,为临时表和临时存储过程提供存储空间。

2)用户数据库

用户数据库是由用户创建的数据库,本书所创建的数据库都是用户数据库。用户数据库和系统数据库在结构上是相同的。

3. 完全限定名和部分限定名

在 T-SQL 中引用 SQL Server 对象对其进行查询、插入、修改、删除等操作,所使用的 T-SQL 语句需要给出对象的名称,用户可以使用完全限定名和部分限定名。

1)完全限定名

完全限定名是对象的全名。SQL Server 创建的每个对象都有唯一的完全限定名,它由 4 部分组成:服务器名、数据库名、数据库架构名和对象名。其格式如下:

```
server.database.scheme.object
```

例如,DELL-PC. stsc. dbo. student 即为一个完全限定名。

2)部分限定名

使用完全限定名往往很烦琐且没有必要,经常省略其中的某些部分。在对象全名的 4 部分中,前 3 部分均可被省略,当省略中间的部分时,圆点符"."不可省略。这种只包含对象完全限定名中的一部分的对象名称为部分限定名。

在部分限定名中,未指出的部分使用默认值。

服务器:默认为本地服务器。

数据库:默认为当前数据库。

数据库架构名:默认为 dbo。

部分限定名格式如下:

```
server.database...object          /*省略架构名*/
server.. scheme.object            /*省略数据库名*/
database. scheme.object           /*省略服务器名*/
server...object                   /*省略架构名和数据库名*/
scheme.object                     /*省略服务器名和数据库名*/
object                            /*省略服务器名、数据库名和架构名*/
```

例如,完全限定名 DELL-PC. stsc. dbo. student 的部分限定名如下:

```
DELL-PC.stsc..student
DELL-PC..dbo.student
stsc.dbo.student
```

```
DELL-PC..student
dbo.student
student
```

3.1.2 物理数据库

从系统的观点看,数据库是存储逻辑数据库的各种对象的实体,它们存放在计算机的存储介质中,从这个角度称数据库为物理数据库。SQL Server 的物理数据库架构包括页和区、数据库文件、数据库文件组等。

1. 页和区

页和区是 SQL Server 数据库的两个主要数据存储单位。

1）页

每页的大小是 8KB,1MB 的数据文件可以容纳 128 页。页是 SQL Server 中用于数据存储的最基本单位。

2）区

每 8 个连接的页组成一个区,区的大小是 64KB,1MB 的数据库有 16 个区,区用于控制表和索引的存储。

2. 数据库文件

SQL Server 采用操作系统文件来存放数据库,使用的文件有主数据文件、辅助数据文件、日志文件 3 类。

1）主数据文件

主数据文件(primary)用于存储数据。每个数据库必须有也只能有一个主数据文件,它的默认扩展名为. mdf。

2）辅助数据文件

辅助数据文件(secondary)也用于存储数据。一个数据库中辅助数据文件可以创建多个,也可以没有,辅助数据文件的默认扩展名为. ndf。

3）日志文件

日志文件(transaction log)用于保存恢复数据库所需的事务日志信息。每个数据库至少有一个日志文件,也可以有多个,日志文件的扩展名为. ldf。

3. 数据库文件组

数据库文件组由数据库文件组成,为了管理和分配数据将多个文件组织在一起,组成文件组,对它们进行整体管理,以提高表中数据的查询效率。SQL Server 提供了两类文件组:主文件组和用户定义文件组。

1）主文件组

主文件组包含主数据文件和任何没有指派给其他文件组的文件,数据库的系统表均分配在主文件组中。

2）用户定义文件组

用户定义文件组包含所有使用 CREATE DATABASE 或 ALTER DATABASE 语句并用 FILEGROUP 关键字指定的文件组。

3.2 以图形界面方式创建 SQL Server 数据库

SQL Server 提供两种方法创建 SQL Server 数据库：一种方法是使用 SQL Server Management Studio 的图形用户界面创建 SQL Server 数据库；另一种方法是使用 T-SQL 语句创建 SQL Server 数据库。本节介绍以图形界面方式创建 SQL Server 数据库。

以图形界面方式创建 SQL Server 数据库包括创建数据库、修改数据库、删除数据库等内容，下面分别介绍。

1. 创建数据库

在使用数据库以前，首先需要创建数据库。在学生成绩管理系统中，以创建名称为 stsc 的学生成绩数据库为例，说明创建数据库的步骤。

【例 3.1】 使用 SQL Server Management Studio 创建 stsc 数据库。

创建 stsc 数据库的操作步骤如下。

（1）单击"开始"按钮，选择"所有程序"→SQL Server→SQL Server Management Studio 命令，出现"连接到服务器"对话框，在"服务器名称"下拉列表框中选择"(local)"选项，在"身份验证"下拉列表框中选择"SQL Server 身份验证"选项，在"登录名"下拉列表框中选择 sa 选项，在"密码"文本框中输入 123456，单击"连接"按钮，连接到 SQL Server 服务器。

（2）屏幕出现 SQL Server Management Studio 窗口，在左边的"对象资源管理器"窗格中选中"数据库"节点，右击，在弹出的快捷菜单中选择"新建数据库"命令，如图 3.1 所示。

图 3.1 选择"新建数据库"命令

（3）进入"新建数据库"窗口，在"新建数据库"窗口的左上方有 3 个选择页："常规" "选项"和"文件组"，"常规"选择页首先出现。

在"数据库名称"文本框中输入创建的数据库名称 stsc，"所有者"文本框使用系统默认值，系统自动在"数据库文件"列表中生成一个主数据文件 stsc.mdf 和一个日志文件 stsc_log.ldf，主数据文件 stsc.mdf 初始大小为 5MB，增量为 1MB，存放的路径为 C:\Program Files\Microsoft SQL Server\MSSQL11.MICQLSERVER\MSSQL\DATA，日志文件 stsc_log.ldf 初始大小为 1MB，增量为 10%，存放的路径与主数据文件的路径相同，如图 3.2 所示。

图 3.2 "新建数据库"窗口

这里只配置"常规"选择页，其他选择页采用系统默认设置。

（4）单击"确定"按钮，stsc 数据库创建完成，在 C:\Program Files\Microsoft SQL Server\MSSQL11.MICSQLSERVER\MSSQL\DATA 文件夹中增加了两个数据文件 stsc.mdf 和 stsc_log.ldf。

2. 修改数据库

在创建数据库后，用户可以根据需要对数据库进行以下修改。

- 增加或删除数据文件，改变数据文件的大小和增长方式。
- 增加或删除日志文件，改变日志文件的大小和增长方式。
- 增加或删除文件组。

【例 3.2】 在 abc 数据库（已创建）中增加数据文件 abcbk.ndf 和日志文件 abcbk_log.ldf。

操作步骤如下。

（1）启动 SQL Server Management Studio，在左边的"对象资源管理器"窗格中展开"数据库"节点，选中数据库 abc，右击，在弹出的快捷菜单中选择"属性"命令。

（2）在"数据库属性-abc"窗口中，单击"选择页"中的"文件"选项，进入文件设置页面，如图 3.3 所示。通过本窗口可增加数据文件和日志文件。

图 3.3 "数据库属性-abc"窗口中的"文件"选择页

（3）增加数据文件。单击"添加"按钮，在"数据库文件"列表中出现一个新的文件位置，单击"逻辑名称"文本框并输入名称 abcbk，单击"初始大小"文本框，通过该框后的微调按钮将大小设置为 5，"文件类型"文本框、"文件组"文本框、"自动增长"文本框和"路径"文本框都选择默认值。

（4）增加日志文件。单击"添加"按钮，在"数据库文件"列表中出现一个新的文件位置，单击"逻辑名称"文本框并输入名称 abcbk_log，单击"文件类型"文本框，通过该框后的下拉箭头设置为"日志"，"初始大小"文本框、"文件组"文本框、"自动增长"文本框和"路径"文本框都选择默认值，如图 3.4 所示，单击"确定"按钮。

在 C:\Program Files\Microsoft SQL Server\MSSQL11. MICSQLSERVER\MSSQL\DATA 文件夹中，增加了辅助数据文件 abcbk.ndf 和日志文件 abcbk_log.ldf。

【例 3.3】 在 abc 数据库中删除数据文件和日志文件。

操作步骤如下。

（1）启动 SQL Server Management Studio，在左边的"对象资源管理器"窗格中展开"数据库"节点，选中数据库 abc，右击，在弹出的快捷菜单中选择"属性"命令。

创建数据库

图 3.4　增加数据文件和日志文件

（2）出现"数据库属性-abc"窗口，单击"选择页"中的"文件"选项，进入文件设置页面，通过本窗口可删除数据文件和日志文件。

（3）选择 abcbk 数据文件，单击"删除"按钮，则该数据文件被删除。

（4）选择 abcbk_log 日志文件，单击"删除"按钮，则该日志文件被删除。

（5）单击"确定"按钮，返回 SQL Server Management Studio 窗口。

3．删除数据库

数据库运行后，需要消耗资源，往往会降低系统运行效率，通常可将不再需要的数据库进行删除，释放资源。删除数据库后，其文件及数据都会从服务器上的磁盘中删除，并永久删除，除非使用以前的备份，所以删除数据库应谨慎。

【例 3.4】　删除 abc 数据库。

删除 abc 数据库的操作步骤如下。

（1）启动 SQL Server Management Studio，在左边的"对象资源管理器"窗格中展开"数据库"节点，选中数据库 abc，右击，在弹出的快捷菜单中选择"删除"命令。

（2）出现"删除对象"对话框，单击"确定"按钮，则 abc 数据库被删除。

3.3　以命令方式创建 SQL Server 数据库

3.2 节介绍了使用 SQL Server Management Studio 的图形用户界面创建数据库，本节介绍使用 T-SQL 语句创建数据库。与图形用户界面相比，使用 T-SQL 语句创建数据库更为灵活、方便。

3.3.1 创建数据库

创建数据库使用 CREATE DATABASE 语句,下面介绍创建数据库的语法格式。

语法格式:

```
CREATE DATABASE database_name
[   [ON  [filespec] ]
    [LOG ON [filespec] ]
]

< filespec >::=
{(
 NAME = logical_file_name ,
 FILENAME = 'os_file_name '
 [, SIZE = size]
 [, MAXSIZE = {max_size | UNLIMITED }]
 [, FILEGROWTH = growth_increament [ KB | MB | GB | TB | % ]] )
}
```

说明:

- database_name:创建的数据库名称,命名须唯一且符合 SQL Server 的命名规则, 最多为 128 个字符。
- ON 子句:指定数据库文件和文件组属性。
- LOG ON 子句:指定日志文件属性。
- filespec:指定数据文件的属性,给出文件的逻辑名、存储路径、大小及增长特性。
- NAME:为 filespec 定义的文件指定逻辑文件名。
- FILENAME:为 filespec 定义的文件指定操作系统文件名,指出定义物理文件时 使用的路径和文件名。
- SIZE 子句:指定 filespec 定义的文件的初始大小。
- MAXSIZE 子句:指定 filespec 定义的文件的最大大小。
- FILEGROWTH 子句:指定 filespec 定义的文件的增长增量。

当仅使用 CREATE DATABASE database_name 语句而不带参数时,创建的数据库 大小将与 model 数据库的大小相等,

【例 3.5】 使用 T-SQL 语句,创建 test 数据库。

在 SQL Server 查询分析器中输入以下语句:

```
CREATE DATABASE test
    ON
    (
        NAME = 'test',
        FILENAME = 'C:\Program Files\Microsoft SQL Server\MSSQL11.MICSQLSERVER\MSSQL\DATA\
test.mdf',
        SIZE = 5MB,
        MAXSIZE = 30MB,
```

```
        FILEGROWTH = 1MB
    )
    LOG ON
    (
        NAME = 'test_log',
        FILENAME = 'C:\Program Files\Microsoft SQL Server\MSSQL11.MICSQLSERVER\MSSQL\DATA\
test_log.ldf',
        SIZE = 1MB,
        MAXSIZE = 10MB,
        FILEGROWTH = 10 %
    )
```

在查询分析器编辑窗口中单击"执行"按钮或按 F5 键，系统提示"命令已成功完成"，则 test 数据库创建完毕。

【例 3.6】 创建 test2 数据库，其中，主数据文件为 20MB，最大大小不限，按 1MB 增长；1 个日志文件，初始大小为 1MB，最大大小为 20MB，按 10％增长。

在 SQL Server 查询分析器中输入以下语句：

```
CREATE DATABASE test2
    ON
    (
        NAME = 'test2',
        FILENAME = 'C:\Program Files\Microsoft SQL Server\MSSQL11.MICSQLSERVER\MSSQL\DATA\
test2.mdf',
        SIZE = 20MB,
        MAXSIZE = UNLIMITED,
        FILEGROWTH = 1MB
    )
    LOG ON
    (
        NAME = 'test2_log',
        FILENAME = 'C:\Program Files\Microsoft SQL Server\MSSQL11.MICSQLSERVER\MSSQL\DATA\
test2_log.ldf',
        SIZE = 1MB,
        MAXSIZE = 20MB,
        FILEGROWTH = 10 %
    )
```

在查询分析器编辑窗口中单击"执行"按钮或按 F5 键，系统提示"命令已成功完成"，则 test2 数据库创建成功。

【例 3.7】 创建一个具有两个文件组的数据库 test3。要求：主文件组包括文件 test3_dat1，文件初始大小为 15MB，最大大小为 45MB，按 4MB 增长；另有一个文件组名为 test3gp，包括文件 test3_dat2，文件初始大小为 5MB，最大大小为 20MB，按 10％增长。

在 SQL Server 查询分析器中输入以下语句：

```
CREATE DATABASE test3
    ON
    PRIMARY
```

```
(
    NAME = 'test3_dat1',
    FILENAME = 'D:\data\ test3_dat1.mdf',
    SIZE = 15MB,
    MAXSIZE = 45MB,
    FILEGROWTH = 4MB
),
FILEGROUP test3gp
(
    NAME = 'test3_dat2',
    FILENAME = 'D:\data\ test3_dat2.ndf',
    SIZE = 5MB,
    MAXSIZE = 20MB,
    FILEGROWTH = 10%
)
```

在查询分析器编辑窗口中单击"执行"按钮或按 F5 键,系统提示"命令已成功完成", 则 test3 数据库创建成功。

创建数据库后使用数据库,可使用 USE 语句。

语法格式:

```
USE database_name
```

其中,database_name 是使用的数据库名称。

说明:USE 语句只在第一次打开数据库时使用,后续都是作用在该数据库中。如果要使用另一个数据库,需要重新使用 USE 语句打开另一个数据库。

3.3.2 修改数据库

修改数据库使用 ALTER DATABASE 语句,下面介绍修改数据库的语法格式。

语法格式:

```
ALTER DATABASE database
{ ADD FILE filespec
| ADD LOG FILE filespec
| REMOVE FILE logical_file_name
| MODIFY FILE filespec
| MODIFY NAME = new_dbname
}
```

说明:

- database:需要更改的数据库名称。
- ADD FILE 子句:指定要增加的数据文件。
- ADD LOG FILE 子句:指定要增加的日志文件。
- REMOVE FILE 子句:指定要删除的数据文件。
- MODIFY FILE 子句:指定要更改的文件属性。

- MODIFY NAME 子句：重命名数据库。

【例 3.8】 在 tes2 数据库中，增加一个数据文件 testadd. ndf，初始大小为 10MB，最大大小为 50MB，按 5MB 增长。

```
ALTER DATABASE test2
    ADD FILE
    (
        NAME = 'test2add',
        FILENAME = 'C:\Program Files\Microsoft SQL Server\MSSQL11.MICSQLSERVER\MSSQL\DATA
\test2add.ndf',
        SIZE = 10MB,
        MAXSIZE = 50MB,
        FILEGROWTH = 5MB
    )
```

3.3.3 删除数据库

删除数据库使用 DROP DATABASE 语句。

语法格式：

```
DROP DATABASE database_name
```

其中，database_name 是要删除的数据库名称。

【例 3.9】 使用 T-SQL 语句删除 test3 数据库。

```
DROP DATABASE test3
```

3.4 小　　结

本章主要介绍以下内容。

（1）数据库是 SQL Server 存储和管理数据的基本对象，从逻辑数据库和物理数据库两个角度进行讨论。

（2）从用户的观点看，组成数据库的逻辑成分称为数据库对象，SQL Server 数据库由存放数据的表以及支持这些数据的存储、检索、安全性和完整性的对象所组成。

SQL Server 的数据库对象包括表（table）、视图（view）、索引（index）、存储过程（stored procedure）、触发器（trigger）等。

SQL Server 的数据库有两类：一类是系统数据库；另一类是用户数据库。SQL Server 在安装时创建 4 个系统数据库：master、model、msdb 和 tempdb。用户数据库是由用户创建的数据库。

（3）从系统的观点看，数据库是存储逻辑数据库的各种对象的实体，它们存放在计算机的存储介质中，从这个角度称数据库为物理数据库。SQL Server 的物理数据库架构包括页和区、数据库文件、数据库文件组等。

页和区是 SQL Server 数据库的两个主要数据存储单位。每页的大小是 8KB,每 8 个连接的页组成一个区,区的大小是 64KB。

SQL Server 采用操作系统文件来存放数据库,使用的数据库文件有主数据文件、辅助数据文件、日志文件 3 类。

SQL Server 提供了两类文件组:主文件组和用户定义文件组。

(4) 使用 SQL Server Management Studio 的图形用户界面创建 SQL Server 数据库包括创建数据库、修改数据库、删除数据库。

(5) 使用 T-SQL 语句创建 SQL Server 数据库包括使用 CREATE DATABASE 语句创建数据库、使用 ALTER DATABASE 语句修改数据库、使用 DROP DATABASE 语句删除数据库。

习　题　3

一、选择题

1. 在 SQL Server 中创建用户数据库,其主数据文件的大小必须大于_____。

    A. master 数据库的大小　　　　　　B. model 数据库的大小

    C. msdb 数据库的大小　　　　　　　D. 3MB

2. 在 SOL SeIver 中,如果数据库 tempdb 的空间不足,可能会造成一些操作无法进行,此时需要扩大 tempdb 的空间。下列关于扩大 tempdb 空间的方法,错误的是_____。

    A. 手工扩大 tempdb 中某数据文件的大小

    B. 设置 tempdb 中的数据文件为自动增长方式,每当空间不够时让其自动增长

    C. 手工为 tempdb 增加一个数据文件

    D. 删除 tempdb 中的日志内容,以获得更多的数据空间

3. 在 SQL server 中创建用户数据库,实际就是定义数据库所包含的文件以及文件的属性。下列不属于数据文件属性的是_____。

    A. 初始大小　　　　　　　　　　　B. 物理文件名

    C. 文件结构　　　　　　　　　　　D. 最大大小

4. SQL Server 数据库是由文件组成的。下列关于数据库所包含的文件的说法中,正确的是_____。

    A. 一个数据库可包含多个主数据文件和多个日志文件

    B. 一个数据库只能包含一个主数据文件和一个日志文件

    C. 一个数据库可包含多个辅助数据文件,但只能包含一个日志文件

    D. 一个数据库可包含多个辅助数据文件和多个日志文件

5. 在 SQL Server 系统数据库中,存放用户数据库公共信息的是_____。

    A. master　　　　　B. model　　　　　C. msdb　　　　　D. tempdb

二、填空题

1. 从用户的观点看,组成数据库的_____称为数据库对象。

2. SQL Server 的数据库对象包括表、_____、索引、存储过程、触发器等。

3. SQL Server 的物理数据库架构包括页和区、_____、数据库文件组等。

4. SQL Server 数据库的每个页的大小是 8KB,每个区的大小是_____。

5. SQL Server 使用的数据库文件有主数据文件、辅助数据文件、_____ 3 类。

三、问答题

1. SQL Server 有哪些数据库对象?

2. SQL Server 数据库中包含哪几种文件?

3. 简述使用 SQL Server Management Studio 的图形用户界面创建 SQL Server 数据库包含的内容。

4. 使用 T-SQL 语句创建数据库包含哪些语句?

四、应用题

1. 使用图形用户界面创建 mydb 数据库,主数据文件为 mydb. mdf,初始大小为 7MB,增量为 15%,最大大小为 150MB;日志文件为 mydb_log. ldf,初始大小为 1MB,增量为 8%,增长无限制。

2. 使用 T-SQL 语句创建 mydb 数据库,主数据文件的初始大小、增量、增长和日志文件初始大小、增量、增长与第 1 题相同。

实验 3　创建数据库

1. 实验目的及要求

(1) 理解 SQL Server 数据库的基本概念。

(2) 掌握使用 T-SQL 语句创建数据库、修改数据库、删除数据库的命令和方法,具备编写和调试创建数据库、修改数据库、删除数据库的代码的能力。

2. 验证性实验

使用 T-SQL 语句创建商店实验数据库 storeexpm,数据库 storeexpm 在实验中多次用到,主数据文件为 storeexpm. mdf,初始大小为 5MB,增量为 1MB,增长无限制;日志文件为 storeexpm_log. ldf,初始大小为 1MB,增量为 10%,增长无限制。

(1) 创建数据库 storeexpm。

```
CREATE DATABASE storeexpm
    ON
    (
        NAME = 'storeexpm',
        FILENAME = 'C:\Program Files\Microsoft SQL Server\MSSQL11.MICSQLSERVER\MSSQL\DATA\
storeexpm.mdf',
        SIZE = 5MB,
        MAXSIZE = UNLIMITED,
        FILEGROWTH = 1MB
    )
    LOG ON
    (
        NAME = 'storeexpm_log',
        FILENAME = 'C:\Program Files\Microsoft SQL Server\MSSQL11.MICSQLSERVER\MSSQL\DATA\
```

```
storeexpm_log.ldf',
        SIZE = 1MB,
        MAXSIZE = UNLIMITED,
        FILEGROWTH = 10 %
    )
```

（2）修改数据库 storeexpm，首先增加数据文件 storeexpmadd.ndf，再删除数据文件 storeexpmadd.ndf。

```
ALTER DATABASE storeexpm
    ADD FILE
    (
        NAME = 'storeexpmadd',
        FILENAME = 'C:\Program Files\Microsoft SQL Server\MSSQL11.MICSQLSERVER\MSSQL\DATA\
storeexpmadd.ndf',
        SIZE = 10MB,
        MAXSIZE = 150MB,
        FILEGROWTH = 2MB
    )

ALTER DATABASE storeexpm
    REMOVE FILE storeexpmadd
```

（3）删除数据库 storeexpm。

```
DROP DATABASE storeexpm
```

3. 设计性实验

使用 T-SQL 语句创建图书借阅实验数据库 librarypm，主数据文件为 librarypm.mdf，初始大小为 10MB，增量为 10％，最大大小为 200MB；日志文件为 librarypm_log.ldf，初始大小为 2MB，增量为 1MB，最大大小为 50MB。

（1）创建数据库 librarypm。

（2）修改数据库 librarypm，首先增加数据文件 librarypmbk.ndf 和日志文件 librarypmbk_log.ldf，再删除数据文件 librarypmbk.ndf 和日志文件 librarypmbk_log.ldf。

（3）删除数据库 librarypm。

4. 观察与思考

（1）在数据库 storeexpm 已存在的情况下，使用 CREATE DATABASE 语句创建数据库 library，查看错误信息。怎样避免数据库已存在又再创建的错误？

（2）能够删除系统数据库吗？

创建数据库

第4章 创建和使用表

本章要点
- 表的基本概念。
- 以命令方式创建 SQL Server 表。
- 以图形界面方式创建 SQL Server 表。
- 以命令方式操作 SQL Server 表数据。
- 以图形界面方式操作 SQL Server 表数据。

表是最重要的数据库对象,它是由行和列构成的集合,用来存储数据。本章介绍表的基本概念、以命令方式创建 SQL Server 表、以图形界面方式创建 SQL Server 表、以命令方式操作 SQL Server 表数据、以图形界面方式操作 SQL Server 表数据等内容。

4.1 表的基本概念

在 SQL Server 中,每个数据库包括若干表,表用于存储数据。在建立数据库的过程中,最重要的一步就是创建表。下面介绍创建表要用到的两个基本概念:表和数据类型。

4.1.1 表和表结构

表是 SQL Server 中最基本的数据库对象,用于存储数据的一种逻辑结构,由行和列组成,又称为二维表。例如,在学生成绩管理系统中的学生(student)表,如表 4.1 所示。

表 4.1 学生(student)表

学　号	姓　名	性　别	出 生 日 期	专　业	总 学 分
121001	李贤友	男	1991-12-30	通信	52
121002	周映雪	女	1993-01-12	通信	49
121005	刘刚	男	1992-07-05	通信	50
122001	郭德强	男	1991-10-23	计算机	48
122002	谢萱	女	1992-09-11	计算机	52
122004	孙婷	女	1992-02-24	计算机	50

1. 表

表是数据库中存储数据的数据库对象,每个数据库包含了若干表,表由行和列组成。例如,表 4.1 由 6 行 6 列组成。

2. 表结构

每个表具有一定的结构,表结构包含一组固定的列,列由数据类型、长度、允许 NULL 值等组成。

3. 记录

每个表包含若干行数据,表中一行称为一个记录(record)。表 4.1 有 6 个记录。

4. 字段

表中每列称为字段(field),每个记录由若干个数据项(列)构成,构成记录的每个数据项就称为字段。表 4.1 有 6 个字段。

5. 空值

空值(null)通常表示未知、不可用或将在以后添加的数据。

6. 关键字

关键字用于唯一标识记录。如果表中记录的某一字段或字段组合能唯一标识记录,则该字段或字段组合称为候选关键字(candidate key)。如果一个表有多个候选关键字,则选定其中的一个为主关键字(primary key),又称为主键。表 4.1 的主键为"学号"。

4.1.2 系统数据类型

创建数据库最重要的一步为创建其中的数据表,创建数据表必须定义表结构和设置列的数据类型、长度等。SQL Server 系统数据类型包括整数型、精确数值型、浮点型、货币型、位型、字符型、Unicode 字符型、文本型、二进制型、日期时间型、时间戳型、图像型、其他数据类型等,如表 4.2 所示。

表 4.2 SQL Server 系统数据类型

数 据 类 型	符 号 标 识
整数型	bigint,int,smallint,tinyint
精确数值型	decimal,numeric
浮点型	float[(n)],real
货币型	money,smallmoney
位型	bit
字符型	char[(n)],varchar[(n)]
Unicode 字符型	nchar[(n)],nvarchar[(n)]
文本型	text,ntext
二进制型	binary[(n)],varbinary[(n)]
日期时间型	datetime,smalldatetime,date,time,datetime2,datetimeoffset
时间戳型	timestamp
图像型	image
其他数据类型	cursor,sql_variant,table,uniqueidentifier,xml,hierarchyid

1. 整数型

整数型包括 bigint、int、smallint 和 tinyint 共 4 类。

1) bigint(大整数)

精度为 19 位,长度为 8 字节,数值范围为 $-2^{63} \sim 2^{63}-1$。

2) int(整数)

精度为 10 位,长度为 4 字节,数值范围为 $-2^{31} \sim 2^{31}-1$。

3) smallint(短整数)

精度为 5 位,长度为 2 字节,数值范围为 $-2^{15} \sim 2^{15}-1$。

4) tinyint(微短整数)

精度为 3 位,长度为 1 字节,数值范围为 $0 \sim 255$。

2. 精确数值型

精确数值型包括 decimal 和 numeric 两类。SQL Server 中,这两类数据类型在功能上是完全等价的。

精确数值型数据由整数部分和小数部分构成,可存储 $-10^{38}+1 \sim 10^{38}-1$ 的固定精度和小数位的数字数据,它存储长度最少 5 字节,最多为 17 字节。

精确数值型数据的格式为

numeric | decimal(p[,s])

其中,p 为精度;s 为小数位数,s 的默认值为 0。

例如,指定某列为精确数值型,精度为 7,小数位数为 2,则为 decimal(7,2)。

3. 浮点型

浮点型又称近似数值型,近似数值型包括 float[(n)]和 real 两类,这两类通常都使用科学记数法表示数据。科学记数法的格式为

尾数 E 阶数

其中,阶数必须为整数。

例如,4.804 E9、3.682−E6、7.8594E−8 等都是浮点型数据。

1) real

精度为 7 位,长度为 4 字节,数值范围为 $-3.40\mathrm{E}+38 \sim 3.40\mathrm{E}+38$。

2) float[(n)]

当 n 为 1~24 时,精度为 7 位,长度为 4 字节,数值范围为 $-3.40\mathrm{E}+38 \sim 3.40\mathrm{E}+38$。

当 n 为 25~53 时,精度为 15 位,长度为 8 字节,数值范围为 $-1.79\mathrm{E}+308 \sim 1.79\mathrm{E}+308$。

4. 货币型

处理货币的数据类型有 money 和 smallmoney,它们用十进制数表示货币值。

1) money

精度为 19,小数位数为 4,长度为 8 字节,数值范围为 $-2^{63} \sim 2^{63}-1$。

2) smallmoney

精度为 10,小数位数为 4,长度为 4 字节,数值范围为 $-2^{31} \sim 2^{31}-1$。

5. 位型

SQL Server 中的位(bit)型数据只存储 0 和 1,长度为 1 字节,相当于其他语言中的逻辑型数据。当一个表中有小于 8 位的 bit 列时,将作为 1 字节存储,如果表中有 9~16 位

bit 列时,将作为 2 字节存储,以此类推。

当为 bit 类型数据赋 0 时,其值为 0;而赋非 0 时,其值为 1。

字符串值 TRUE 和 FALSE 可以转换为 bit 值:TRUE 转换为 1,FALSE 转换为 0。

6. 字符型

字符型数据用于存储字符串,字符串中可包括字母、数字和其他特殊符号。在输入字符串时,需将字符串中的符号用单引号或双引号括起来,如'def'或"Def<Ghi"。

SQL Server 字符型包括两类:固定长度字符数据类型(char[(n)])、可变长度字符数据类型(varchar[(n)])。

1) char[(n)]

char[(n)]为固定长度字符数据类型,其中 n 定义字符型数据的长度,n 为 1～8000,默认值为 1。若输入字符串长度小于 n 时,则系统自动在它的后面添加空格以达到长度 n。例如某列的数据类型为 char(100),而输入的字符串为"NewYear2013",则存储的是字符 NewYear2013 和 89 个空格。若输入字符串长度大于 n,则截断超出的部分。当列值的字符数基本相同时可采用数据类型 char[(n)]。

2) varchar[(n)]

varchar[(n)]为可变长度字符数据类型,其中 n 的规定与固定长度字符数据类型 char[(n)]中的 n 完全相同。与 char[(n)]不同的是,varchar[(n)]数据类型的存储空间随列值的字符数而变化。例如,表中某列的数据类型为 varchar(100),而输入的字符串为" NewYear2013",则存储的字符 NewYear2013 的长度为 11 字节,其后不添加空格,因而 varchar[(n)]数据类型可以节省存储空间,特别在列值的字符数显著不同时。

7. Unicode 字符型

Unicode 是统一字符编码标准,用于支持国际上非英语语种的字符数据的存储和处理。Unicode 字符型包括 nchar[(n)]和 nvarchar[(n)]两类。nchar[(n)]、nvarchar[(n)]和 char[(n)]、varchar[(n)]类似,只是前者使用 Unicode 字符集,后者使用 ASCII 字符集。

1) nchar[(n)]

nchar[(n)]为固定长度 Unicode 数据的数据类型,n 的取值为 1～4000,长度为 2n 字节,若输入的字符串长度不足 n,将以空白字符补足。

2) nvarchar[(n)]

nvarchar[(n)]为可变长度 Unicode 数据的数据类型,n 的取值为 1～4000,长度是所输入字符个数的 2 倍。

8. 文本型

由于字符型数据的最大长度为 8000 个字符,当存储超出上述长度的字符数据(如较长的备注、日志等)时,即不能满足应用需求,此时需要文本型数据。

文本型包括 text 和 ntext 两类,分别对应 ASCII 字符和 Unicode 字符。

1) text

text 最大长度为 $2^{31}-1(2\,147\,483\,647)$ 个字符,存储字节数与实际字符个数相同。

2) ntext

ntext 最大长度为 $2^{30}-1(1\ 073\ 741\ 823)$ 个 Unicode 字符,存储字节数是实际字符个数的 2 倍。

9. 二进制型

二进制型数据表示的是位数据流,包括 binary[(n)](固定长度)和 varbinary[(n)](可变长度)两类。

1) binary[(n)]

binary[(n)] 为固定长度的 n 字节二进制数据,n 的取值范围为 1~8000,默认值为 1。

binary[(n)] 数据的存储长度为 n+4 字节。若输入的数据长度小于 n,则不足部分用 0 填充;若输入的数据长度大于 n,则多余部分被截断。

输入二进制数据时,在数据前面要加上 0x,可以用的数字符号为 0~9、A~F(字母大小写均可)。例如 0xBE、0x5F0C 分别表示数值 BE 和 5F0C。由于每字节的数最大为 FF,故在 0x 格式的数据每两位占 1 字节,二进制数据有时也被称为十六进制数据。

2) varbinary[(n)]

varbinary[(n)] 为 n 字节变长二进制数据,n 的取值范围为 1~8000,默认值为 1。

varbinary[(n)] 数据的存储长度为实际输入数据长度+4 字节。

10. 日期时间型

日期时间型数据用于存储日期和时间信息,共有 datetime、smalldatetime、date、time、datetime2 和 datetimeoffset 6 种。

1) datetime

datetime 类型可表示的日期范围从 1753 年 1 月 1 日到 9999 年 12 月 31 日的日期和时间数据,精确度为百分之三秒(3.33ms 或 0.00333s)。

datetime 类型数据长度为 8 字节,日期和时间分别使用 4 字节存储。前 4 字节用于存储基于 1900 年 1 月 1 日之前或之后的天数,正数表示日期在 1900 年 1 月 1 日之后,负数则表示日期在 1900 年 1 月 1 日之前。后 4 字节用于存储距 12:00(24 小时制)的毫秒数。

默认的日期时间是 January 1,1900 12:00A.M。可以接受的输入格式有 January 10 2012、Jan 10 2012、JAN 10 2012、January 10,2012 等。

2) smalldatetime

smalldatetime 与 datetime 数据类型类似,但日期时间范围较小,表示从 1900 年 1 月 1 日到 2079 年 6 月 6 日的日期和时间,存储长度为 4 字节。

3) date

date 类型可表示从公元元年 1 月 1 日到 9999 年 12 月 31 日的日期,表示形式与 datetime 数据类型的日期部分相同,只存储日期数据,不存储时间数据,存储长度为 3 字节。

4) time

time 数据类型只存储时间数据,表示格式为 hh:mm:ss[.nnnnnnn]。hh 表示小时,范围为 0~23。mm 表示分钟,范围为 0~59。ss 表示秒数,范围为 0~59。n 是 0~7 位数字,范围为 0～9999999,表示秒的小数部分,即微秒数。所以 time 数据类型的取值范围为 00:00:00.0000000～23:59:59.9999999。time 类型的存储大小为 5 字节。另外,还可以自定义 time 类型微秒数的位数,例如 time(1)表示小数位数为 1,默认为 7。

5) datetime2

datetime2 数据类型和 datetime 类型一样,也用于存储日期和时间信息。但是 datetime2 类型取值范围更广,日期部分取值范围从公元元年 1 月 1 日到 9999 年 12 月 31 日,时间部分的取值范围为 00:00:00.0000000～23:59:59.999999。另外,用户还可以自定义 datetime2 数据类型中微秒数的位数,例如 datetime(2)表示小数位数为 2。datetime2 类型的存储大小随着微秒数的位数(精度)而改变,精度小于 3 时为 6 字节,精度为 4 和 5 时为 7 字节,所有其他精度则需要 8 字节。

6) datetimeoffset

datetimeoffset 数据类型也用于存储日期和时间信息,取值范围与 datetime2 类型相同。但 datetimeoffset 类型具有时区偏移量,此偏移量指定时间相对于协调世界时(UTC)偏移的小时和分钟数。datetimeoffset 的格式为 YYYY-MM-DD hh:mm:ss[.nnnnnnn][{+|-}hh:mm],其中,hh 为时区偏移量中的小时数,范围为 00～14,mm 为时区偏移量中的额外分钟数,范围为 00～59。时区偏移量中必须包含+(加)号或-(减)号。这两个符号表示是在 UTC 时间的基础上加上还是从中减去时区偏移量以得出本地时间。时区偏移量的有效范围为-14:00～+14:00。

11. 时间戳型

反映系统对该记录修改的相对(相对于其他记录)顺序,标识符是 timestamp。timestamp 类型数据的值是二进制格式数据,其长度为 8 字节。

若创建表时定义一个列的数据类型为时间戳型,那么每当对该表加入新行或修改已有行时,都由系统自动将一个计数器值加到该列,即将原来的时间戳值加上一个增量。

12. 图像型

图像型数据用于存储图片、照片等,标识符为 image,实际存储的是可变长度二进制数据,介于 0 与 $2^{31}-1$(2 147 483 647)字节。

13. 其他数据类型

SQL Server 还提供其他几种数据类型:cursor、sql_variant、table、uniqueidentifier、xml 和 hierarchyid。

1) cursor

cursor 为游标数据类型,用于创建游标变量或定义存储过程的输出参数。

2) sql_variant

sql_variant 是一种存储 SQL Server 支持的各种数据类型(除 text、ntext、image、timestamp 和 sql_variant 外)值的数据类型,sql_variant 的最大长度可达 8016 字节。

3) table

table 用于存储结果集的数据类型,结果集可以供后续处理。

4) uniqueidentifier

uniqueidentifier 为唯一标识符类型,系统将为这种类型的数据产生唯一标识值,它是一个 16 字节长的二进制数据。

5）xml

xml 用来在数据库中保存 XML 文档和片段的一种类型,文件大小不能超过 2GB。

6）hierarchyid

hierarchyid 是 SQL Server 新增加的一种长度可变的系统数据类型,可使用 hierarchyid 表示层次结构中的位置。

4.1.3 表结构设计

创建表的核心是定义表结构及设置表和列的属性。创建表以前,首先要确定表名和表的属性,表所包含的列名、列的数据类型、长度、是否为空、是否为主键等。这些属性构成表结构。

以学生成绩管理系统的 student(学生)表、course(课程)表、score(成绩)表、teacher(教师)表为例介绍表结构设计。

student 表包含 stno、stname、stsex、stbirthday、speciality、tc 等列,其中,stno 列是学生的学号,例如 121001 中 12 表示学生入学年代为 2012 年,10 表示学生的班级,01 表示学生的序号,所以 stno 列的数据类型选择定长的字符型 char[(n)],n 的值为 6,不允许为空;stname 列是学生的姓名,姓名一般不超过 4 个中文字符,所以选择固定长度的字符型数据类型,n 的值为 8,不允许为空;stsex 列是学生的性别,选择固定长度的字符型数据类型,n 的值为 2,不允许为空;stbirthday 列是学生的出生日期,选择 date 数据类型,不允许为空;speciality 列是学生的专业,选择固定长度的字符型数据类型,n 的值为 12,允许为空;tc 列是学生的总学分,选择整数型数据类型,不允许为空。在 student 表中,只有 stno 列能唯一标识一个学生,所以将 stno 列设为主键。student 表的结构设计如表 4.3 所示。

表 4.3 student 表的结构设计

列 名	数据类型	允许 NULL 值	是否主键	说 明
stno	char(6)		主键	学号
stname	char(8)			姓名
stsex	char(2)			性别
stbirthday	date			出生日期
speciality	char(12)	√		专业
tc	int	√		总学分

4.2 以命令方式创建 SQL Server 表

可以采用 T-SQL 语句或图形用户界面创建 SQL Server 表,本节介绍使用 T-SQL 语句对表进行创建、修改和删除。

4.2.1 创建表

1. 使用 CREATE TABLE 语句创建表

使用 CREATE TABLE 语句创建表的基本语法格式如下：

语法格式：

```
CREATE TABLE [ database_name . [ schema_name ] . | schema_name . ] table_name
(
 {      < column_definition >
        | column_name AS computed_column_expression [PERSISTED [NOT NULL]]
 }
 [ < table_constraint > ] [ ,...n ]
)
[ ON { partition_scheme_name ( partition_column_name ) | filegroup | "default" } ]
 [ { TEXTIMAGE_ON { filegroup | "default" } ]
[ FILESTREAM_ON { partition_scheme_name | filegroup | "default" } ]
 [ WITH ( < table_option > [ ,...n ] ) ]
[ ; ]


< column_definition > :: =
column_name data_type
    [ FILESTREAM ]
    [ COLLATE collation_name ]
    [ NULL | NOT NULL ]
    [
       [ CONSTRAINT constraint_name ]
       DEFAULT constant_expression ]
     | [ IDENTITY [ ( seed , increment ) ] [ NOT FOR REPLICATION ]
    ]
    [ ROWGUIDCOL ]
  [ < column_constraint > [ ...n ] ]
     [ SPARSE ]
```

说明：

(1) database_name 是数据库名，schema_name 是表所属架构名，table_name 是表名。如果省略数据库名则默认在当前数据库中创建表，如果省略架构名则默认是 dbo。

(2) < column_definition > 列定义如下。

- column_name 为列名，data_type 为列的数据类型。
- FILESTREAM 是 SQL Server 引进的一项新特性，允许以独立文件的形式存放大对象数据。
- NULL | NOT NULL：确定列是否可取空值。
- DEFAULT constant_expression：为所在列指定默认值。
- IDENTITY：表示该列是标识符列。
- ROWGUIDCOL：表示新列是行的全局唯一标识符列。
- < column_constraint >：列的完整性约束，指定主键、外键等。

- SPARSE：指定列为稀疏列。

（3）column_name AS computed_column_expression [PERSISTED [NOT NULL]]：用于定义计算字段。

（4）< table_constraint >：表的完整性约束。

（5）ON 子句：filegroup | "default"指定存储表的文件组。

（6）TEXTIMAGE_ON {filegroup | "default"}：TEXTIMAGE_ON 指定存储 text、ntext、image、xml、varchar(MAX)、nvarchar(MAX)、varbinary(MAX)和 CLR 用户定义类型数据的文件组。

（7）FILESTREAM_ON 子句：filegroup | "default"指定存储 FILESTREAM 数据的文件组。

【例 4.1】 使用 T-SQL 语句，在 stsc 数据库中创建 student 表、score 表。

在 stsc 数据库中创建 student 表语句如下：

```
USE stsc
CREATE TABLE student
    (
        stno char(6) NOT NULL PRIMARY KEY,
        stname char(8) NOT NULL,
        stsex char(2) NOT NULL,
        stbirthday date NOT NULL,
        speciality char(12) NULL,
        tc int NULL
    )
GO
```

上面的 T-SQL 语句，首先指定 stsc 数据库为当前数据库，然后使用 CREATE TABLE 语句在 stsc 数据库中创建 student 表。

上述语句中的 GO 命令不是 T-SQL 语句，它是由 SQL Server Management Studio 代码编辑器识别的命令。SQL Server 实用工具将 GO 解释为应该向 SQL Server 实例发送当前批 T-SQL 语句的信号。当前批语句由上一条 GO 命令后输入的所有语句组成，如果是第一条 GO 命令，则由会话或脚本开始后输入的所有语句组成。GO 命令和 T-SQL 语句不能在同一行中，但在 GO 命令行中可包含注释。

注意：SQL Server 应用程序可以将多个 T-SQL 语句作为一批发送到 SQL Server 的实例来执行。然后，该批中的语句被编译成一个执行计划。程序员在 SQL Server 实用工具中执行特殊语句，或生成 T-SQL 语句的脚本在 SQL Server 实用工具中运行时，使用 GO 作为批结束的信号。

提示：由一条或多条 T-SQL 语句组成一个程序，通常以.SQL 为扩展名存储，称为 SQL 脚本。双击 SQL 脚本文件，其 T-SQL 语句即出现在查询分析器编辑窗口内。查询分析器编辑窗口内的 T-SQL 语句，可用"文件"→"另存为"命令命名并存入指定目录。

在 stsc 数据库中创建 score 表语句如下：

```
USE stsc
```

```
CREATE TABLE score
    (
        stno char (6) NOT NULL,
        cno char(3) NOT NULL,
        grade int NULL,
        PRIMARY KEY(stno,cno)
    )
GO
```

注意：如果主键由多列组成，可采用 PRIMARY KEY(列 1,列 2,…)语句，其中一列将允许重复值，但是主键中所有列的值的各种组合必须是唯一的。

【例 4.2】 在 test 数据库中创建 clients 表。

```
USE test
CREATE TABLE clients
    (
        cid int,
        cname char(8),
        csex char(2),
        address char(40)
    )
```

2. 由其他表创建新表

使用 SELECT INTO 语句创建一个新表，并用 SELECT 的结果集填充该表。

语法格式：

```
SELECT 列名表 INTO 表 1 FROM 表 2
```

该语句的功能是由"表 2"的"列名表"来创建新表"表 1"。

【例 4.3】 在 stsc 数据库中，由 student 表创建 student1 表。

```
USE stsc
SELECT stno,stname,stbirthday INTO student1
FROM student
```

4.2.2 修改表

使用 ALTER TABLE 语句修改表的结构。

语法格式：

```
ALTER TABLE table_name
{
 ALTER COLUMN column_name
 {
        new_data_type [ (precision,[,scale])] [NULL | NOT NULL]
        | {ADD | DROP } { ROWGUIDCOL | PERSISTED | NOT FOR REPLICATION | SPARSE }
 }/
 | ADD {[<colume_definition>]}[, … n]
```

```
  | DROP {[CONSTRAINT] constraint_name | COLUMN column}[,…n]
}
```

说明：

（1）table_name 为表名。

（2）ALTER COLUMN 子句：修改表中指定列的属性。

（3）ADD 子句：增加表中的列。

（4）DROP 子句：删除表中的列或约束。

【例 4.4】 在 student1 表中新增加一列 remarks。

```
USE stsc
ALTER TABLE student1 ADD remarks char(10)
```

4.2.3 删除表

使用 DROP TABLE 语句删除表。

语法格式：

```
DROP TABLE table_name
```

其中，table_name 是要删除的表的名称。

【例 4.5】 删除 stsc 数据库中的 student 表。

```
USE stsc
DROP TABLE student
```

4.3 以图形界面方式创建 SQL Server 表

以图形界面方式创建 SQL Server 表包括创建表、修改表、删除表等内容。

1. 创建表

【例 4.6】 在 stsc 数据库中创建 student 表。

操作步骤如下。

（1）启动 SQL Server Management Studio，在"对象资源管理器"窗格中展开"数据库"节点，选中 stsc 数据库，展开该数据库，选中"表"选项，右击，在弹出的快捷菜单中选择"新建表"命令，如图 4.1 所示。

（2）屏幕出现表设计器窗口，根据已经设计好的 student 表的结构分别输入或选择各列的数据类型、长度、允许 NULL 值，根据需要，可以在每列的"列属性"表格输入相应内容，输入完成后的结果如图 4.2 所示。

（3）在 stno 行上右击，在弹出的快捷菜单中选择"设置主键"命令，如图 4.3 所示。此时，stno 左边会出现一个钥匙图标。

注意：如果主键由两个或两个以上的列组成，需要按住 Ctrl 键选择多个列，再在右键快捷菜单中选择"设置主键"命令。

图 4.1　选择"新建表"命令

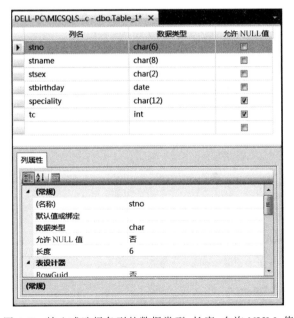

图 4.2　输入或选择各列的数据类型、长度、允许 NULL 值

（4）单击工具栏中的"保存"按钮，出现"选择名称"对话框，输入表名 student，如图 4.4 所示。单击"确定"按钮即可创建 student 表，如图 4.5 所示。

第4章

创建和使用表

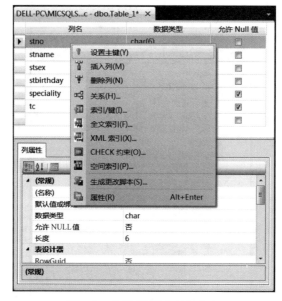

图 4.3 选择"设置主键"命令

图 4.4 设置表的名称

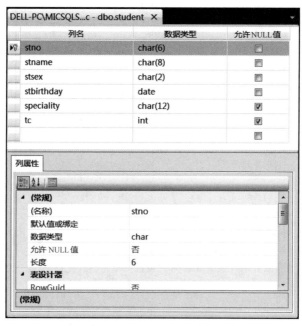

图 4.5 创建 student 表

2. 修改表

在 SQL Server 中,当用户使用 SQL Server Management Studio 修改表的结构(如增加列、删除列、修改已有列的属性等)时,必须要删除原表再创建新表才能完成表的更改。如果强行更改会弹出不允许保存更改对话框。

为了在进行表的修改时不出现此对话框,需要进行的操作如下:在 SQL Server Management Studio 中单击"工具"主菜单,选择"选项"子菜单,在出现的"选项"窗口中展开"设计器",选择"表设计器和数据库设计器"选项卡,将窗口右面的"阻止保存要求重新创建表的更改"复选框前的对钩去掉,单击"确定"按钮,就可进行表的修改了。

【例4.7】 在 student 表中在 tc 列之前增加一列 stclass(班级),然后删除该列。

(1)启动 SQL Server Management Studio,在"对象资源管理器"窗格中展开"数据库"节点,选中 stsc 数据库,展开该数据库,选中"表"选项,将其展开,选中表 dbo. student,右击,在弹出的快捷菜单中选择"设计"命令,打开"表设计器"窗口,为在 tc 列之前加入新列,右击该列,在弹出的快捷菜单中选择"插入列"命令,如图4.6所示。

图4.6 选择"插入列"命令

(2)在"表设计器"窗口中的 tc 列前出现空白行,输入列名 stclass,选择数据类型 char(6),允许为空,如图4.7所示,完成插入新列操作。

(3)在"表设计器"窗口中选择需删除的 stclass 列,右击,在弹出的快捷菜单中选择"删除列"命令,该列即被删除,如图4.8所示。

【例4.8】 将 def 表(已创建)表名修改为 xyz 表。

(1)启动 SQL Server Management Studio,在"对象资源管理器"窗格中展开"数据库"节点,选中 stsc 数据库,展开该数据库,选中"表"选项,将其展开,选中表 dbo. def,右

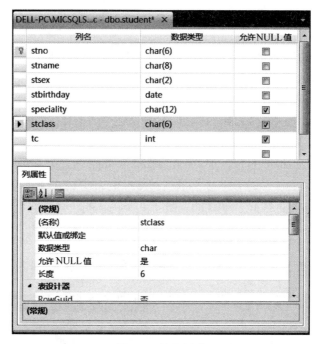

图 4.7　插入新列

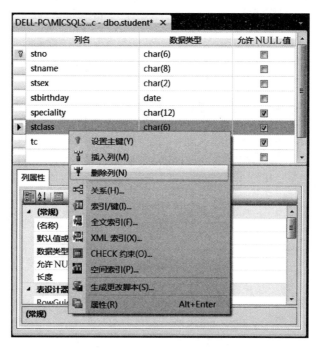

图 4.8　选择"删除列"命令

击，在弹出的快捷菜单中选择"重命名"命令。

（2）此时，表 dbo.def 的名称已变为可编辑，将名称修改为 dbo.xyz，修改表名完成。

3. 删除表

删除表时,表的结构定义、表中的所有数据以及表的索引、触发器、约束等都被删除,因此删除表操作时一定要谨慎小心。

【例 4.9】 删除 xyz 表(已创建)。

(1) 启动 SQL Server Management Studio,在"对象资源管理器"窗格中展开"数据库"节点,选中 stsc 数据库,展开该数据库,选中"表"选项,将其展开,选中表 dbo. xyz,右击,在弹出的快捷菜单中选择"删除"命令。

(2) 系统弹出"删除对象"对话框,单击"确定"按钮,即可删除 xyz 表。

4.4 以命令方式操作 SQL Server 表数据

操作 SQL Server 表数据包括数据的插入、删除和修改,可以采用 T-SQL 语句或图形用户界面进行 SQL Server 表数据的操作,本节介绍以命令方式操作 SQL Server 表数据。

4.4.1 插入语句

INSERT 语句用于向数据表或视图中插入由 VALUES 指定的各列值的行。

语法格式:

```
INSERT [ TOP ( expression ) [ PERCENT ] ]
  [ INTO ]
{   table_name                              /*表名*/
  | view_name                               /*视图名*/
  | rowset_function_limited                 /*可以是 OPENQUERY 或 OPENROWSET 函数*/
  [WITH (<table_hint_limited>[…n])]         /*指定表提示,可省略*/
}
{
  [ ( column_list ) ]                       /*列名表*/
  {    VALUES ( ( { DEFAULT | NULL | expression } [ ,…n ] ) [ ,…n ] )
                                            /*指定列值的 VALUES 子句*/
     | derived_table                        /*结果集*/
     | execute_statement                    /*有效的 EXECUTE 语句*/
     | DEFAULT VALUES                        /*强制新行包含为每列定义的默认值*/
   }
}
```

说明:

- table_name:被操作的表名。
- view_name:视图名。
- column_list:列名表,包含了新插入数据行的各列的名称。如果只给出表的部分列插入数据,需要用 column_list 指出这些列。
- VALUES 子句:包含各列需要插入的数据,数据的顺序要与列的顺序相对应。若省略 colume_list,则 VALUES 子句给出每列(除 IDENTITY 属性和 timestamp 类型以外的列)的值。VALUES 子句中的值有如下 3 种。

DEFAULT：指定为该列的默认值，这要求定义表时必须指定该列的默认值。

NULL：指定该列为空值。

expression：可以是一个常量、变量或一个表达式，其值的数据类型要与列的数据类型一致。注意，表达式中不能有 SELECT 及 EXECUTE 语句。

【例 4.10】 向 clients 表中插入一个客户记录(1,'李君','男','东大街 10 号')。

```
USE test
INSERT INTO clients VALUES(1,'李君','男','上东大街 10 号')
```

由于插入的数据包含各列的值并按表中各列的顺序列出这些值，因此省略列名表(colume_list)。

【例 4.11】 向 student 表插入表 4.1 各行数据。

向 student 表插入表 4.1 中各行数据的语句如下，运行结果如图 4.9 所示。

```
USE stsc
INSERT INTO student VALUES('121001','李贤友','男','1991-12-30','通信',52),
('121002','周映雪','女','1993-01-12','通信',49),
('121005','刘刚','男','1992-07-05','通信',50),
('122001','郭德强','男','1991-10-23','计算机',48),
('122002','谢萱','女','1992-09-11','计算机',52),
('122004','孙婷','女','1992-02-24','计算机',50);
GO
```

注意：将多行数据插入表，由于提供了所有列的值并按表中各列的顺序列出这些值，因此不必在 column_list 中指定列名，VALUES 子句后所接多行的值用逗号隔开。

图 4.9 向 student 表插入表 4.1 中各行数据

注意：本书将本例中 student 表，还有 course 表、score 表、teacher 表、lecture 表的有关记录作为样本，在以后的例题中会多次用到，样本数据参见附录 B。

4.4.2 修改语句

UPDATE 语句用于修改数据表或视图中特定记录或列的数据。

语法格式：

```
UPDATE { table_name | view_name }
 SET column_name = {expression | DEFAULT | NULL } [,...n]
 [WHERE < search_condition >]
```

该语句的功能是将 table_name 指定的表或 view_name 指定的视图中满足<search_condition>条件的记录中由 SET 指定的各列的列值设置为 SET 指定的新值，如果不使用 WHERE 子句，则更新所有记录的指定列值。

【例 4.12】 在 clients 表中将 cid 为 1 的客户的 address 修改为"北大街 120 号"。

```
USE test
UPDATE clients
SET address = '北大街 120 号'
WHERE cid = 1
```

4.4.3 删除语句

DELETE 语句用于删除表或视图中的一行或多行记录。

语法格式：

```
DELETE [FROM] { table_name | view_name }
 [WHERE < search_condition >]
```

该语句的功能为从 table_name 指定的表或 view_name 所指定的视图中删除满足<search_condition>条件的行，若省略该条件，则删除所有行。

【例 4.13】 删除学号为 122006(已插入)的学生记录。

```
USE stsc
DELETE student
WHERE stno = '122006'
```

4.5 以图形界面方式操作 SQL Server 表数据

本节介绍以图形界面方式进行 SQL Server 表数据的插入、删除和修改。

【例 4.14】 插入 stsc 数据库中 student 表的有关记录。

(1) 启动 SQL Server Management Studio，在"对象资源管理器"窗格中展开"数据库"节点，选中 stsc 数据库，展开该数据库，选中"表"选项，将其展开，选中表 dbo.

student，右击，在弹出的快捷菜单中选择"编辑前 200 行"命令，如图 4.10 所示。

图 4.10 选择"编辑前 200 行"命令

（2）屏幕出现"dbo. student 表编辑"窗口，可在各个字段输入或编辑有关数据。这里
插入 student 表的 6 个记录，如图 4.11 所示。

stno	stname	stsex	stbirthday	speciality	tc
121001	李贤友	男	1991-12-30	通信	52
121002	周映雪	女	1993-01-12	通信	49
121005	刘刚	男	1992-07-05	通信	50
122001	郭德强	男	1991-10-23	计算机	48
122002	谢萱	女	1992-09-11	计算机	52
122004	孙婷	女	1992-02-24	计算机	50
NULL	*NULL*	*NULL*	*NULL*	*NULL*	*NULL*

图 4.11 student 表的记录

【例 4.15】 在 student 表中删除记录和修改记录。

（1）在"dbo. student 表编辑"窗口中，选择需要删除的记录，右击，在弹出的快捷菜单中选择"删除"命令，如图 4.12 所示。

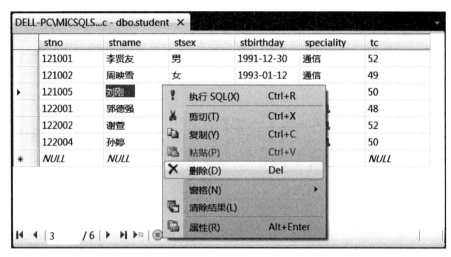

图 4.12 删除记录

（2）此时出现一个确认对话框，单击"是"按钮，即删除该记录。

（3）定位到需要修改的字段，对该字段进行修改，然后将光标移到下一个字段即可保存修改的内容。

4.6 小 结

本章主要介绍了以下内容。

（1）表是 SQL Server 中最基本的数据库对象，用于存储数据的一种逻辑结构，由行和列组成，又称为二维表。

表结构包含一组固定的列，列由数据类型、长度、允许 NULL 值等组成。

每个表包含若干行数据，表中一行称为一个记录（record）。

表中每列称为字段（field），每个记录由若干个数据项（列）构成，构成记录的每个数据项就称为字段。

空值（null）通常表示未知、不可用或将在以后添加的数据。

关键字用于唯一标识记录，如果表中记录的某一字段或字段组合能唯一标识记录，则该字段或字段组合称为候选关键字（candidate key）。如果一个表有多个候选关键字，则选定其中的一个为主关键字（primary key），又称为主键。

（2）SQL Server 系统数据类型包括整数型、精确数值型、浮点型、货币型、位型、字符型、Unicode 字符型、文本型、二进制型、日期时间型、时间戳型、图像型、其他数据类型等。

（3）创建表以前，首先要确定表名和表的属性，表所包含的列名、列的数据类型、长度、是否为空、是否为主键等，进行表结构设计。

创建和使用表

（4）以命令方式创建 SQL Server 表的语句有创建表用 CREATE TABLE 语句、修改表用 ALTER TABLE 语句、删除表用 DROP TABLE 语句。

（5）以图形界面方式创建 SQL Server 表,包括创建表、修改表、删除表等内容。

（6）以命令方式操作 SQL Server 表数据的语句有在表中插入记录用 INSERT 语句、在表中修改记录或列用 UPDATE 语句、在表中删除记录用 DELETE 语句。

（7）以图形界面方式操作 SQL Server 表数据,包括数据的插入、删除和修改等内容。

习 题 4

一、选择题

1. 出生日期字段不宜选择_____。

    A. datetime   B. bit   C. char   D. date

2. 性别字段不宜选择_____。

    A. char   B. tinyint   C. int   D. float

3. _____字段可以采用默认值。

    A. 出生日期   B. 姓名   C. 专业   D. 学号

4. 设在 SQL Server 中,某关系表需要存储职工的工资信息,工资的范围为 2000～6000 元,采用整型类型存储。下列数据类型中最合适的是_____。

    A. int   B. smallint   C. tinyint   D. bigint

二、填空题

1. 表结构包含一组固定的列,列由_____、长度、允许 NULL 值等组成。

2. 空值通常表示未知、_____,或将在以后添加的数据。

3. 创建表以前,首先要确定表名和表的属性,表所包含的_____、列的数据类型、长度、是否为空、是否为主键等,进行表结构设计。

4. 整数型包括 bigint、int、smallint 和_____共 4 类。

5. 字符型包括固定长度字符数据类型和_____两类。

6. Unicode 字符型用于支持国际上_____的字符数据的存储和处理。

三、问答题

1. 什么是表?什么是表结构?

2. 简述 SQL Server 常用数据类型。

3. 分别写出 student、course、score 的表结构。

4. 可以使用哪些方式创建数据表?

5. 简述以命令方式创建 SQL Server 表的语句

6. 简述以命令方式操作 SQL Server 表数据的语句。

四、应用题

1. 在 stsc 数据库中,以命令方式分别创建 student 表、course 表、score 表、teacher 表和 lecture 表,表结构参见附录 B。

2. 在 stsc 数据库中,以图形界面方式分别创建 student1 表、course1 表、score1 表、teacher1 表和 lecture1 表,表结构参见附录 B。

3. 在 stsc 数据库中,以命令方式分别插入 student 表、course 表、score 表、teacher 表和 lecture 表的样本数据,样本数据参见附录 B。

4. 在 stsc 数据库中,以图形界面方式分别插入 student1 表、course1 表、score1 表、teacher1 表和 lecture1 表的样本数据,样本数据参见附录 B。

实验 4 创建和使用表

实验 4.1 创建表

1. 实验目的及要求

(1) 理解数据定义语言的概念和 CREATE TABLE 语句、ALTER TABLE 语句、DROP TABLE 语句的语法格式。

(2) 理解表的基本概念。

(3) 掌握使用数据定义语言创建表的操作,具备编写和调试创建表、修改表、删除表的代码的能力。

2. 验证性实验

商店实验数据库 storeexpm 是实验中多次用到的数据库,包含部门表 DeptInfo、员工表 EmplInfo、订单表 OrderInfo、订单明细表 DetailInfo 和商品表 GoodsInfo,它们的结构分别如表 4.4～表 4.8 所示。

表 4.4 DeptInfo 表的结构

列　　名	数 据 类 型	允许 NULL 值	是 否 主 键	说　　明
DeptID	varchar(4)		主键	部门号
DeptName	varchar(20)			部门名称

表 4.5 EmplInfo 表的结构

列　　名	数 据 类 型	允许 NULL 值	是 否 主 键	说　　明
EmplID	varchar(4)		主键	员工号
EmplName	varchar(8)			姓名
Sex	varchar(2)			性别
Birthday	date			出生日期
Native	varchar(20)	√		籍贯
Wages	decimal(8,2)			工资
DeptID	varchar(4)	√		部门号

表 4.6 OrderInfo 表的结构

列　　名	数 据 类 型	允许 NULL 值	是 否 主 键	说　　明
OrderID	varchar(6)		主键	订单号
Emplno	varchar(4)	√		员工号
Curstomerno	varchar(4)	√		客户号
Saledate	date			销售日期
Cost	decimal(10,2)			总金额

表 4.7　DetailInfo 表的结构

列　　名	数 据 类 型	允许 NULL 值	是 否 主 键	说　　明
OrderID	varchar(6)		主键	订单号
GoodsID	varchar(4)		主键	商品号
Saleunitprice	decimal(8,2)			销售单价
Quantity	int			销售数量
Total	decimal(10,2)			总价
Discount	float			折扣率
Discounttotal	decimal(10,2)			折扣总价

表 4.8　GoodsInfo 表的结构

列　　名	数 据 类 型	允许 NULL 值	是 否 主 键	说　　明
GoodsID	varchar(4)		主键	商品号
GoodsName	varchar(30)			商品名称
ClassificationName	varchar(16)			商品类型
UnitPrice	decimal(8, 2)	√		单价
StockQuantity	int			库存量

在数据库 storeexpm 中，验证和调试创建表、修改表、删除表的代码。

（1）创建 EmplInfo 表。

```
CREATE TABLE EmplInfo
    (
        EmplID varchar(4) NOT NULL PRIMARY KEY,
        EmplName varchar(8) NOT NULL,
        Sex varchar(2) NOT NULL,
        Birthday date NOT NULL,
        Native varchar(20) NULL,
        Wages decimal(8,2) NOT NULL,
        DeptID varchar(4) NULL
    )
```

（2）由 EmplInfo 表创建 EmplInfo1 表。

```
SELECT EmplID,EmplName,Sex,Birthday,Native,Wages,DeptID INTO EmplInfo1
FROM EmplInfo
```

（3）在 EmplInfo 表中增加一列 Eno，不为空。

```
ALTER TABLE EmplInfo
ADD Eno varchar(4) NOT NULL
```

（4）将 EmplInfo1 表的列 Sex 的数据类型改为 char，可为空。

```
ALTER TABLE EmplInfo1
ALTER COLUMN Sex char(2) NULL
```

（5）在 EmplInfo 表中删除列 Eno。

```
ALTER TABLE EmplInfo
DROP COLUMN Eno
```

（6）删除 EmplInfo1 表。

```
DROP TABLE EmplInfo1
```

3. 设计性试验

在数据库 storeexpm 中，设计、编写和调试创建表、修改表、删除表的代码。

（1）创建 GoodsInfo 表。

（2）由 GoodsInfo 表创建 GoodsInfo1 表。

（3）在 GoodsInfo 表中增加一列 Gno，不为空。

（4）将 GoodsInfo1 表的列 UnitPrice 的数据类型改为 money。

（5）在 GoodsInfo 表中删除列 Gno。

（6）删除 GoodsInfo1 表。

4. 观察与思考

（1）在创建表的语句中，NOT NULL 的作用是什么？

（2）一个表可以设置几个主键？

（3）主键列能否修改为空？

实验 4.2　使用表

1. 实验目的及要求

（1）理解数据操纵语言的概念和 INSERT 语句、UPDATE 语句、DELETE 语句的语法格式。

（2）掌握使用数据操纵语言的 INSERT 语句进行表数据的插入、UPDATE 语句进行表数据的修改和 DELETE 语句进行表数据的删除操作。

（3）具备编写和调试插入数据、修改数据和删除数据的代码的能力。

2. 验证性实验

在销售实验数据库 salespm 中，包含部门表 DeptInfo 的样本数据、员工表 EmplInfo 的样本数据、订单表 OrderInfo 的样本数据、订单明细表 DetailInfo 的样本数据和商品表 GoodsInfo 的样本数据，分别如表 4.9～表 4.13 所示。

表 4.9　DeptInfo 表的样本数据

部 门 号	部 门 名 称	部 门 号	部 门 名 称
D001	销售部	D004	经理办
D002	人事部	D005	物资部
D003	财务部		

创建和使用表

表 4.10 EmplInfo 表的样本数据

员工号	姓名	性别	出生日期	籍贯	工资	部门号
E001	刘建新	男	1982-11-05	北京	4300.00	D001
E002	程浩	男	1980-04-23	上海	4500.00	D001
E003	谢琴	女	1985-09-14	四川	3800.00	D003
E004	胡雪燕	女	1986-02-26	北京	3700.00	D001
E005	宋志强	男	1975-10-17	上海	7200.00	D004
E006	夏菊	女	1986-11-08	NULL	3600.00	NULL

表 4.11 OrderInfo 表的样本数据

订 单 号	员 工 号	客 户 号	销 售 日 期	总 金 额
S00001	E005	C001	2021-03-05	23467.50
S00002	E001	C002	2021-03-05	31977.00
S00003	E006	C003	2021-03-05	16977.60
S00004	NULL	C004	2021-03-05	7989.30

表 4.12 DetailInfo 表的样本数据

订单号	商品号	销售单价	销售数量	总价	折扣率	折扣总价
S00001	1002	8877.00	1	8877.00	0.1	7989.30
S00001	3001	8899.00	2	17798.00	0.1	16018.20
S00002	1002	8877.00	3	26631.00	0.1	23967.90
S00002	3001	8899.00	1	8899.00	0.1	8009.10
S00003	1001	6288.00	3	18864.00	0.1	16977.60
S00004	1002	8877.00	1	8877.00	0.1	7989.30

表 4.13 GoodsInfo 表的样本数据

商 品 号	商 品 名 称	商 品 类 型	单 价	库 存 量
1001	Microsoft Surface Pro 7	笔记本计算机	6288.00	5
1002	DELL XPS13-7390	笔记本计算机	8877.00	5
2001	Apple iPad Pro	平板计算机	7029.00	5
3001	DELL PowerEdgeT140	服务器	8899.00	5
4001	EPSON L565	打印机	1959.00	10

设员工表 EmplInfo、EmplInfo1、EmplInfo2 的表结构已创建,验证和调试表数据的插入、修改和删除的代码,完成以下操作。

1）向 EmplInfo 表中插入样本数据

```
INSERT INTO EmplInfo VALUES('E001','刘建新','男','1982-11-05','北京',4300.00,'D001'),
('E002','程浩','男','1980-04-23','上海',4500.00,'D001'),
('E003','谢琴','女','1985-09-14','四川',3800.00,'D003'),
('E004','胡雪燕','女','1986-02-26','北京',3700.00,'D001'),
```

('E005','宋志强','男','1975 − 10 − 17','上海',7200.00,'D004'),
('E006','夏菊','女','1986 − 11 − 08',NULL,3600.00,NULL)

2）使用 SELECT…INTO…语句，将 EmplInfo 表的记录快速插入 EmplInfo1 表中

```
SELECT EmplID,EmplName,Sex,Birthday,Native,Wages,DeptID INTO EmplInfo1
FROM EmplInfo
```

3）采用 3 种不同的方法，向 EmplInfo2 表插入数据

（1）省略列名表，插入记录（'E001','刘建新','男','1982-11-05','北京',4300.00,'D001'）。

```
INSERT INTO EmplInfo2 VALUES('E001','刘建新','男','1982 − 11 − 05','北京',4300.00,'D001')
```

（2）不省略列名表，插入员工号为 E004、部门号为 D001、籍贯为"北京"、姓名为"胡雪燕"、性别为"女"、出生日期为 1986-02-26、工资为 3700.00 元的记录。

```
INSERT INTO EmplInfo2(EmplID, DeptID, Native, EmplName, Sex, Birthday, Wages)
VALUES('E004','D001','北京','胡雪燕','女','1986 − 02 − 26',3700.00)
```

（3）插入员工号为 E007、籍贯为"四川"、姓名为"曾杰"、性别为"男"、出生日期为 1987-08-12、工资为 3500.00 元的记录。

```
INSERT INTO EmplInfo2(EmplID, Native, EmplName, Sex, Birthday, Wages)
VALUES('E007','四川','曾杰','男','1987 − 08 − 12',3500.00)
```

4）在 EmplInfo2 表中，将员工曾杰的出生日期改为 1988-08-12

```
UPDATE EmplInfo2
SET Birthday = '1988 − 08 − 12'
WHERE EmplName = '曾杰'
```

5）在 EmplInfo2 表中，将所有员工的工资都增加 200 元

```
UPDATE EmplInfo2
SET Wages = Wages + 200
```

6）在 EmplInfo2 表中，删除员工号为 E007 的记录

```
DELETE FROM EmplInfo2
WHERE EmplID = 'E007'
```

7）采用两种不同的方法，删除表中的全部记录
（1）使用 DELETE 语句，删除 EmplInfo1 表中的全部记录。

```
DELETE FROM EmplInfo1
```

（2）使用 TRUNCATE 语句，删除 EmplInfo2 表中的全部记录。

```
TRUNCATE TABLE EmplInfo2
```

3. 设计性试验
设商品表 GoodsInfo、GoodsInfo1、GoodsInfo2 的表结构已创建，设计、编写和调试表

第 4 章

创建和使用表

数据的插入、修改和删除的代码，完成以下操作。

1）向 GoodsInfo 表插入样本数据

2）使用 INSERT INTO … SELECT … 语句，将 GoodsInfo 表的记录快速插入 GoodsInfo1 表中

3）采用 3 种不同的方法，向 GoodsInfo2 表插入数据

（1）省略列名表，插入记录（'1001'，'Microsoft Surface Pro 7'，'笔记本计算机'，6288，5）。

（2）不省略列名表，插入商品号为 1002、商品名称为 Apple iPad Pro、库存量为 5、单价为 7029、商品类型为"平板计算机"的记录。

（3）插入商品号为 3001、商品名称为 DELL PowerEdgeT140、商品类型为"服务器"、单价为空、库存量为 5 的记录。

4）在 GoodsInfo1 表中，将商品名称为 Microsoft Surface Pro 7 的类型改为"笔记本平板计算机二合一"

5）在 GoodsInfo1 表中，将商品名称为 EPSON L565 的库存量改为 12

6）在 GoodsInfo1 表中，删除商品类型为平板计算机的记录

7）采用两种不同的方法，删除表中的全部记录

（1）使用 DELETE 语句，删除 GoodsInfo1 表中的全部记录。

（2）使用 TRUNCATE 语句，删除 GoodsInfo2 表中的全部记录。

4．观察与思考

（1）省略列名表插入记录需要满足什么条件？

（2）将已有表的记录快速插入当前表中，使用什么语句？

（3）比较 DELETE 语句和 TRUNCATE 语句的异同。

（4）DROP 语句与 DELETE 语句有何区别？

第5章 数 据 查 询

本章要点
- 投影查询。
- 选择查询。
- 分组查询和统计计算。
- 排序查询。
- 连接查询。
- 子查询。
- SELECT 查询的其他子句。

  T-SQL 中最重要的部分是它的查询功能,查询语言用来对已经存在于数据库中的数据按照特定的行、列、条件表达式或者一定次序进行检索。本章介绍投影查询、选择查询、分组查询和统计计算、排序查询、连接查询、子查询、SELECT 查询的其他子句等内容。

  T-SQL 对数据库的查询使用 SELECT 语句。SELECT 语句具有灵活的使用方式和强大的功能。

语法格式:

```
SELECT select_list                        /* 指定要选择的列 */
FROM table_source                         /* FROM 子句,指定表或视图 */
[ WHERE search_condition ]                /* WHERE 子句,指定查询条件 */
[ GROUP BY group_by_expression ]          /* GROUP BY 子句,指定分组表达式 */
[ HAVING search_condition ]               /* HAVING 子句,指定分组统计条件 */
[ ORDER BY order_expression [ ASC | DESC ]]   /* ORDER 子句,指定排序表达式和顺序 */
```

5.1 投 影 查 询

  投影查询通过 SELECT 语句的 SELECT 子句来表示,由选择表中的部分或全部列组成结果表。

语法格式:

```
SELECT [ ALL | DISTINCT ] [ TOP n [ PERCENT ] [ WITH TIES ] ] < select_list >
```

select_list 指出了结果的形式,其格式为

```
{   *                                     /* 选择当前表或视图的所有列 */
```

```
     | { table_name | view_name | table_alias } . *        /*选择指定的表或视图的所有列*/
     | { colume_name | expression | $ IDENTITY | $ ROWGUID }
         /*选择指定的列并更改列标题,为列指定别名,还可用于为表达式结果指定名称*/
         [ [ AS ] column_alias ]
     | column_alias = expression
   } [ , ...n ]
```

1. 投影指定的列

使用 SELECT 语句可选择表中的一列或多列,如果是多列,各列名中间要用逗号分开。

语法格式:

```
SELECT column_name [ , column_name...]
FROM table_name
WHERE search_condition
```

其中,FROM 子句用于指定表,WHERE 子句给出检索条件。

【**例 5.1**】 查询 student 表中所有学生的学号、姓名和专业。

```
USE stsc
SELECT stno, stname, speciality
FROM student
```

查询结果:

```
stno      stname    speciality
-----     ------    ----------
121001    李贤友     通信
121002    周映雪     通信
121005    刘刚       通信
122001    郭德强     计算机
122002    谢萱       计算机
122004    孙婷       计算机
```

2. 投影全部列

在 SELECT 子句指定列的位置上使用 * 号时,则为查询表中所有列。

【**例 5.2**】 查询 student 表中所有列。

```
USE stsc
SELECT *
FROM student
```

该语句与下面语句等价:

```
USE stsc
SELECT stno, stname, stsex, stbirthday, speciality, tc
FROM student
```

查询结果:

```
stno      stname    stsex    stbirthday    speciality    tc
------    ------    ------   ----------    ----------    ---
```

121001	李贤友	男	1991 − 12 − 30	通信	52
121002	周映雪	女	1993 − 01 − 12	通信	49
121005	刘刚	男	1992 − 07 − 05	通信	50
122001	郭德强	男	1991 − 10 − 23	计算机	48
122002	谢萱	女	1992 − 09 − 11	计算机	52
122004	孙婷	女	1992 − 02 − 24	计算机	50

3. 修改查询结果的列标题

为了改变查询结果中显示的列标题,可以在列名后使用 AS 子句。

语法格式:

```
AS column_alias
```

其中,column_alias 指定显示的列标题,AS 可省略。

【例 5.3】 查询 student 表中通信专业学生的 stno、stname、tc,并将结果中各列的标题分别修改为学号、姓名、总学分。

```
USE stsc
SELECT stno AS '学号', stname AS '姓名', tc AS '总学分'
FROM student
```

查询结果:

```
学号       姓名      总学分
-----   ------   ------
121001   李贤友    52
121002   周映雪    49
121005   刘刚      50
122001   郭德强    48
122002   谢萱      52
122004   孙婷      50
```

4. 去掉重复行

去掉结果集中的重复行可使用 DISTINCT 关键字。

语法格式:

```
SELECT DISTINCT column_name [ , column_name...]
```

【例 5.4】 查询 student 表中 speciality 列,消除结果中的重复行。

```
USE stsc
SELECT DISTINCT speciality
FROM student
```

查询结果:

```
speciality
--------
计算机
通信
```

5.2 选 择 查 询

选择查询通过 WHERE 子句实现,WHERE 子句给出查询条件,该子句必须紧跟在 FROM 子句之后。

语法格式:

```
WHERE < search_condition >
```

其中,search_condition 为查询条件。< search_condition >的语法格式如下:

```
{ [ NOT ] < predicate > | ( < search_condition > ) }
    [ { AND | OR } [ NOT ] { < predicate > | ( < search_condition >) } ] ]
} [ ,...n ]
```

其中,predicate 为判定运算。< predicate >的语法格式如下:

```
{ expression { = | < | <= | > | >= | <> | != | !< | !> } expression   / * 比较运算 * /
 | string_expression [ NOT ] LIKE string_expression [ ESCAPE 'escape_character' ]
                                                    / * 字符串模式匹配 * /
 | expression [ NOT ] BETWEEN expression AND expression       / * 指定范围 * /
 | expression IS [ NOT ] NULL                                 / * 是否空值判断 * /
 | CONTAINS ( { column | * },'< contains_search_condition >')  / * 包含式查询 * /
 | FREETEXT ({ column | * },'freetext_string')               / * 自由式查询 * /
 | expression [ NOT ] IN ( subquery | expression [,...n ] )    / * IN 子句 * /
 | expression { = | < | <= | > | >= | <> | != | !< | !> } { ALL | SOME | ANY } ( subquery )
                                                    / * 比较子查询 * /
 | EXIST ( subquery )                                / * EXIST 子查询 * /
}
```

现将 WHERE 子句的常用查询条件列于表 5.1 中,以使读者更清楚地了解查询 条件。

表 5.1　WHERE 子句的常用查询条件

查 询 条 件	谓　　　词
比较	<=, <, =, >=, >, !=, <>, !>, !<
指定范围	BETWEEN AND, NOT BETWEEN AND
确定集合	IN, NOT IN
字符匹配	LIKE, NOT LIKE
空值	IS NULL, IS NOT NULL
多重条件	AND, OR

说明:在 SQL 中,返回逻辑值的运算符或关键字都称为谓词。

1. 表达式比较

比较运算符用于比较两个表达式的值。

语法格式：

```
expression { = | < | < = | > | > = | <> | != | !< | !> } expression
```

其中，expression 是除 text、ntext 和 image 之外类型的表达式。

【例 5.5】 查询 student 表中专业为计算机或性别为女的学生。

```
USE stsc
SELECT *
FROM student
WHERE speciality = '计算机' or stsex = '女'
```

查询结果：

```
stno     stname       stsex    stbirthday     speciality    tc
------   ----------   ------   ----------    ----------   ----
121002   周映雪        女       1993 - 01 - 12   通信          49
122001   郭德强        男       1991 - 10 - 23   计算机         48
122002   谢萱          女       1992 - 09 - 11   计算机         52
122004   孙婷          女       1992 - 02 - 24   计算机         50
```

2. 范围比较

BETWEEN、NOT BETWEEN、IN 是用于范围比较的 3 个关键字，用于查找字段值在（或不在）指定范围的行。

【例 5.6】 查询 score 表中成绩为 82、91、95 的记录。

```
USE stsc
SELECT *
FROM score
WHERE grade in (82,91,95)
```

查询结果：

```
stno     cno    grade
------   ----   -----
121001   205    91
121005   801    82
122002   801    95
```

3. 模式匹配

字符串模式匹配使用 LIKE 谓词。

语法格式：

```
string_expression [ NOT ] LIKE string_expression [ ESCAPE 'escape_character']
```

其含义是查找指定列值与匹配串相匹配的行，匹配串（即 string_expression）可以是一个完整的字符串，也可以含有通配符。通配符有以下两种。

%：代表 0 个或多个字符。

_：代表一个字符。

LIKE 匹配中使用通配符的查询也称模糊查询。

【例 5.7】 查询 student 表中姓孙的学生情况。

```
USE stsc
SELECT *
FROM student
WHERE stname LIKE '孙％'
```

查询结果:

```
stno     stname   stsex    stbirthday    speciality   tc
------   ------   ------   ----------   ----------   ------
122004   孙婷     女       1992－02－24   计算机        50
```

4. 空值使用

空值是未知的值。判定一个表达式的值是否为空值时,使用 IS NULL 关键字。

语法格式:

```
expression IS [ NOT ] NULL
```

【例 5.8】 查询已选课但未参加考试的学生情况。

```
USE stsc
SELECT *
FROM score
WHERE grade IS NULL
```

查询结果:

```
stno     cno    grade
------   ----   ------
122001   801    NULL
```

5.3 分组查询和统计计算

检索数据常常需要进行分组查询和统计计算,本节介绍使用聚合函数、GROUP BY 子句、HAVING 子句进行分组查询和统计计算的方法。

1. 聚合函数

聚合函数实现数据统计或计算,用于计算表中的数据,返回单个计算结果。除 COUNT 函数外,聚合函数忽略空值。

SQL Server 提供的常用的聚合函数如表 5.2 所示。

聚合函数一般参数的语法格式如下:

```
( [ ALL | DISTINCT ] expression )
```

其中,ALL 表示对所有值进行聚合函数运算,ALL 为默认值;DISTINCT 表示去除重复值;expression 指定进行聚合函数运算的表达式。

表 5.2 常用的聚合函数

函 数 名	功 能
AVG	求组中数值的平均值
COUNT	求组中项数
MAX	求最大值
MIN	求最小值
SUM	返回表达式中数值的总和
STDEV	返回给定表达式中所有数值的统计标准偏差
STDEVP	返回给定表达式中所有数值的填充的统计标准偏差
VAR	返回给定表达式中所有数值的统计方差
VARP	返回给定表达式中所有数值的填充的统计方差

【**例 5.9**】 查询 102 课程的最高分、最低分、平均成绩。

```
USE stsc
SELECT MAX(grade) AS '最高分',MIN(grade) AS '最低分',AVG(grade) AS '平均成绩'
FROM score
WHERE cno = '102'
```

该语句采用 MAX 求最高分、MIN 求最低分、AVG 求平均成绩。

查询结果:

```
最高分        最低分         平均成绩
----------- ------------ -------
92           72            83
```

【**例 5.10**】 求学生的总人数。

```
USE stsc
SELECT COUNT( * ) AS '总人数'
FROM student
```

该语句采用 COUNT(*)计算总行数,总人数与总行数一致。

查询结果:

```
总人数
------
6
```

【**例 5.11**】 查询计算机专业学生的总人数。

```
USE stsc
SELECT COUNT( * ) AS '总人数'
FROM student
WHERE speciality = '计算机'
```

该语句采用 COUNT(*)计算总人数,并用 WHERE 子句将指定的条件限定为计算机专业。

查询结果：

```
总人数
──────
3
```

2. GROUP BY 子句

GROUP BY 子句用于将查询结果表按某一列或多列值进行分组。

语法格式：

```
[ GROUP BY [ ALL ] group_by_expression [,...n]
    [ WITH { CUBE | ROLLUP } ] ]
```

其中，group_by_expression 为分组表达式，通常包含字段名；ALL 显示所有分组；WITH 指定 CUBE 或 ROLLUP 操作符，在查询结果中增加汇总记录。

注意：聚合函数常与 GROUP BY 子句一起使用。

【例 5.12】 查询各门课程的最高分、最低分、平均成绩。

```
USE stsc
SELECT cno AS '课程号', MAX(grade)AS '最高分',MIN (grade)AS '最低分', AVG(grade)AS '平均成绩'
FROM score
WHERE NOT grade IS null
GROUP BY cno
```

该语句采用 MAX、MIN、AVG 等聚合函数，并用 GROUP BY 子句对 cno(课程号)进行分组。

查询结果：

课程号	最高分	最低分	平均成绩
102	92	72	83
203	94	81	87
205	91	65	80
801	95	73	86

提示：如果 SELECT 子句的列名表包含聚合函数，则该列名表只能包含聚合函数指定的列名和 GROUP BY 子句指定的列名。

【例 5.13】 求选修各门课程的平均成绩和选修人数。

```
USE stsc
SELECT cno AS '课程号', AVG(grade) AS '平均成绩', COUNT( * ) AS '选修人数'
FROM score
GROUP BY cno
```

该语句采用 AVG、COUNT 等聚合函数，并用 GROUP BY 子句对 cno (课程号)进行分组。

查询结果：

课程号	平均成绩	选修人数
102	83	3
203	87	2
205	80	3
801	86	6

3．HAVING 子句

HAVING 子句用于对分组按指定条件进一步进行筛选，最后只输出满足指定条件的分组。

语法格式：

```
[ HAVING < search_condition > ]
```

其中，search_condition 为查询条件，可以使用聚合函数。

当 WHERE 子句、GROUP BY 子句、HAVING 子句在一个 SELECT 语句中时，执行顺序如下。

（1）执行 WHERE 子句，在表中选择行。

（2）执行 GROUP BY 子句，对选取行进行分组。

（3）执行聚合函数。

（4）执行 HAVING 子句，筛选满足条件的分组。

【例 5.14】 查询选修课程 2 门以上且成绩在 80 分以上的学生的学号。

```
USE stsc
SELECT stno AS '学号', COUNT(cno) AS '选修课程数'
FROM score
WHERE grade > = 80
GROUP BY stno
HAVING COUNT( * )> = 2
```

该语句采用 COUNT 聚合函数、WHERE 子句、GROUP BY 子句、HAVING 子句进行查询。

查询结果：

学号	选修课程数
121001	3
121005	3
122002	2
122004	2

【例 5.15】 查询至少有 4 名学生选修且以 8 开头的课程号和平均分数。

```
USE stsc
SELECT cno AS '课程号', AVG (grade) AS '平均分数'
```

```
FROM score
WHERE cno LIKE '8 % '
GROUP BY cno
HAVING COUNT( * )> 4
```

该语句采用 AVG 聚合函数、WHERE 子句、GROUP BY 子句、HAVING 子句进行查询。

查询结果：

```
课程号   平均分数
----   --------
801    86
```

5.4 排 序 查 询

SELECT 语句的 ORDER BY 子句用于对查询结果按升序（ASC，默认）或降序（DESC）排列行，可按照一个或多个字段的值进行排序。

语法格式：

```
[ ORDER BY { order_by_expression [ ASC │ DESC ] } [ ,...n ]
```

其中，order_by_expression 是排序表达式，可以是列名、表达式或一个正整数。

【例 5.16】 将计算机专业的学生按出生时间先后排序。

```
USE stsc
SELECT  *
FROM student
WHERE speciality = '计算机'
ORDER BY stbirthday
```

该语句采用 ORDER BY 子句进行排序。

查询结果：

```
stno     stname    stsex    stbirthday      speciality    tc
------   -------   -----    -----------    ---------    -------
122001   郭德强    男       1991 - 10 - 23   计算机       48
122004   孙婷      女       1992 - 02 - 24   计算机       50
122002   谢萱      女       1992 - 09 - 11   计算机       52
```

【例 5.17】 将通信专业学生按"数字电路"课程成绩降序排序。

```
USE stsc
SELECT a. stname, b. cname, c. grade
FROM student a, course b, score c
WHERE a. stno = c. stno AND b. cno = c. cno AND b. cname = '数字电路' AND a. speciality = '通信'
ORDER BY c. grade DESC
```

该语句采用谓词连接和 ORDER BY 子句进行排序。

查询结果：

```
stname   cname            grade
------   --------------   -------
李贤友   数字电路          92
刘刚     数字电路          87
周映雪   数字电路          72
```

5.5 连 接 查 询

当一个查询涉及两个或多个表的数据，需要指定连接列进行连接查询。

连接查询是关系数据库中的重要查询，在 T-SQL 中，连接查询有两大类表示形式：一类是用连接谓词表示形式；另一类是使用关键字 JOIN 表示形式。

5.5.1 连接谓词

在 SELECT 语句的 WHERE 子句中使用比较运算符给出连接条件对表进行连接，将这种表示形式称为连接谓词表示形式。连接谓词又称为连接条件。

语法格式：

[<表名 1.>] <列名 1> <比较运算符> [<表名 2.>] <列名 2>

比较运算符有<、<=、=、>、>=、!=、<>、!<、!>。

连接谓词还有以下形式：

[<表名 1.>] <列名 1> BETWEEN [<表名 2.>] <列名 2> AND[<表名 2.>] <列名 3>

由于连接多个表存在公共列，为了区分是哪个表中的列，引入表名前缀指定连接列。例如，student. stno 表示 student 表的 stno 列，score. stno 表示 score 表的 stno 列。

为了简化输入，T-SQL 允许在查询中使用表的别名，可在 FROM 子句中为表定义别名，然后在查询中引用。

经常用到的连接如下。

- 等值连接。表之间通过比较运算符"＝"连接起来，称为等值连接。
- 非等值连接。表之间使用非等号进行连接，称为非等值连接。
- 自然连接。如果在目标列中去除相同的字段名，称为自然连接。
- 自连接。将同一个表进行连接，称为自连接。

【例 5.18】 查询学生的情况和选修课程的情况。

```
USE stsc
SELECT student. * , score. *
FROM student, score
WHERE student.stno = score.stno
```

该语句采用等值连接。

查询结果:

stno	stname	stsex	stbirthday	speciality	tc	stno	cno	grade
121001	李贤友	男	1991 - 12 - 30	通信	52	121001	102	92
121001	李贤友	男	1991 - 12 - 30	通信	52	121001	205	91
121001	李贤友	男	1991 - 12 - 30	通信	52	121001	801	94
121002	周映雪	女	1993 - 01 - 12	通信	49	121002	102	72
121002	周映雪	女	1993 - 01 - 12	通信	49	121002	205	65
121002	周映雪	女	1993 - 01 - 12	通信	49	121002	801	73
121005	刘刚	男	1992 - 07 - 05	通信	50	121005	102	87
121005	刘刚	男	1992 - 07 - 05	通信	50	121005	205	85
121005	刘刚	男	1992 - 07 - 05	通信	50	121005	801	82
122001	郭德强	男	1991 - 10 - 23	计算机	48	122001	801	NULL
122002	谢萱	女	1992 - 09 - 11	计算机	52	122002	203	94
122002	谢萱	女	1992 - 09 - 11	计算机	52	122002	801	95
122004	孙婷	女	1992 - 02 - 24	计算机	50	122004	203	81
122004	孙婷	女	1992 - 02 - 24	计算机	50	122004	801	86

【例 5.19】 对上例进行自然连接查询。

```
USE stsc
SELECT student. * , score.cno, score.grade
FROM student, score
WHERE student. stno = score.stno
```

该语句采用自然连接。

查询结果:

stno	stname	stsex	stbirthday	speciality	tc	cno	grade
121001	李贤友	男	1991 - 12 - 30	通信	52	102	92
121001	李贤友	男	1991 - 12 - 30	通信	52	205	91
121001	李贤友	男	1991 - 12 - 30	通信	52	801	94
121002	周映雪	女	1993 - 01 - 12	通信	49	102	72
121002	周映雪	女	1993 - 01 - 12	通信	49	205	65
121002	周映雪	女	1993 - 01 - 12	通信	49	801	73
121005	刘刚	男	1992 - 07 - 05	通信	50	205	85
121005	刘刚	男	1992 - 07 - 05	通信	50	801	82
122001	郭德强	男	1991 - 10 - 23	计算机	48	801	NULL
122002	谢萱	女	1992 - 09 - 11	计算机	52	203	94
122002	谢萱	女	1992 - 09 - 11	计算机	52	801	95
122004	孙婷	女	1992 - 02 - 24	计算机	50	203	81
122004	孙婷	女	1992 - 02 - 24	计算机	50	801	86

【例 5.20】 查询选修了"微机原理"课程且成绩在 80 分以上的学生姓名。

```
USE stsc
SELECT a. stno, a. stname, b. cname, c. grade
```

```
FROM student a, course b, score c
WHERE a. stno = c. stno AND b. cno = c. cno AND b. cname = '微机原理' AND C. grade >= 80
```

该语句实现了多表连接,并采用别名以缩写表名。

查询结果:

```
stno      stname    cname      grade
------    ------    --------   -----
121001    李贤友    微机原理   91
121005    刘刚      微机原理   85
```

说明:本例中为 student 表指定的别名是 a,为 course 表指定的别名是 b,为 score 表指定的别名是 c。

【**例 5.21**】 查询选修了 801 课程的成绩高于学号 121002 的成绩的学生姓名。

```
USE stsc
SELECT a. cno, a. stno, a. grade
FROM score a, score b
WHERE a. cno = '801' AND a. grade > b. grade AND b. stno = '121002' AND b. cno = '801'
ORDER BY a. grade DESC
```

该语句实现了自连接,使用自连接需要为一个表指定两个别名。

查询结果:

```
cno     stno      grade
----    ------    ------
801     122002    95
801     121001    94
801     122004    86
801     121005    82
```

5.5.2 以 JOIN 为关键字指定的连接

T-SQL 扩展了以 JOIN 关键字指定连接的表示方式,使表的连接运算能力有了增强。

JOIN 连接在 FROM 子句的< joined_table >中指定。

语法格式:

```
< joined_table > :: =
{
< table_source > < join_type > < table_source > ON < search_condition >
   | < table_source > CROSS JOIN < table_source >
   | < joined_table >
}
```

其中,< join_type >为连接类型,ON 用于指定连接条件。< join_type >的格式如下:

```
INNER|{LEFT|RIGHT|FULL}[OUTER][<join_hint>]JOIN
```

INNER 表示内连接；OUTER 表示外连接；CROSS 表示交叉连接。此为 JOIN 关键字指定的连接的 3 种类型。

1. 内连接

内连接按照 ON 所指定的连接条件合并两个表，返回满足条件的行。

内连接是系统默认的，可省略 INNER 关键字。

【例 5.22】 查询学生的情况和选修课程的情况。

```
USE stsc
SELECT *
FROM student INNER JOIN score ON student.stno = score.stno
```

该语句采用内连接，查询结果与例 5.18 相同。

【例 5.23】 查询选修了 102 课程且成绩在 85 分以上的学生情况。

```
USE stsc
SELECT a.stno, a.stname, b.cno, b.grade
FROM student a JOIN score b ON a.stno = b.stno
WHERE b.cno = '102' AND b.grade >= 85
```

该语句采用内连接，省略 INNER 关键字，使用了 WHERE 子句。

查询结果：

```
stno    stname   cno   grade
------  -------  ----  -------
121001  李贤友    102   92
121005  刘刚      102   87
```

2. 外连接

在内连接的结果表只有满足连接条件的行才能作为结果输出。外连接的结果表不但包含满足连接条件的行，还包括相应表中的所有行。外连接有以下 3 种。

- 左外连接（LEFT OUTER JOIN）：结果表中除了包括满足连接条件的行外，还包括左表的所有行。
- 右外连接（RIGHT OUTER JOIN）：结果表中除了包括满足连接条件的行外，还包括右表的所有行。
- 完全外连接（FULL OUTER JOIN）：结果表中除了包括满足连接条件的行外，还包括两个表的所有行。

【例 5.24】 采用左外连接查询教师任课情况。

```
USE stsc
SELECT tname, cno
FROM teacher LEFT JOIN lecture ON (teacher.tno = lecture.tno)
```

该语句采用左外连接。

查询结果：

```
tname    cno
－－－－－－ －－－－

刘林卓    102
周学莉    NULL
吴波     203
王冬琴    205
李伟     801
```

【例5.25】 采用右外连接查询教师任课情况。

```
USE stsc
SELECT tno, cname
FROM lecture RIGHT JOIN course ON (course.cno = lecture.cno)
```

该语句采用右外连接。

查询结果：

```
tno      cname
－－－－－－ －－－－－－－－－

102101   数字电路
204101   数据库系统
204107   微机原理
NULL     计算机网络
801102   高等数学
```

注意：外连接只能对两个表进行。

3. 交叉连接

【例5.26】 采用交叉连接查询教师和课程的所有可能组合。

```
USE stsc
SELECT teacher.tname,course.cname
FROM teacher CROSS JOIN course
```

该语句采用交叉连接。

查询结果：

```
tname      cname
－－－－－ －－ －－－－－－－－－－－

刘林卓      数字电路
周学莉      数字电路
吴波       数字电路
王冬琴      数字电路
李伟       数字电路
刘林卓      数据库系统
周学莉      数据库系统
吴波       数据库系统
王冬琴      数据库系统
```

李伟	数据库系统
刘林卓	微机原理
周学莉	微机原理
吴波	微机原理
王冬琴	微机原理
李伟	微机原理
刘林卓	计算机网络
周学莉	计算机网络
吴波	计算机网络
王冬琴	计算机网络
李伟	计算机网络
刘林卓	高等数学
周学莉	高等数学
吴波	高等数学
王冬琴	高等数学
李伟	高等数学

5.6 子 查 询

在 SQL 中,一个 SELECT…FROM…WHERE 语句称为一个查询块。在 WHERE 子句或 HAVING 子句所指定的条件中,可以使用另一个查询块的查询结果作为条件的一部分,这种将一个查询块嵌套在另一个查询块的子句指定条件中的查询称为嵌套查询。例如:

```
SELECT *
FROM student
WHERE stno IN
  ( SELECT stno
      FROM score
      WHERE cno = '203'
  )
```

在本例中,下层查询块 SELECT stno FROM score WHERE cno='203'的查询结果,作为上层查询块 SELECT * FROM student WHERE stno IN 的查询条件,上层查询块称为父查询或外层查询,下层查询块称为子查询或内层查询。嵌套查询的处理过程是由内向外,即由子查询到父查询,子查询的结果作为父查询的查询条件。

T-SQL 允许使用 SELECT 多层嵌套,即一个子查询可以嵌套其他子查询,以增强查询能力。

子查询通常与 IN、EXISTS 谓词和比较运算符结合使用。

5.6.1 IN 子查询

IN 子查询用于进行一个给定值是否在子查询结果集中的判断。

语法格式:

```
expression [ NOT ] IN ( subquery )
```

当表达式 expression 与子查询 subquery 的结果集中的某个值相等时,IN 谓词返回
TRUE,否则返回 FALSE;若使用了 NOT,则返回的值相反。

【例 5.27】　查询选修了课程号为 203 的课程的学生情况。

```
USE stsc
SELECT *
FROM student
WHERE stno IN
 ( SELECT stno
    FROM score
    WHERE cno = '203'
    )
```

该语句采用 IN 子查询。

查询结果:

```
stno    stname   stsex   stbirthday      speciality    tc
------  -------  -----  ----------   ----------  -----
122002  谢萱      女      1992 - 09 - 11   计算机        52
122004  孙婷      女      1992 - 02 - 24   计算机        50
```

【例 5.28】　查询选修某课程的学生多于 4 人的任课教师姓名。

```
USE stsc
SELECT tname AS '教师姓名'
FROM teacher
WHERE tno IN
 (SELECT tno
    FROM lecture
    WHERE cno IN
      (SELECT b.cno
        FROM course a, score b
        WHERE a.cno = b.cno
        GROUP BY b.cno
        HAVING COUNT(b.cno)> 4
      )
  )
```

该语句采用 IN 子查询,在子查询中使用了谓词连接、GROUP BY 子句和 HAVING
子句。

查询结果:

```
教师姓名
----------
李伟
```

5.6.2　比较子查询

比较子查询是指父查询与子查询之间用比较运算符进行关联。

语法格式：

```
expression { < | <= | = | > | >= | != | <> | !< | !> } { ALL | SOME | ANY } ( subquery )
```

其中，expression 为要进行比较的表达式；subquery 是子查询；ALL、SOME 和 ANY 是对比较运算的限制。

【例 5.29】 查询比所有计算机专业学生年龄都小的学生。

```
USE stsc
SELECT *
FROM student
WHERE stbirthday > ALL
  ( SELECT stbirthday
     FROM student
     WHERE speciality = '计算机'
  )
```

该语句采用比较子查询。

查询结果：

```
stno     stname   stsex  stbirthday    speciality   tc
------   -------  -----  -----------   ----------   --------
121002   周映雪   女     1993-01-12    通信         49
```

【例 5.30】 查询课程号 801 的成绩高于课程号 205 成绩的学生。

```
USE stsc
SELECT stno AS '学号'
FROM score
WHERE cno = '801' AND grade >= ANY
  ( SELECT grade
     FROM score
     WHERE cno = '205'
  )
```

该语句采用比较子查询。

查询结果：

```
学号
---------
121001
121002
121005
122002
122004
```

5.6.3 EXISTS 子查询

EXISTS 谓词用于测试子查询的结果是否为空表，若子查询的结果集不为空，则

EXISTS 返回 TRUE,否则返回 FALSE;如果为 NOT EXISTS,其返回值与 EXIST 相反。

语法格式:

[NOT] EXISTS (subquery)

【例 5.31】 查询选修 205 课程的学生姓名。

```
USE stsc
SELECT stname AS '姓名'
FROM student
WHERE EXISTS
 ( SELECT *
    FROM score
    WHERE score.stno = student.stno AND cno = '205'
 )
```

该语句采用 EXISTS 子查询。

查询结果:

```
姓名
---------
李贤友
周映雪
刘刚
```

【例 5.32】 查询所有任课教师的姓名和所在的学院。

```
USE stsc
SELECT tname AS '教师姓名', school AS '学院'
FROM teacher
WHERE tno IN
 (SELECT tno
    FROM lecture a
    WHERE EXISTS
      (SELECT *
        FROM course b
        WHERE a.cno = b.cno
      )
 )
```

该语句采用 EXISTS 子查询。

查询结果:

```
教师姓名       学院
---------- ----------
刘林卓      通信学院
吴波       计算机学院
王冬琴      计算机学院
李伟       数学学院
```

数据查询

提示：子查询和连接往往都要涉及两个表或多个表，其区别是连接可以合并两个表或多个表的数据，而带子查询的 SELECT 语句的结果只能来自一个表。

5.7   SELECT 查询的其他子句

SELECT 查询的其他子句包括 UNION、EXCEPT 和 INTERSECT、INTO 子句、CTE 子句、FROM 子句和 TOP 谓词等，下面分别介绍。

1. UNION

使用 UNION 可以将两个或多个 SELECT 查询的结果合并成一个结果集。

语法格式：

```
{ < query specification > | (< query expression > ) }
    UNION [ ALL ] < query specification > | (< query expression > )
    [ UNION [ ALL ] < query specification > | (< query expression > ) [...n] ]
```

说明：< query specification >和< query expression >都是 SELECT 查询语句。

使用 UNION 合并两个查询的结果集的基本规则：

- 所有查询中的列数和列的顺序必须相同；
- 数据类型必须兼容。

【例 5.33】   查询总学分大于 50 分及学号小于 121051 的学生。

```
USE stsc
SELECT *
FROM student
WHERE tc > 50
UNION
SELECT *
FROM student
WHERE stno < 121051
```

该语句采用 UNION 将两个查询的结果合并成一个结果集。

查询结果：

stno	stname	stsex	stbirthday	speciality	tc
121001	李贤友	男	1991 - 12 - 30	通信	52
121002	周映雪	女	1993 - 01 - 12	通信	49
121005	刘刚	男	1992 - 07 - 05	通信	50
122002	谢萱	女	1992 - 09 - 11	计算机	52

2. EXCEPT 和 INTERSECT

EXCEPT 和 INTERSECT 用于比较两个查询结果，返回非重复值。其中，EXCEPT 从左查询中返回右查询没有找到的所有非重复值；INTERSECT 返回 INTERSECT 操作数左右两边的两个查询都返回的所有非重复值。

语法格式：

```
{ <query_specification> | ( <query_expression> ) }
{ EXCEPT | INTERSECT }
{ <query_specification> | ( <query_expression> ) }
```

说明：<query specification>和<query expression>都是 SELECT 查询语句。

使用 EXCEPT 或 INTERSECT 的两个查询的结果集组合起来的基本规则：

- 所有查询中的列数和列的顺序必须相同；
- 数据类型必须兼容。

【例 5.34】 查询学过 801 课程但未学过 102 课程的学生。

```
USE stsc
SELECT a.stno AS '学号', a.stname AS '姓名'
FROM student a, course b, score c
WHERE a.stno = c.stno AND b.cno = c.cno AND c.cno = '801'
EXCEPT
SELECT a.stno AS '学号', a.stname AS '姓名'
FROM student a, course b, score c
WHERE a.stno = c.stno AND b.cno = c.cno AND c.cno = '102'
```

该语句从 EXCEPT 操作数左侧的查询返回右侧查询没有找到的所有非重复值。

查询结果：

```
学号      姓名
------ -----
122001  郭德强
122002  谢萱
122004  孙婷
```

【例 5.35】 查询既学过 801 课程又学过 102 课程的学生。

```
USE stsc
SELECT a.stno AS '学号', a.stname AS '姓名'
FROM student a, course b, score c
WHERE a.stno = c.stno AND b.cno = c.cno AND c.cno = '801'
INTERSECT
SELECT a.stno AS '学号', a.stname AS '姓名'
FROM student a, course b, score c
WHERE a.stno = c.stno AND b.cno = c.cno AND c.cno = '102'
```

该语句输出从 INTERSECT 操作数左右两边的两个查询语句找到的所有非重复值。

查询结果：

```
学号      姓名
------ ------
121001  李贤友
121002  周映雪
121005  刘刚
```

3. INTO 子句

INTO 子句用于创建新表并将查询所得的结果插入新表中。

语法格式：

```
[ INTO new_table ]
```

说明：new_table 是要创建的新表名，创建的新表的结构由 SELECT 所选择的列决定，新表中的记录由 SELECT 的查询结果决定，若 SELECT 的查询结果为空，则创建一个只有结构而没有记录的空表。

【**例 5.36**】 由 student 表创建 st 表，包括学号、姓名、性别、专业和学分。

```
USE stsc
SELECT stno, stname, stsex, speciality, tc INTO st
FROM student
```

该语句通过 INTO 子句创建新表 st，新表的结构和记录由 SELECT…INTO 语句决定。

4. CTE 子句

CTE 子句用于指定临时结果集，这些结果集称为公用表表达式（common table expression，CTE）。

语法格式：

```
[ WITH < common_table_expression > [ ,...n ] ]
AS ( CTE_query_definition )
```

其中：

```
< common_table_expression >:: =
    expression_name [ ( column_name [ ,...n ] ) ]
```

说明：

- expression_name：CTE 的名称。
- column_name：在 CTE 中指定的列名，其个数要和 CTE_query_definition 返回的字段个数相同。
- CTE_query_definition：指定一个其结果集填充 CTE 的 SELECT 语句。CTE 下方的 SELECT 语句可以直接查询 CTE 中的数据。

注意：CTE 源自简单查询，并且在单条 SELECT、INSERT、UPDATE 或 DELETE 语句的执行范围内定义。该子句也可用在 CREATE VIEW 语句中。CTE 可以包括对自身的引用，这种表达式称为递归公用表表达式。

【**例 5.37**】 使用 CTE 从 score 表中查询学号、课程号和成绩，并指定新列名分别为 c_stno、c_cno 和 c_grade，再使用 SELECT 语句从 CTE 和 student 表中查询姓名为"孙婷"的学号、课程号和成绩。

```
USE stsc;
```

```
WITH cte_st(c_stno, c_cno, c_grade)
AS (SELECT stno, cno, grade FROM score)
SELECT c_stno, c_cno, c_grade
FROM cte_st, student
WHERE student.stname = '孙婷' AND student.stno = cte_st.c_stno
```

该语句通过 CTE 子句查询姓名为"孙婷"的学号、课程号和成绩。

查询结果：

```
c_stno   c_cno   c_grade
------   -----   --------
122004   203     81
122004   801     86
```

【例 5.38】 计算从 1 到 10 的阶乘。

```
WITH Cfact(n, k)
AS (
     SELECT n = 1, k = 1
     UNION ALL
     SELECT n = n + 1, k = k * (n + 1)
     FROM Cfact
     WHERE n < 10
    )
SELECT n, k FROM Cfact
```

该语句通过递归公用表表达式计算从 1 到 10 的阶乘。

查询结果：

```
n           k
--------    --------
1           1
2           2
3           6
4           24
5           120
6           720
7           5040
8           40320
9           362880
10          3628800
```

5. FROM 子句

FROM 子句指定用于 SELECT 的查询对象。

语法格式：

```
[ FROM {< table_source >} [ ,...n] ]
< table_source > :: =
{
```

```
        table_or_view_name [ [ AS ] table_alias ]        /* 查询表或视图,可指定别名 */
        | rowset_function [ [ AS ] table_alias ]          /* 行集函数 */
            [ ( bulk_column_alias [ ,...n ] ) ]
        | user_defined_function [ [ AS ] table_alias ]    /* 指定表值函数 */
        | OPENXML < openxml_clause >                      /* XML 文档 */
        | derived_table [ AS ] table_alias [ ( column_alias [ ,...n ] ) ]   /* 子查询 */
        | < joined_table >                                /* 连接表 */
        | < pivoted_table >                               /* 将行转换为列 */
        | < unpivoted_table >                             /* 将列转换为行 */
}
```

说明：

- table_or_view_name：指定 SELECT 语句要查询的表或视图。
- rowset_function：一个行集函数,行集函数通常返回一个表或视图。
- derived_table：由 SELECT 查询语句的执行而返回的表,必须为其指定一个别名,也可以为列指定别名。
- joined_table：连接表。
- pivoted_table：将行转换为列。

< pivoted_table >的格式如下：

```
< pivoted_table > :: =
        table_source PIVOT < pivot_clause > [AS] table_alias
< pivot_clause > :: =
        ( aggregate_function ( value_column ) FOR pivot_column   IN (< column_list >) )
```

- < unpivoted_table >：将列转换为行。

< unpivoted_table >的格式如下：

```
< unpivoted_table > :: =
        table_source UNPIVOT < unpivot_clause > table_alias
< unpivot_clause > :: =
        ( value_column FOR pivot_column IN ( < column_list > ) )
```

【例 5.39】　查找 student 表中 1992 年 12 月 31 日以前出生的学生的姓名和性别,并列出其专业属于通信还是计算机,1 表示是,0 表示否。

```
USE stsc
SELECT stname, stsex,通信,计算机
FROM student
PIVOT
(
    COUNT(stno)
    FOR speciality
    IN (通信,计算机)
)AS pvt
WHERE stbirthday<'1992 - 12 - 31'
```

该语句通过 PIVOT 子句将通信、计算机等行转换为列。

查询结果：

```
stname     stsex    通信      计算机
——————  —————  ——————  —————————
郭德强      男       0        1
李贤友      男       1        0
刘刚        男       1        0
孙婷        女       0        1
谢萱        女       0        1
```

【例 5.40】 将 teacher 表中"职称"和"学院"列转换为行输出。

```
USE stsc
SELECT tno,tname,选项,内容
FROM teacher
UNPIVOT
(
    内容
    FOR 选项 IN
    (title,school)
) unpvt
```

该语句通过 UNPIVOT 子句将"职称"和"学院"列转换为行。

查询结果：

```
tno        tname     选项       内容
——————  ———————  ————————  —————————
102101     刘林卓     title      教授
102101     刘林卓     school     通信学院
102105     周学莉     title      讲师
102105     周学莉     school     通信学院
204101     吴波       title      教授
204101     吴波       school     计算机学院
204107     王冬琴     title      副教授
204107     王冬琴     school     计算机学院
801102     李伟       title      副教授
801102     李伟       school     计算机学院
```

6. TOP 谓词

使用 SELECT 语句进行查询时,有时需要列出前几行数据,可以使用 TOP 谓词对结果集进行限定。

语法格式：

```
TOP n [ percent ] [ WITH TIES]
```

说明：

- TOP n：获取查询结果的前 n 行数据。
- TOP n percent：获取查询结果的前 n％行数据。

- WITH TIES：包括最后一行取值并列的结果。

注意：TOP 谓词写在 SELECT 单词后面。使用 TOP 谓词时，应与 ORDER BY 子句一起使用，列出前几行才有意义。如果选用 WITH TIES 选项，则必须使用 ORDER BY 子句。

【例 5.41】 查询总学分前 2 名的学生情况。

```
USE stsc
SELECT TOP 2 stno,stname,tc
FROM student
ORDER BY tc DESC
```

该语句通过 TOP 谓词与 ORDER BY 子句一起使用，获取前 2 名的学生情况。

查询结果：

```
stno    stname   tc
------  ------   -----
121001  李贤友    52
122002  谢萱      52
```

【例 5.42】 查询总学分前 3 名的学生情况(包含专业)。

```
USE stsc
SELECT TOP 3 WITH TIES stno,stname,speciality,tc
FROM student
ORDER BY tc DESC
```

该语句通过 TOP 谓词，选用 WITH TIES 选项并与 ORDER BY 子句一起使用，获取前 3 名的学生情况。其中，孙婷与刘刚并列第 3。

查询结果：

```
stno    stname   speciality   tc
------  ------   ----------   -----
121001  李贤友    通信          52
122002  谢萱      计算机        52
122004  孙婷      计算机        50
121005  刘刚      通信          50
```

5.8 综 合 训 练

1. 训练要求

本章介绍 T-SQL 中数据定义语言(DDL)、数据操纵语言(DML)和数据查询语言(DQL)。数据库查询是数据库的核心操作，重点讨论了 SELECT 查询语句对数据库进行各种查询的方法。下面结合 stsc 学生成绩数据库进行数据查询的综合训练。

(1) 查询 student 表中通信专业学生的情况。

(2) 查询 score 表中学号为 122002，课程号为 203 的学生成绩。

（3）查找学号为121005，课程名为"高等数学"的学生成绩。

（4）查找选修了801课程且为计算机专业学生的姓名及成绩，查出的成绩按降序排列。

（5）查找学号为121001的学生所有课程的平均成绩。

2. T-SQL 语句编写

根据题目要求，进行语句编写。

（1）编写 T-SQL 语句如下。

```
USE stsc
SELECT *
FROM student
WHERE speciality = '通信'
```

查询结果：

stno	stname	stsex	stbirthday	speciality	tc
121001	李贤友	男	1991 - 12 - 30	通信	52
121002	周映雪	女	1993 - 01 - 12	通信	49
121005	刘刚	男	1992 - 07 - 05	通信	50

（2）编写 T-SQL 语句如下。

```
USE stsc
SELECT *
FROM score
WHERE stno = '122002' and cno = '203'
```

查询结果：

stno	cno	grade
122002	203	94

（3）编写 T-SQL 语句如下。

```
USE stsc
SELECT *
FROM score
WHERE stno = '121005' and cno IN
  ( SELECT cno
    FROM course
    WHERE cname = '高等数学'
    )
```

该语句在子查询中，由课程名查出课程号；在外查询中，由课程号（在子查询中查出）和学号查出成绩。

查询结果：

stno	cno	grade

```
------ ----- -------
121005    801     82
```

（4）编写 T-SQL 语句如下。

```
USE stsc
SELECT a.stname,c.grade
FROM student a,course b,score c
WHERE b.cno = '801' and a.stno = c.stno and b.cno = c.cno
ORDER BY grade DESC
```

该语句采用连接查询和 ORDER 子句进行查询。

查询结果：

```
stname    grade
------   ------
谢萱       95
李贤友     94
孙婷       86
刘刚       82
周映雪     73
郭德强     NULL
```

（5）编写 T-SQL 语句如下。

```
USE stsc
SELECT stno,avg(grade) AS 平均成绩
FROM score
WHERE stno = '121001'
GROUP BY stno
```

该语句采用聚合函数和 GROUP 子句进行查询。

查询结果：

```
stno     平均成绩
------  --------
121001    92
```

5.9　小　　结

本章主要介绍了以下内容。

（1）T-SQL 中最重要的部分是它的查询功能，查询是 T-SQL 的核心，查询使用 SELECT 语句，包含 SELECT 子句、FROM 子句、WHERE 子句、GROUP BY 子句、HAVING 子句、ORDER BY 子句等。

（2）投影查询、选择查询和排序查询。

投影查询通过 SELECT 语句的 SELECT 子句来表示，由选择表中的部分或全部列

组成结果表。

选择查询通过 WHERE 子句实现，WHERE 子句给出查询条件，该子句必须紧跟在 FROM 子句之后。

排序查询通过 ORDER BY 子句实现，查询结果按升序（默认或 ASC）或降序（DESC）排列行，可按照一个或多个字段的值进行排序。

（3）连接查询是关系数据库中的重要查询。在 T-SQL 中，连接查询有两大类表示形式：一类是使用连接谓词表示形式；另一类是使用关键字 JOIN 表示形式。

在 SELECT 语句的 WHERE 子句中使用比较运算符给出连接条件对表进行连接，将这种表示形式称为连接谓词表示形式。

在使用 JOIN 关键字指定的连接中，在 FROM 子句中用 JOIN 关键字指定连接的多个表的表名，用 ON 子句指定连接条件。JOIN 关键字指定的连接类型有 3 种：INNER JOIN 表示内连接，OUTER JOIN 表示外连接，CROSS JOIN 表示交叉连接。

外连接有以下 3 种：左外连接（LEFT OUTER JOIN）、右外连接（RIGHT OUTER JOIN）和完全外连接（FULL OUTER JOIN）。

（4）将一个查询块嵌套在另一个查询块的子句指定条件中的查询称为嵌套查询。在嵌套查询中，上层查询块称为父查询或外层查询，下层查询块称为子查询（subquery）或内层查询。子查询通常包括 IN 子查询、比较子查询和 EXIST 子查询。

（5）SELECT 查询的其他子句包括 UNION、EXCEPT、INTERSECT、INTO、CTE、FROM 子句和 TOP 谓词等。

习 题 5

一、选择题

1. 使用 student 表查询年龄最小的学生的姓名和年龄，下列实现此功能的查询语句中，正确的是_____。

    A. SELECT Sname，Min(Sage) FROM student

    B. SELECT Sname，Sage FROM student WHERE Sage＝Min(Sage)

    C. SELECT TOP1 Sname，Sage FROM student

    D. SELECT TOP1 Sname，Sage FROM student ORDER BY Sage

2. 设在某 SELECT 语句的 WHERE 子句中，需要对 Grade 列的空值进行处理。下列关于空值的操作中，错误的是_____。

    A. Grade IS not null   B. Grade IS null

    C. Grade＝null   D. Not(Grade IS null)

3. 设在 SQL Server 中，有学生表（学号，姓名，年龄），其中，姓名为 varchar(10)类型。查询姓"张"且名字是 3 个字的学生的详细信息，正确的语句是_____。

    A. SELECT ＊FROM 学生表 WHERE 姓名 LIKE '张_'

    B. SELECT ＊FROM 学生表 WHERE 姓名 LIKE '张__'

    C. SELECT ＊FROM 学生表 WHERE 姓名 LIKE '张_' AND LEN(姓名)＝3

D. SELECT ＊ FROM 学生表 WHERE 姓名 LIKE '张__' AND LEN(姓名)＝3

4. 设在 SQL Server 中,有学生表(学号,姓名,所在系)和选课表(学号,课程号,成绩)。查询没选课的学生姓名和所在系,下列语句中能够实现该查询要求的是_____。

A. SELECT 姓名,所在系 FROM 学生表 a LEFT JOIN 选课表 b
ON a. 学号＝ b. 学号 WHERE a. 学号 IS NULL

B. SELECT 姓名,所在系 FROM 学生表 a LEFT JOIN 选课表 b
ON a. 学号＝ b. 学号 WHERE b. 学号 IS NULL

C. SELECT 姓名,所在系 FROM 学生表 a RIGHT JOIN 选课表 b
ON a. 学号＝ b. 学号 WHERE a. 学号 IS NULL

D. SELECT 姓名,所在系 FROM 学生表 a RIGHT JOIN 选课表 b
ON a. 学号＝ b. 学号 WHERE b. 学号 IS NULL

5. 下述语句的功能是将两个查询结果合并成一个结果,其中正确的是_____。

A. SELECT sno, sname, sage FROM student WHERE sdept＝'cs'
ORDER BY sage
UNION
SELECT sno, sname, sage FROM student WHERE sdept＝'is'
ORDER BY sage

B. SELECT sno, sname, sage FROM student WHERE sdept＝'cs'
UNION
SELECT sno, sname, sage FROM student WHERE sdept＝'is'
ORDER BY sage

C. SELECT sno, sname, sage FROM student WHERE sdept＝'cs'
UNION
SELECT sno, sname FROM student WHERE sdept＝'is'
ORDER BY sage

D. SELECT sno, sname, sage FROM student WHERE sdept＝'cs'
ORDER BY sage
UNION
SELECT sno, sname, sage FROM student WHERE sdept＝'is'

二、填空题

1. 在 EXISTS 子查询中,子查询的执行次数是由_____决定的。

2. 在 IN 子查询和比较子查询中,是先执行_____层查询,再执行_____层查询。

3. 在 EXISTS 子查询中,是先执行_____层查询,再执行_____层查询。

4. UNION 操作用于合并多个 SELECT 查询的结果,如果在合并结果时不希望去掉重复数据,应使用_____关键字。

5. 在 SELECT 语句中同时包含 WHERE 子句和 GROUP 子句,则先执行_____子句。

三、问答题

1. 什么是 SQL？简述 SQL 的分类。

2. SELECT 语句中包括哪些子句？简述各个子句的功能。

3. 什么是连接谓词？简述连接谓词表示形式的语法规则。

4. 内连接、外连接有什么区别？左外连接、右外连接和全外连接有什么区别？

5. 简述常用聚合函数的函数名称和功能。

6. 在一个 SELECT 语句中，当 WHERE 子句、GROUP BY 子句和 HAVING 子句同时出现在一个查询中时，SQL 的执行顺序如何？

7. 在 SQL Server 中使用 GROUP BY 子句有什么规则？

8. 什么是子查询？IN 子查询、比较子查询、EXIST 子查询有何区别？

四、应用题

1. 查询 student 表中总学分大于或等于 50 分的学生的情况。

2. 查找谢萱"高等数学"的成绩。

3. 查找选修了"数字电路"的学生姓名及成绩，并按成绩降序排列。

4. 查找"数据库系统"和"微机原理"的平均成绩。

5. 查询每个专业最高分的课程名和分数。

6. 查询通信专业的最高分的学生的学号、姓名、课程号和分数。

7. 查询有 2 门以上（含 2 门）课程均超过 80 分的学生姓名及其平均成绩。

8. 查询至少选学了 3 门课程的学生姓名。

实验 5　数 据 查 询

实验 5.1　数据查询 1

1. 实验目的及要求

（1）理解 SELECT 语句的语法格式。

（2）掌握 SELECT 语句的操作和使用方法。

（3）具备编写和调试 SELECT 语句以进行数据库查询的能力。

2. 验证性实验

对 storeexpm 数据库中的 EmplInfo 表进行数据查询，验证和调试查询语句的代码。

1）使用两种方式，查询 EmplInfo 表的所有记录

（1）使用列名表。

```
USE storeexpm
SELECT EmplID, EmplName, Sex, Birthday, Native, Wages, DeptID
FROM EmplInfo
```

（2）使用 * 。

```
USE storeexpm
```

```
SELECT *
FROM EmplInfo
```

2）查询 EmplInfo 表中有关员工号、姓名和籍贯的记录

```
USE storeexpm
SELECT EmplID, EmplName, Native
FROM EmplInfo
```

3）使用两种方式，查询籍贯为上海和四川的员工信息
（1）使用 IN 关键字。

```
USE storeexpm
SELECT *
FROM EmplInfo
WHERE Native IN ('上海', '四川')
```

（2）使用 OR 关键字。

```
USE storeexpm
SELECT *
FROM EmplInfo
WHERE Native = '上海' OR Native = '四川'
```

4）通过两种方式查询 EmplInfo 表中工资在 3500～4500 元的员工
（1）通过指定范围关键字。

```
USE storeexpm
SELECT *
FROM EmplInfo
WHERE Wages BETWEEN 1500 AND 4000
```

（2）通过比较运算符。

```
USE storeexpm
SELECT *
FROM EmplInfo
WHERE Wages > = 1500 AND Wages < = 4000
```

5）查询籍贯是北京的员工的姓名、出生日期和部门号

```
USE storeexpm
SELECT EmplName, Birthday, DeptID
FROM EmplInfo
WHERE Native LIKE '北京 % '
```

6）查询各个部门的员工人数

```
USE storeexpm
SELECT DeptID AS 部门号, COUNT(EmplID) AS 员工人数
FROM EmplInfo
GROUP BY DeptID
```

7）查询每个部门的总工资和最高工资

```
USE storeexpm
SELECT DeptID AS 部门号, SUM(Wages) AS 总工资, MAX(Wages) AS 最高工资
FROM EmplInfo
GROUP BY DeptID
```

8）查询员工工资，按照工资从高到低的顺序排列

```
USE storeexpm
SELECT *
FROM EmplInfo
ORDER BY Wages DESC
```

9）按从高到低的顺序排列员工工资，查询前 3 名员工的信息

```
USE storeexpm
SELECT TOP 3 EmplName, Wages
FROM EmplInfo
ORDER BY Wages DESC
```

3. 设计性试验

对 storeexpm 数据库中的 GoodsInfo 表进行数据查询，设计、编写和调试查询语句的代码，完成以下操作。

1）使用两种方式，查询 GoodsInfo 表的所有记录

（1）使用列名表。

（2）使用 * 。

2）查询 GoodsInfo 表有关商品号、商品名称和库存量的记录

3）使用两种方式，查询商品类型为"笔记本计算机"和"服务器"的商品信息

（1）使用 IN 关键字。

（2）使用 OR 关键字。

4）通过两种方式查询 GoodsInfo 表中单价在 1000～8000 元的商品

（1）通过指定范围关键字。

（2）通过比较运算符。

5）查询商品类型为"平板"的商品信息

6）查询各类商品的库存量

7）查询各类商品的品种个数和最高单价

8）查询各商品的单价，按照从高到低的顺序排列

9）按从高到低的顺序排列商品的单价，查询前 3 类商品的信息

4. 观察与思考

（1）LIKE 的通配符"％"和"_"有何不同？

（2）IS 能用"＝"来代替吗？

（3）"＝"与 IN 在什么情况下作用相同？

（4）空值的使用可分为哪几种情况？

（5）聚集函数能否直接使用在 SELECT 子句、WHERE 子句、GROUP BY 子句、HAVING 子句中吗？

（6）WHERE 子句与 HAVING 子句有何不同？

（7）COUNT（＊）、COUNT（列名）、COUNT（DISTINCT 列名）三者的区别是什么？

实验 5.2　数据查询 2

1. 实验目的及要求

（1）理解连接查询、子查询以及联合查询的语法格式。

（2）掌握连接查询、子查询以及联合查询的操作和使用方法。

（3）具备编写和调试连接查询、子查询以及联合查询语句以进行数据库查询的能力。

2. 验证性实验

对 storeexpm 数据库进行数据查询，验证和调试数据查询的代码。

1）对员工表 EmplInfo 和部门表 DeptInfo 进行交叉连接，观察所有的可能组合

```
USE storeexpm
SELECT *
FROM EmplInfo CROSS JOIN DeptInfo
```

或

```
USE storeexpm
SELECT *
FROM EmplInfo, DeptInfo
```

2）查询每个员工及其所在部门的情况

（1）使用 JOIN 关键字的表示方式。

```
USE storeexpm
SELECT *
FROM EmplInfo INNER JOIN DeptInfo ON EmplInfo.DeptID = DeptInfo.DeptID
```

（2）使用连接谓词的表示方式。

```
USE storeexpm
SELECT *
FROM EmplInfo, DeptInfo
WHERE EmplInfo.DeptID = DeptInfo.DeptID
```

3）采用自然连接查询员工及其所属的部门的情况

```
USE storeexpm
SELECT EmplInfo. * , DeptName
FROM EmplInfo JOIN DeptInfo ON EmplInfo.DeptID = DeptInfo.DeptID
```

该语句进行自然连接，去掉了结果集中的重复列。

4）查询部门号 D001 的员工工资高于员工号为 E003 的工资的员工情况

（1）使用 JOIN 关键字的表示方式。

```
USE storeexpm
SELECT a.EmplID, a.EmplName, a.Wages, a.DeptID
FROM EmplInfo a JOIN EmplInfo b ON a.Wages > b.Wages
WHERE a.DeptID = 'D001' AND b.EmplID = 'E003'
ORDER BY a.Wages DESC
```

（2）使用连接谓词的表示方式。

```
USE storeexpm
SELECT a.EmplID, a.EmplName, a.Wages, a.DeptID
FROM EmplInfo a, EmplInfo b
WHERE a.Wages > b.Wages AND a.DeptID = 'D001' AND b.EmplID = 'E003'
ORDER BY a.Wages DESC;
```

5）分别采用左外连接、右外连接、全外连接查询员工所属的部门

（1）采用左外连接。

```
USE storeexpm
SELECT EmplName, DeptName
FROM EmplInfo LEFT JOIN DeptInfo ON EmplInfo.DeptID = DeptInfo.DeptID
```

该语句采用关键字 LEFT JOIN 进行左外连接，当左表有记录而在右表中没有匹配记录时，右表对应列被设置为空值。

（2）采用右外连接。

```
USE storeexpm
SELECT EmplName, DeptName
FROM EmplInfo RIGHT JOIN DeptInfo ON EmplInfo.DeptID = DeptInfo.DeptID
```

该语句采用关键字 RIGHT JOIN 进行右外连接，当右表有记录而在左表中没有匹配记录时，左表对应列被设置为空值。

（3）采用全外连接。

```
USE storeexpm
SELECT EmplName, DeptName
FROM EmplInfo FULL JOIN DeptInfo ON EmplInfo.DeptID = DeptInfo.DeptID
```

该语句采用关键字 FULL JOIN 进行全外连接。

6）查询销售部和财务部的员工名单

```
USE storeexpm
SELECT EmplID, EmplName, DeptName
FROM EmplInfo a, DeptInfo b
WHERE a.DeptID = b.DeptID AND DeptName = '销售部'
UNION
SELECT EmplID, EmplName, DeptName
FROM EmplInfo a, DeptInfo b
```

```
WHERE a.DeptID = b.DeptID AND DeptName = '财务部'
```

该语句采用集合操作符 UNION 进行并运算以实现集合查询。

7）分别采用 IN 子查询和比较子查询财务部和经理办的员工信息

（1）采用 IN 子查询。

```
USE storeexpm
  SELECT *
  FROM EmplInfo
  WHERE DeptID IN
     (SELECT DeptID
      FROM DeptInfo
      WHERE DeptName = '财务部' OR DeptName = '经理办'
     )
```

该语句采用 IN 子查询。

（2）采用比较子查询。

```
USE storeexpm
SELECT *
FROM EmplInfo
WHERE DeptID = ANY
   (SELECT DeptID
    FROM DeptInfo
    WHERE DeptName IN ('财务部', '经理办')
   )
```

该语句采用比较子查询，其中，关键字 ANY 用于对比较运算符"＝"进行限制。

8）列出比所有 D001 部门员工年龄都小的员工及其出生日期

```
USE storeexpm
SELECT EmplID AS 员工号, EmplName AS 姓名, Birthday AS 出生日期
FROM EmplInfo
WHERE Birthday > ALL
   (SELECT Birthday
    FROM EmplInfo
    WHERE DeptID = 'D001'
   );
```

该语句采用比较子查询，其中，关键字 ANY 用于对比较运算符">"进行限制。

9）查询销售部的员工姓名

```
USE storeexpm
SELECT EmplName AS 姓名
FROM EmplInfo
WHERE EXISTS
   (SELECT *
    FROM DeptInfo
    WHERE EmplInfo.DeptID = DeptInfo.DeptID AND DeptID = 'D001'
   );
```

该语句采用 EXISTS 子查询。

3. 设计性试验

在数据库 storeexpm 中,设计、编写和调试查询语句的代码,完成以下操作。

1) 对商品表 GoodsInfo 和订单明细表 DetailInfo 进行交叉连接,观察所有的可能组合

2) 查询商品销售情况

(1) 使用 JOIN 关键字的表示方式。

(2) 使用连接谓词的表示方式。

3) 采用自然连接查询商品销售情况

4) 查询员工销售情况

(1) 使用 JOIN 关键字的表示方式。

(2) 使用连接谓词的表示方式。

5) 对员工表 EmplInfo 和订单表 OrderInfo 分别进行左外连接、右外连接、全外连接

(1) 左外连接。

(2) 右外连接。

(3) 全外连接。

6) 查询销售部的员工姓名、销售日期及销售总金额,并按销售总金额降序排列

7) 查询刘建新的销售总金额

8) 查询销售部和财务部的员工号

4. 观察与思考

(1) 使用 JOIN 关键字的表示方式和使用连接谓词的表示方式有什么不同?

(2) 内连接与外连接有何区别?

(3) 举例说明 IN 子查询、比较子查询和 EXIST 子查询的用法。

(4) 关键字 ALL、SOME 和 ANY 对比较运算有何限制?

第6章　视　　图

本章要点

- 创建视图。
- 查询视图。
- 更新视图。
- 修改视图定义和重命名视图。
- 查看视图信息。
- 删除视图。

视图(view)是从一个或多个表或其他视图导出的,用来导出视图的表称为基表,导出的视图称为虚表。在数据库中,只存储视图的定义,不存放视图对应的数据,这些数据仍然存放在原来的基表中。

视图有以下优点。

(1) 方便用户的查询和处理,简化数据操作。

(2) 简化用户的权限管理,增加安全性。

(3) 便于数据共享。

(4) 屏蔽数据库的复杂性。

(5) 可以重新组织数据。

6.1　创 建 视 图

使用视图前,必须先创建视图,创建视图要遵守以下原则。

(1) 只有在当前数据库中才能创建视图,视图命名必须遵循标识符规则。

(2) 不能将规则、默认值或触发器与视图相关联。

(3) 不能在视图上建立任何索引。

T-SQL 语句创建视图的语句是 CREATE VIEW。

语法格式:

```
CREATE VIEW [ schema_name . ] view_name [ (column [ ,...n ] ) ]
[ WITH < view_attribute >[ ,...n ] ]
    AS select_statement
    [ WITH CHECK OPTION ]
```

说明：

- view_name：视图名称；scheme 是数据库架构名。
- column：列名，此为视图中包含的列，最多可引用 1024 列。
- WITH 子句：指出视图的属性。
- select_statement：定义视图的 SELECT 语句，可在该语句中使用多个表或视图。
- WITH CHECK OPTION：指出在视图上进行的修改都要符合 select_statement 所指定的准则。

注意：CREATE VIEW 必须是批处理命令的第一条语句。

【例 6.1】 在 stsc 数据库中创建 st_comm 视图，包括学号、姓名、课程名、成绩、专业，且专业为通信。

```
USE stsc
GO
CREATE VIEW st_comm
AS
SELECT student.stno, student.stname, course.cname, score.grade, student.speciality
    FROM student, score, course
    WHERE student.stno = score.stno AND course.cno = score.cno AND student.speciality = '通信'
    WITH CHECK OPTION
GO
```

6.2 查 询 视 图

查询视图使用 SELECT 语句。使用 SELECT 语句对视图进行查询与使用 SELECT 语句对表进行查询一样，举例如下。

【例 6.2】 查询 st_comm 视图。

使用 SELECT 语句对 st_comm 视图进行查询：

```
USE stsc
SELECT *
FROM st_comm
```

查询结果：

```
stno     stname   cname          grade    speciality
------   -------- ------------- ------- -------------
121001   李贤友    数字电路        92       通信
121001   李贤友    微机原理        91       通信
121001   李贤友    高等数学        94       通信
121002   周映雪    数字电路        72       通信
121002   周映雪    微机原理        65       通信
121002   周映雪    高等数学        73       通信
121005   刘刚      数字电路        87       通信
121005   刘刚      微机原理        85       通信
121005   刘刚      高等数学        82       通信
```

【例 6.3】 查询通信专业学生的姓名、课程名和成绩。

```
USE stsc
SELECT stname, cname, grade
FROM st_comm
```

该语句对 st_comm 视图进行查询。

查询结果：

stname	cname	grade
李贤友	数字电路	92
李贤友	微机原理	91
李贤友	高等数学	94
周映雪	数字电路	72
周映雪	微机原理	65
周映雪	高等数学	73
刘刚	数字电路	87
刘刚	微机原理	85
刘刚	高等数学	82

【例 6.4】 查询学生平均成绩在 85 分以上的学号和平均成绩。

创建视图 sc_avg 语句如下：

```
USE stsc
GO
CREATE VIEW sc_avg(stno, avg_grade)
AS
SELECT stno, AVG(grade)
    FROM score
    GROUP BY stno
GO
```

使用 SELECT 语句对 sc_avg 视图进行查询：

```
USE stsc
SELECT *
FROM sc_avg
```

查询结果：

stno	avg_grade
121001	92
121002	70
121005	84
122001	NULL
122002	94
122004	83

6.3 更 新 视 图

更新视图指通过视图进行插入、删除、修改数据。由于视图是不存储数据的虚表,因此对视图的更新最终转换为对基表的更新。

6.3.1 可更新视图

通过更新视图数据可更新基表数据,但只有满足可更新条件的视图才能更新,可更新视图必须满足的条件:创建视图的 SELECT 语句没有聚合函数,且没有 TOP、GROUP BY、UNION 子句及 DISTICT 关键字,不包含从基表列通过计算所得的列,且 FROM 子句至少包含一个基本表。

在前面的视图中,st_comm 是可更新视图,sc_avg 是不可更新视图。

【例 6.5】 在 stsc 数据库中,以 student 表为基表,创建专业为计算机的可更新视图 st_cp。

创建视图 st_cp 语句如下:

```
USE stsc
GO
CREATE VIEW st_cp
AS
SELECT *
    FROM student
    WHERE speciality = '计算机'
GO
```

使用 SELECT 语句查询 st_cp 视图:

```
USE stsc
SELECT *
FROM st_cp
```

查询结果:

```
stno      stname   stsex    stbirthday       speciality    tc
------    ------   -----    ------------     ----------   ------
122001    郭德强    男       1991-10-23       计算机         48
122002    谢萱      女       1992-09-11       计算机         52
122004    孙婷      女       1992-02-24       计算机         50
```

6.3.2 插入数据

使用 INSERT 语句通过视图向基表插入数据,有关 INSERT 语句的介绍参见第 4 章。

【例 6.6】 向 st_cp 视图中插入一条记录:('122009','董智强','男','1992-11-23','计算机',50)。

```
USE stsc
INSERT INTO st_cp VALUES ('122009','董智强','男','1992 - 11 - 23','计算机',50)
```

使用 SELECT 语句查询 st_cp 视图的基表 student：

```
USE stsc
SELECT *
FROM student
```

上述语句对基表 student 进行查询，该表已添加记录（'122009','董智强','男','1992-11-23','计算机',50）。

查询结果：

stno	stname	stsex	stbirthday	speciality	tc
121001	李贤友	男	1991 - 12 - 30	通信	52
121002	周映雪	女	1993 - 01 - 12	通信	49
121005	刘刚	男	1992 - 07 - 05	通信	50
122001	郭德强	男	1991 - 10 - 23	计算机	48
122002	谢萱	女	1992 - 09 - 11	计算机	52
122004	孙婷	女	1992 - 02 - 24	计算机	50
122009	董智强	男	1992 - 11 - 23	计算机	50

注意：当视图依赖的基表有多个时，不能向该视图插入数据。

6.3.3　修改数据

使用 UPDATE 语句通过视图修改基表数据，有关 UPDATE 语句的介绍参见第 4 章。

【例 6.7】　将 st_cp 视图中学号为 122009 的学生的总学分增加 2 分。

```
USE stsc
UPDATE st_cp SET tc = tc + 2
WHERE stno = '122009'
```

使用 SELECT 语句查询 st_cp 视图的基表 student：

```
USE stsc
SELECT *
FROM student
```

上述语句对基表 student 进行查询，该表已将学号为 122009 的学生的总学分增加了 2 分。

查询结果：

stno	stname	stsex	stbirthday	speciality	tc
121001	李贤友	男	1991 - 12 - 30	通信	52
121002	周映雪	女	1993 - 01 - 12	通信	49

121005	刘刚	男	1992 - 07 - 05	通信	50
122001	郭德强	男	1991 - 10 - 23	计算机	48
122002	谢萱	女	1992 - 09 - 11	计算机	52
122004	孙婷	女	1992 - 02 - 24	计算机	50
122009	董智强	男	1992 - 11 - 23	计算机	52

注意：当视图依赖的基表有多个时，一次修改视图只能修改一个基表的数据。

6.3.4 删除数据

使用 DELETE 语句通过视图向基表删除数据，有关 DELETE 语句的介绍参见第 4 章。

【例 6.8】 删除 st_cp 视图中学号为 122009 的记录。

```
USE stsc
DELETE FROM st_cp
WHERE stno = '122009'
```

使用 SELECT 语句查询 st_cp 视图的基表 student：

```
USE stsc
SELECT *
FROM student
```

上述语句对基表 student 进行查询，该表已删除记录('122009','董智强','男','1992-11-23','计算机',52)。

查询结果：

```
stno    stname  stsex  stbirthday   speciality   tc
------  ------  -----  -----------  ----------  ------
121001  李贤友   男     1991 - 12 - 30  通信         52
121002  周映雪   女     1993 - 01 - 12  通信         49
121005  刘刚     男     1992 - 07 - 05  通信         50
122001  郭德强   男     1991 - 10 - 23  计算机       48
122002  谢萱     女     1992 - 09 - 11  计算机       52
122004  孙婷     女     1992 - 02 - 24  计算机       50
```

注意：当视图依赖的基表有多个时，不能向该视图删除数据。

6.4 修改视图定义和重命名视图

视图定义之后，可以修改视图定义或重命名视图，而无须删除并重新创建视图，有关内容介绍如下。

6.4.1 修改视图定义

使用 T-SQL 的 ALTER VIEW 语句修改视图。

语法格式:

```
ALTER VIEW [ schema_name . ] view_name [ ( column [ ,...n ] ) ]
   [ WITH < view_attribute >[,...n ] ]
   AS select_statement
   [ WITH CHECK OPTION ]
```

其中,view_attribute、select_statement 等参数与 CREATE VIEW 语句中含义相同。

【例 6.9】 将例 6.1 定义的视图 st_comm 进行修改,取消专业为通信的要求。

```
USE stsc
GO
ALTER VIEW st_comm
AS
SELECT student.stno, student.stname, course.cname, score.grade, student.speciality
   FROM student, score, course
   WHERE student.stno = score.stno AND course.cno = score.cno
   WITH CHECK OPTION
GO
```

该语句通过 ALTER VIEW 语句对视图 st_comm 的定义进行修改。

注意:ALTER VIEW 必须是批处理命令的第一条语句。

使用 SELECT 语句对修改后的 st_comm 视图进行查询:

```
USE stsc
SELECT *
FROM st_comm
```

查询结果:

stno	stname	cname	grade	speciality
121001	李贤友	数字电路	92	通信
121001	李贤友	微机原理	91	通信
121001	李贤友	高等数学	94	通信
121002	周映雪	数字电路	72	通信
121002	周映雪	微机原理	65	通信
121002	周映雪	高等数学	73	通信
121005	刘刚	数字电路	87	通信
121005	刘刚	微机原理	85	通信
121005	刘刚	高等数学	82	通信
122001	郭德强	高等数学	NULL	计算机
122002	谢萱	数据库系统	94	计算机
122002	谢萱	高等数学	95	计算机
122004	孙婷	数据库系统	81	计算机
122004	孙婷	高等数学	86	计算机

从查询结果可看出,修改后的 st_comm 视图已取消专业为通信的要求。

6.4.2　重命名视图

在重命名视图时,应考虑以下原则。

· 要重命名的视图必须位于当前数据库中。

- 新名称必须遵守标识符规则。
- 仅可以重命名具有其更改权限的视图。
- 数据库所有者可以更改任何用户视图的名称。

使用系统存储过程 sp_rename 重命名视图。

语法格式：

```
sp_rename [ @objname = ] 'object_name', [ @newname = ] 'new_name'
   [ , [ @objtype = ] 'object_type' ]
```

说明：

- [@objname =] 'object_name'：视图当前名称。
- [@newname =] 'new_name'：视图新名称。
- [@objtype =] 'object_type'：要重命名的对象的类型。

【例 6.10】 将视图 st_view1(已创建)重命名为 st_view2。

```
USE stsc
GO
EXEC sp_rename 'st_view1','st_view2'
GO
```

该语句将视图 st_view1 重命名为 st_view2。

注意：更改对象名的任一部分都可能会破坏脚本和存储过程。

6.5　查看视图信息

查看视图信息包括查看视图怎样从基表中引用、查看视图定义等。使用系统存储过程 sp_helptext 查看视图信息。

语法格式：

```
sp_helptext [ @objname = ] 'name'[ , [ @columnname = ] computed_column_name ]
```

其中，[@objname =] 'name'为对象的名称，将显示该对象的定义信息。

【例 6.11】 查看视图 st_comm 的定义信息。

```
USE stsc
GO
EXEC sp_helptext st_comm
GO
```

6.6　删　除　视　图

使用 T-SQL 的 DROP VIEW 语句删除视图。

语法格式：

```
DROP VIEW [ schema_name . ] view_name [ ...,n ] [ ; ]
```

其中,view_name 是视图名。

使用 DROP VIEW 可删除一个或多个视图。

【例 6.12】 将视图 st_view2 删除。

```
USE stsc
DROP VIEW st_view2
```

6.7 小 结

本章主要介绍了以下内容。

(1) 视图(view)是从一个或多个表或其他视图导出的,用来导出视图的表称为基表,导出的视图称为虚表。在数据库中,只存储视图的定义,不存放视图对应的数据,这些数据仍然存放在原来的基表中。

(2) 创建视图的 T-SQL 语句是 CREATE VIEW。

(3) 查询视图使用 SELECT 语句,使用 SELECT 语句对视图进行查询与使用 SELECT 语句对表进行查询一样。

(4) 更新视图指通过视图进行插入、删除、修改数据。由于视图是不存储数据的虚表,因此对视图的更新最终转换为对基表的更新。使用 INSERT 语句通过视图向基表插入数据,使用 UPDATE 语句通过视图修改基表数据,使用 DELETE 语句通过视图向基表删除数据。

(5) 修改视图的定义可以使用 ALTER VIEW 语句。

(6) 查看视图信息可以通过系统存储过程方式。

(7) 删除视图可以使用 DROP VIEW 语句。

习 题 6

一、选择题

1. 下面关于视图的叙述正确的是_____。

    A. 视图可在数据库中存储数据

    B. 视图的建立会影响基表

    C. 视图的删除会影响基表

    D. 视图既可以通过表得到,也可以通过其他视图得到

2. 以下关于视图的叙述错误的是_____。

    A. 视图可以从一个或多个其他视图中产生

    B. 视图是一种虚表,因此不会影响基表的数据

    C. 视图是从一个或者多个表中使用 SELECT 语句导出的

    D. 视图是查询数据库表中数据的一种方法

3. 在 T-SQL 中,创建一个视图的命令是_____。

    A. DECLARE VIEW   B. CREATE VIEW

    C. SET VIEW   D. ALTER VIEW

4. 在 T-SQL 中,删除一个视图的命令是_____。

    A. DELETE   B. CLEAR   C. DROP   D. REMOVE

二、填空题

1. 视图是从_____导出的。

2. 用来导出视图的表称为基表,导出的视图称为_____。

3. 在数据库中,只存储视图的_____,不存放视图对应的数据。

4. 由于视图是不存储数据的虚表,因此对视图的更新最终转换为对_____的更新。

三、问答题

1. 什么是视图? 使用视图有哪些优点和缺点?

2. 基表和视图的区别和联系是什么?

3. 什么是可更新视图? 可更新视图必须满足哪些条件?

4. 将创建视图的基表从数据库中删除,视图会被删除吗? 为什么?

5. 更改视图名称会导致哪些问题?

四、应用题

1. 创建一个视图 st_co_sr,包含学号、姓名、性别、课程号、课程名、成绩等列,并输出该视图的所有记录。

2. 创建一个视图 st_computer,包含学生姓名、课程名、成绩等列,且专业为计算机,并输出该视图的所有记录。

3. 创建一个视图 st_av,包含学生姓名、平均分等列,并输出该视图的所有记录。

实验 6 视 图

1. 实验目的及要求

(1) 理解视图的概念。

(2) 掌握创建、修改、删除视图的方法,掌握通过视图进行插入、删除、修改数据的方法。

(3) 具备编写和调试创建、修改、删除视图语句和更新视图语句的能力。

2. 验证性实验

对 storeexpm 数据库的员工表 EmplInfo 和部门表 DeptInfo,验证和调试创建、修改、删除视图语句的代码。

(1) 创建视图 vw_EmplInfoDeptInfo,包括员工号、姓名、性别、出生日期、籍贯、工资、部门号、部门名称。

```
USE storeexpm
GO
```

```
CREATE VIEW vw_EmplInfoDeptInfo
AS
SELECT EmplID, EmplName, Sex, Birthday, Native, Wages, a.DeptID, DeptName
    FROM EmplInfo a, DeptInfo b
    WHERE a.DeptID = b.DeptID
    WITH CHECK OPTION
GO
```

（2）查看视图 vw_EmplInfoDeptInfo 的所有记录。

```
USE storeexpm
SELECT *
FROM vw_EmplInfoDeptInfo
```

（3）查看销售部员工的员工号、姓名、性别和工资。

```
USE storeexpm
SELECT EmplID, EmplName, Sex, Wages
FROM vw_EmplInfoDeptInfo
WHERE DeptName = '销售部'
```

（4）更新视图，将 E003 号员工的籍贯改为"上海"。

```
USE storeexpm
UPDATE vw_EmplInfoDeptInfo SET Native = '上海'
WHERE EmplID = 'E003'
```

（5）对视图 vw_EmplInfoDeptInfo 进行修改，指定部门名为销售部。

```
USE storeexpm
GO
ALTER VIEW vw_EmplInfoDeptInfo
AS
SELECT EmplID, EmplName, Sex, Birthday, Native, Wages, a.DeptID, DeptName
    FROM EmplInfo a, DeptInfo b
    WHERE a.DeptID = b.DeptID AND DeptName = '销售部'
    WITH CHECK OPTION
GO
```

（6）删除 vw_EmplInfoDeptInfo 视图。

```
USE storeexpm
DROP VIEW vw_EmplInfoDeptInfo
```

3. 设计性试验

对 storeexpm 数据库的商品表 GoodsInfo 和订单明细表 DetailInfo，设计、编写和调试创建、修改、删除视图语句的代码。

（1）创建视图 vw_GoodsInfoDetailInfo，包括商品号、商品名称、商品类型、库存量、订单号、销售单价、销售数量、总价、折扣率、折扣总价。

（2）查看视图 vw_GoodsInfoDetailInfo 的所有记录。

（3）查看笔记本计算机的订单号、商品名称、库存量、销售单价、销售数量、总价、折扣率、折扣总价。

（4）更新视图，将3001商品的库存量修改为8。

（5）对视图vw_GoodsInfoDetailInfo进行修改，指定商品类型为笔记本计算机。

（6）删除vw_GoodsInfoDetailInfo视图。

4. 观察与思考

（1）在视图中插入的数据能进入基表吗？

（2）修改基表的数据会自动映射到相应的视图中吗？

（3）哪些视图中的数据不可以进行插入、修改、删除操作？

第 7 章　　索　引

本章要点

- 索引的分类。
- 索引的创建。
- 查看和修改索引属性。
- 索引的删除。

数据库中的索引与书中的目录一样,通过它可以快速找到表中的特定行。索引是与表关联的、存储在磁盘上的单独结构,它包含由表中的一列或多列生成的键,以及映射到指定表行的存储位置的指针,这些键存储在一个结构(B 树)中,使 SQL Server 可以快速、有效地查找与键值关联的行。

建立索引的作用如下。

(1) 提高查询速度。

(2) 保证数据记录的唯一性。

(3) 查询优化依靠索引起作用。

(4) 提高 ORDER BY、GROUP BY 的执行速度。

7.1　索引的分类

按照索引的结构将索引分为聚集索引和非聚集索引。按照索引实现的功能将索引分为唯一性索引和非唯一性索引。如果索引是由多列组合创建的,称为复合索引。

1. 聚集索引

在聚集索引中,索引的顺序决定数据表中记录行的顺序,由于数据表中记录行经过排序,因此每个表只能有一个聚集索引。

表列定义了 PRIMARY KEY 约束和 UNIQUE 约束时,会自动创建索引。例如,如果创建了表并将一个特定列标识为主键,则数据库引擎自动对该列创建 PRIMARY KEY 约束和索引。

SQL Server 是按 B 树方式组织聚集索引的。

2. 非聚集索引

在非聚集索引中,索引的结构完全独立于数据行的结构,数据表中记录行的顺序和索引的顺序不相同,索引表仅仅包含指向数据表的指针,这些指针本身是有序的,用于在表中快速定位数据行。一个表可以有多个非聚集索引。

SQL Server 也是按 B 树组织非聚集索引的。

7.2　索引的创建

使用 T-SQL 中的 CREATE INDEX 语句为表创建索引。

语法格式：

```
CREATE [ UNIQUE ]                                    /* 指定索引是否唯一 */
    [ CLUSTERED | NONCLUSTERED ]                     /* 索引的组织方式 */
    INDEX index_name                                 /* 索引名称 */
ON {[ database_name. [ schema_name ] . | schema_name. ] table_or_view_name}
    ( column [ ASC | DESC ] [ ,...n ] )              /* 索引定义的依据 */
[ INCLUDE ( column_name [ ,...n ] ) ]
[ WITH ( <relational_index_option> [ ,...n ] ) ]    /* 索引选项 */
[ ON { partition_scheme_name ( column_name )        /* 指定分区方案 */
        | filegroup_name                             /* 指定索引文件所在的文件组 */
        | default
    }
]
[ FILESTREAM_ON { filestream_filegroup_name | partition_scheme_name | "NULL" } ]
                                                     /* 指定 FILESTREAM 数据的位置 */
[ ; ]
```

说明：

- UNIQUE：表示表或视图创建唯一性索引。
- CLUSTERED | NONCLUSTERED：指定是聚集索引还是非聚集索引。
- index_name：指定索引名称。
- column：指定索引列。
- ASC | DESC：指定是升序还是降序。
- INCLUDE 子句：指定要添加到非聚集索引的叶级别的非键列。
- WITH 子句：指定定义的索引选项。
- ON partition_scheme_name：指定分区方案。
- ON filegroup_name：为指定文件组创建指定索引。
- ON default：为默认文件组创建指定索引。

【例 7.1】　在 stsc 数据库中 student 表的 stbirthday 列，创建一个升序的非聚集索引 idx_stbirthday。

```
USE stsc
CREATE INDEX idx_stbirthday ON student(stbirthday)
```

【例 7.2】 在 stsc 数据库中 score 表的 grade 列,创建一个非聚集索引 idx_grade。

```
USE stsc
CREATE INDEX idx_grade ON score(grade)
```

【例 7.3】 在 stsc 数据库中 score 表的 sno 列和 cno 列,创建一个唯一性聚集索引 idx_sno_cno。

```
USE stsc
CREATE UNIQUE CLUSTERED INDEX idx_sno_cno ON score(stno,cno)
```

说明:如果在创建唯一性聚集索引 idx_sno_cno 前,已创建了主键索引,则创建索引 idx_sno_cno 失败,可在创建新聚集索引前删除现有的聚集索引。

7.3　修改和查看索引属性

下面介绍修改和查看索引属性。

7.3.1　使用 T-SQL 语句修改索引属性

使用 ALTER INDEX 语句修改索引信息。

语法格式:

```
ALTER INDEX { index_name | ALL }
    ON < object >
    { REBUILD
        [ [PARTITION = ALL]
                    [ WITH ( < rebuild_index_option > [ ,...n ] ) ]
        …
    }
```

说明:

* REBUILD:重建索引。
* rebuild_index_option:重建索引选项。

【例 7.4】 修改例 7.2 创建的索引 idx_grade,将填充因子(FILLFACTOR)改为 80。

```
USE stsc
ALTER INDEX idx_grade
    ON score
    REBUILD
        WITH (PAD_INDEX = ON, FILLFACTOR = 80)
GO
```

该语句执行结果将索引 idx_grade 的填充因子修改为 80,如图 7.1 所示。

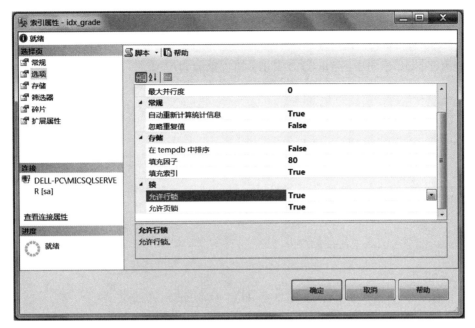

图 7.1 修改索引 idx_grade 的填充因子

7.3.2 使用系统存储过程查看索引属性

使用系统存储过程 sp_helpindex 查看索引信息。

语法格式:

sp_helpindex [@objname =] 'name'

其中, 'name' 为需要查看其索引的表。

【例 7.5】 使用系统存储过程 sp_helpindex 查看 student 表上所建的索引。

```
USE stsc
GO
EXEC sp_helpindex student
GO
```

该语句执行结果如图 7.2 所示。

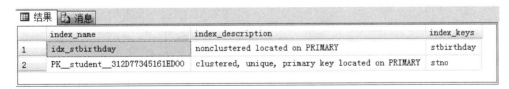

	index_name	index_description	index_keys
1	idx_stbirthday	nonclustered located on PRIMARY	stbirthday
2	PK__student__312D77345161ED00	clustered, unique, primary key located on PRIMARY	stno

图 7.2 查看 student 表上所建的索引

7.4　索引的删除

使用 T-SQL 语句中的 DROP INDEX 语句删除索引。

语法格式：

```
DROP INDEX
{ index_name ON table_or_view_name [ ,...n ]
  | table_or_view_name.index_name [ ,...n ]
}
```

【例 7.6】　删除已建索引 idx_grade。

```
USE stsc
DROP INDEX score.idx_grade
```

7.5　小　　结

本章主要介绍了以下内容。

（1）索引是与表关联的存储在磁盘上的单独结构，它包含由表中的一列或多列生成的键，以及映射到指定表行的存储位置的指针，这些键存储在一个结构（B 树）中，使 SQL Server 可以快速、有效地查找与键值关联的行。

（2）创建索引的语句是 CREATE INDEX。

（3）使用 ALTER INDEX 语句修改索引属性，使用系统存储过程查看索引属性。

（4）使用 DROP INDEX 语句删除索引。

习　题　7

一、选择题

1. 建立索引的作用之一是_____。
   A. 节省存储空间　　　　　　　　B. 便于管理
   C. 提高查询速度　　　　　　　　D. 提高查询和更新的速度
2. 在 T-SQL 中，创建索引的命令是_____。
   A. SET INDEX　　　　　　　　　B. CREATE INDEX
   C. ALTER INDEX　　　　　　　　D. DECLARE INDEX
3. 索引是对数据库表中_____字段的值进行排序。
   A. 一个　　　　B. 多个　　　　C. 一个或多个　　　D. 零个
4. 在 T-SQL 中，删除索引的命令是_____。
   A. DELETE　　　　　　　　　　B. CLEAR
   C. DROP　　　　　　　　　　　D. REMOVE

5. 在 SQL Server 中，设有商品表（商品号，商品名，生产日期，单价，类别）。经常需要执行下列查询：

```
SELECT 商品号,商品名,单价
    FROM 商品表 WHERE 类别 IN ('食品','家电')
    ORDER BY 商品号
```

现需要在商品表上建立合适的索引来提高该查询的执行效率。下列建立索引的语句，最合适的是_____。

  A. CREATE INDEX Idxl ON 商品表（类别）

  B. CREATE INDEX Idxl ON 商品表（商品号，商品名，单价）

  C. CREATE INDEX Idxl ON 商品表（类别，商品号）INCLUDE（商品名，单价）

  D. CREATE INDEX Idxl ON 商品表（商品号）INCLUDE（商品名，单价）
    WHERE 类别＝'食品' OR 类别＝'家电'

二、填空题

1. 在 SQL Server 中，在 t1 表的 c1 列上创建一个唯一聚集索引，请补全下面的语句：

```
CREATE _____ INDEX ixc1 ON t1(c1);
```

2. 建立索引的主要作用是_____。

3. 在 T-SQL 中创建索引的语句是_____。

三、问答题

1. 什么是索引？

2. 建立索引有何作用？

3. 索引分为哪两种？各有什么特点？

4. 如何创建升序索引和降序索引？

四、应用题

1. 写出在 teacher 表上 tno 列建立聚集索引的语句。

2. 写出在 course 表上 credit 列建立非聚集索引的语句，并设置填充因子为 90。

实验 7　索　　引

1. 实验目的及要求

（1）理解索引的概念。

（2）掌握创建索引、查看表上建立的索引、删除索引的方法。

（3）具备编写和调试创建索引语句、查看表上建立的索引语句、删除索引语句的能力。

2. 验证性实验

对 storeexpm 数据库的员工表 EmplInfo，验证和调试创建、查看和删除索引语句的代码。

（1）在 EmplInfo 表的 EmplName 列，创建一个非聚集索引 idx_EmplInfoEmplName。

```
USE storeexpm
CREATE INDEX idx_EmplInfoEmplName ON EmplInfo(EmplName)
```

（2）在 EmplInfo 表的 EmplID 列，创建一个唯一性聚集索引 idx_EmplID（创建前先删除现有的聚集索引）。

```
USE storeexpm
CREATE UNIQUE CLUSTERED INDEX idx_EmplID ON EmplInfo(EmplID)
```

（3）在 EmplInfo 表的 Wages 列（降序）和 EmplName 列（升序），创建一个组合索引 idx_EmplInfoWagesEmplName。

```
USE storeexpm
CREATE INDEX idx_EmplInfoWagesEmplName ON EmplInfo(Wages DESC, EmplName)
```

（4）查看 EmplInfo 表创建的索引。

```
USE storeexpm
GO
EXEC sp_helpindex EmplInfo
GO
```

（5）删除已创建索引 idx_EmplInfoWagesEmplName。

```
USE storeexpm
DROP INDEX EmplInfo.idx_EmplInfoWagesEmplName
```

3. 设计性试验

对 storeexpm 数据库的商品表 GoodsInfo，设计、编写和调试创建、查看和删除索引语句的代码。

（1）在 GoodsInfo 表的 GoodsName 列，创建一个非聚集索引 idx_GoodsInfoGoodsName。

（2）在 GoodsInfo 表的 GoodsID 列，创建一个唯一性聚集索引 idx_GoodsID（创建前先删除现有的聚集索引）。

（3）在 GoodsInfo 表的 UnitPrice 列（降序）和 GoodsName 列（升序），创建一个组合索引 idx_GoodsInfoUnitPriceGoodsName。

（4）查看 GoodsInfo 表创建的索引。

（5）删除已创建的索引 idx_GoodsInfoUnitPriceGoodsName。

4. 观察与思考

（1）索引有何作用？

（2）使用索引有何代价？

（3）数据库中索引被破坏后会产生什么结果？

第8章 数据完整性

本章要点

- 数据完整性概述。
- 实体完整性。
- 参照完整性。
- 域完整性。

数据完整性指数据库中的数据的一致性和准确性,强制数据完整性可保证数据库中数据的质量,本章介绍数据完整性概述、实体完整性、参照完整性、域完整性等内容。

8.1 数据完整性概述

数据完整性一般包括实体完整性、参照完整性、域完整性和用户定义完整性。下面分别进行介绍。

1. 实体完整性

实体完整性要求表中有一个主键,其值不能为空且能唯一地标识对应的记录,又称行完整性。通过 PRIMARY KEY 约束、UNIQUE 约束等实现数据的实体完整性。

例如,对于 stsc 数据库中的 student 表,stno 列作为主键,每一个学生的 stno 列能唯一地标识该学生对应的行记录信息,通过 stno 列建立主键约束实现 student 表的实体完整性。

2. 参照完整性

参照完整性保证主表中的数据与从表中的数据的一致性,又称引用完整性。在 SQL Server 中,通过定义主键(主码)与外键(外码)之间的对应关系实现参照完整性,参照完整性确保键值在所有表中一致。参照完整性通过 PRIMARY KEY 约束、FOREIGN KEY 约束来实现。

3. 域完整性

域完整性指列数据输入的有效性,又称列完整性。通过 CHECK 约束、DEFAULT 约束、NOT NULL 约束等实现域完整性。

CHECK 约束通过显示输入到列中的值来实现域完整性。例如对于 stsc 数据库中的 score 表,grade 规定为 0～100 分,可用 CHECK 约束表示。

4. 用户定义完整性

可以定义不属于其他任何完整性类别的特定业务规则,所有完整性类别都支持用户定义完整性,包括 CREATE TABLE 中所有列级约束和表级约束、规则、默认值、存储过程以及触发器。

实体完整性、参照完整性、域完整性通过约束来实现,其中:

- CHECK 约束,检查约束,用于实现域完整性。
- NOT NULL 约束,非空约束,用于实现域完整性。
- PRIMARY KEY 约束,主键约束,用于实现实体完整性。
- UNIQUE 约束,唯一性约束,用于实现实体完整性。
- FOREIGN KEY 约束,外键约束,用于实现参照完整性。

8.2   实体完整性

实体完整性通过 PRIMARY KEY 约束、UNIQUE 约束等实现。

通过 PRIMARY KEY 约束定义主键,一个表只能有一个 PRIMARY KEY 约束,且 PRIMARY KEY 约束不能取空值。SQL Server 为主键自动创建唯一性索引,实现数据的唯一性。

通过 UNIQUE 约束定义唯一性约束,为了保证一个表非主键列不输入重复值,应在该列定义 UNIQUE 约束。

PRIMARY KEY 约束与 UNIQUE 约束主要区别如下。

- 一个表只能创建一个 PRIMARY KEY 约束,但可创建多个 UNIQUE 约束。
- PRIMARY KEY 约束的列值不允许为 NULL,UNIQUE 约束的列值可取 NULL。
- 创建 PRIMARY KEY 约束时,系统自动创建聚集索引；创建 UNIQUE 约束时,系统自动创建非聚集索引。

PRIMARY KEY 约束与 UNIQUE 约束都不允许对应列存在重复值。

8.2.1   PRIMARY KEY 约束

表的一列或几列组合的值在表中唯一地确定一行记录,这样的一列或多列称为表的主键。通过主键可强制表的实体完整性。表中可以有不止一个键唯一地标识行,每个键都称为候选键,只可以选其中一个候选键作为表的主键,其他候选键称作备用键。

PRIMARY KEY 约束(主键约束)用于实现实体完整性。

通过 PRIMARY KEY 约束定义主键,一个表只能有一个 PRIMARY KEY 约束,且 PRIMARY KEY 约束不能取空值。SQL Server 为主键自动创建唯一性索引,实现数据的唯一性。

如果一个表的主键由单列组成,则该主键约束可定义为该列的列级约束或表级约束。如果主键由两个以上的列组成,则该主键约束必须定义为表级约束。

创建 PMIMARY KEY 约束可以使用 CREATE TABLE 语句或 ALTER TABLE 语句,其方式可为列级完整性约束或表级完整性约束,可对主键约束命名。

1. 在创建表时创建 PRIMARY KEY 约束

（1）定义列级主键约束。

语法格式：

```
[CONSTRAINT constraint_name]
PRIMARY KEY [CLUSTERED|NONCLUSTERED]
```

（2）定义表级主键约束。

语法格式：

```
[CONSTRAINT constraint_name]
PRIMARY KEY [CLUSTERED|NONCLUSTERED]
{ (column_name [,...n ] )}
```

说明：

- PRIMARY KEY：定义主键约束的关键字。
- constraint_name：指定约束的名称。如果不指定，系统会自动生成约束的名称。
- CLUSTERED | NONCLUSTERED：定义约束的索引类型。CLUSTERED 表示聚集索引；NONCLUSTERED 表示非聚集索引。与 CREATE INDEX 语句中的选项相同。

【例 8.1】 在 stsc 数据库中创建 student1 表，以列级完整性约束方式定义主键。

```
USE stsc
CREATE TABLE student1
    (
        stno char(6) NOT NULL PRIMARY KEY,      /* 在列级定义主键约束,未指定约束名称 */
        stname char(8) NOT NULL,
        stsex char(2) NOT NULL,
        stbirthday date NOT NULL,
        speciality char(12) NULL,
        tc int NULL
    )
```

在 stno 列定义的后面加上关键字 PRIMARY KEY，列级定义主键约束，未指定约束名称，系统自动创建约束名称。

【例 8.2】 在 stsc 数据库中创建 student2 表，以表级完整性约束方式定义主键。

```
USE stsc
CREATE TABLE student2
    (
        stno char(6) NOT NULL,
        stname char(8) NOT NULL,
        stsex char(2) NOT NULL,
        stbirthday date NOT NULL,
        speciality char(12) NULL,
        tc int NULL,
```

```
        PRIMARY KEY(stno)      /* 在表级定义主键约束,未指定约束名称 */
    )
```

在表中所有列定义的后面加上一条 PRIMARY KEY(stno, stname)子句,表级定义主键约束,未指定约束名字,系统自动创建约束名字。如果主键由表中一列构成,主键约束采用列级定义或表级定义均可。如果主键由表中多列构成,主键约束必须用表级定义。

【例 8.3】 在 stsc 数据库中创建 student3 表,以表级完整性约束方式定义主键,并指定主键约束名称。

```
USE stsc
CREATE TABLE student3
    (
        stno char(6) NOT NULL,
        stname char(8) NOT NULL,
        stsex char(2) NOT NULL,
        stbirthday date NOT NULL,
        speciality char(12) NULL,
        tc int NULL,
        CONSTRAINT PK_student3 PRIMARY KEY(stno, stname)
        /* 在表级定义主键约束,指定约束名称为 PK_student3 */
    )
```

在表级定义主键约束,指定约束名字为 PK_student3。指定约束名字,在需要对完整性约束进行修改或删除时,引用更为方便。本例主键由 2 列构成,必须用表级定义。

2. 删除 PRIMARY KEY 约束

删除 PRIMARY KEY 约束使用 ALTER TABLE 语句的 DROP 子句。

语法格式:

```
ALTER TABLE table_name
DROP CONSTRAINT constraint_name [,...n]
```

【例 8.4】 删除例 8.3 创建的在 student3 表上的 PRIMARY KEY 约束。

```
USE stsc
ALTER TABLE student3
DROP CONSTRAINT PK_student3
```

3. 在修改表时创建 PRIMARY KEY 约束

修改表时创建 PRIMARY KEY 约束使用 ALTER TABLE 的 ADD 子句。

语法格式:

```
ALTER TABLE table_name
ADD[ CONSTRAINT constraint_name ] PRIMARY KEY
    [ CLUSTERED | NONCLUSTERED]
    ( column [ ,...n ] )
```

【例 8.5】 重新在 student3 表上定义主键约束。

```
USE stsc
ALTER TABLE student3
ADD CONSTRAINT PK_student3 PRIMARY KEY(stno, stname)
```

8.2.2 UNIQUE 约束

UNIQUE 约束(唯一性约束)指定一个或多个列的组合的值具有唯一性,以防止在列中输入重复的值,为表中的一列或者多列提供实体完整性。UNIQUE 约束指定的列可以有空值,但 PRIMARY KEY 约束的列值不允许为空值,故 PRIMARY KEY 约束强度大于 UNIQUE 约束。

通过 UNIQUE 约束定义唯一性约束,为了保证一个表非主键列不输入重复值,应在该列定义 UNIQUE 约束。

PRIMARY KEY 约束与 UNIQUE 约束主要区别如下。

- 一个表只能创建一个 PRIMARY KEY 约束,但可创建多个 UNIQUE 约束。
- PRIMARY KEY 约束的列值不允许为空值,UNIQUE 约束的列值可取空值。
- 创建 PRIMARY KEY 约束时,系统自动创建聚集索引;创建 UNIQUE 约束时,系统自动创建非聚集索引。

PRIMARY KEY 约束与 UNIQUE 约束都不允许对应列存在重复值。

创建唯一性约束可以使用 CREATE TABLE 语句或 ALTER TABLE 语句,其方式可为列级完整性约束或表级完整性约束,可对唯一性约束命名。

1. 在创建表时创建 UNIQUE 约束

定义列级唯一性约束。

语法格式:

```
[CONSTRAINT constraint_name]
UNIQUE [CLUSTERED|NONCLUSTERED]
```

唯一性约束应用于多列时必须定义表级约束。

语法格式:

```
[CONSTRAINT constraint_name]
UNIQUE [CLUSTERED|NONCLUSTERED]
(column_name [,...n ])
```

说明:

- UNIQUE:定义唯一性约束的关键字。
- constraint_name:指定约束的名称。如果不指定,系统会自动生成约束的名称。
- CLUSTERED | NONCLUSTERED:定义约束的索引类型。CLUSTERED 表示聚集索引;NONCLUSTERED 表示非聚集索引。与 CREATE INDEX 语句中的选项相同。

【例 8.6】 在 stsc 数据库中创建 student4 表，以列级完整性约束方式定义唯一性约束。

```
USE stsc
CREATE TABLE student4
    (
        stno char(6) NOT NULL PRIMARY KEY,
        stname char(8) NOT NULL UNIQUE,
        stsex char(2) NOT NULL,
        stbirthday date NOT NULL,
        speciality char(12) NULL,
        tc int NULL
    )
```

在 stname 列定义的后面加上关键字 UNIQUE，列级定义唯一性约束，未指定约束名字，系统自动创建约束名字。

【例 8.7】 在 stsc 数据库中创建 student5 表，以表级完整性约束方式定义唯一性约束。

```
USE stsc
CREATE TABLE student5
    (
        stno char(6) NOT NULL PRIMARY KEY,
        stname char(8) NOT NULL,
        stsex char(2) NOT NULL,
        stbirthday date NOT NULL,
        speciality char(12) NULL,
        tc int NULL
        CONSTRAINT UQ_student5 UNIQUE(stname)
    )
```

在表中所有列定义的后面加上一条 CONSTRAINT 子句，表级定义主键约束，指定约束名字为 UK_student5。

2. 删除 UNIQUE 约束

删除 UNIQUE 约束使用 ALTER TABLE 的 DROP 子句。

语法格式：

```
ALTER TABLE table_name
DROP CONSTRAINT constraint_name [,...n]
```

【例 8.8】 删除例 8.7 在 student5 表创建的唯一性约束。

```
USE stsc
ALTER TABLE student5
DROP CONSTRAINT UQ_student5
```

3. 在修改表时创建 UNIQUE 约束

修改表时创建 UNIQUE 约束。

语法格式：

```
ALTER TABLE table_name
ADD[ CONSTRAINT constraint_name ] UNIQUE
```

```
[ CLUSTERED | NONCLUSTERED]
( column [ ,...n ] )
```

【例 8.9】 重新在 student5 表上定义唯一性约束。

```
USE stsc
ALTER TABLE student5
ADD CONSTRAINT UQ_student5 UNIQUE(stname)
```

8.3 参照完整性

对两个相关联的表(主表与从表)进行数据插入和删除时,通过照完整性来保证它们之间数据的一致性。

使用 PRIMARY KEY 约束或 UNIQUE 约束来定义主表的主键或唯一键,使用 FOREIGN KEY 约束来定义从表的外键,可实现主表与从表之间的参照完整性。

8.3.1 定义表间参照关系的步骤

- 主键:表中能唯一标识每个数据行的一列或多列。
- 外键:一个表中的一列或多列的组合是另一个表的主键。
- 主表:对于两个具有关联关系的表,相关联字段中主键所在的表称为主表。
- 从表:对于两个具有关联关系的表,相关联字段中外键所在的表称为从表。

例如,student 表和 score 表是两个具有关联关系的表,将 student 表作为主表,表中的 stno 列作为主键,score 表作为从表,表中的 stno 列作为外键,从而建立主表与从表之间的联系实现参照完整性,student 表和 score 表的对应关系如表 8.1 和表 8.2 所示。

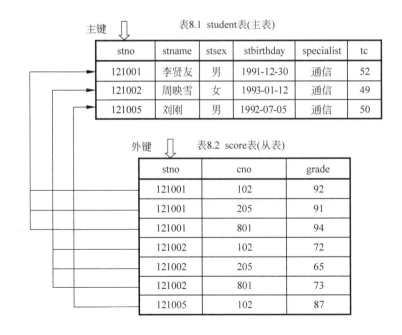

表8.1 student表(主表)

stno	stname	stsex	stbirthday	specialist	tc
121001	李贤友	男	1991-12-30	通信	52
121002	周映雪	女	1993-01-12	通信	49
121005	刘刚	男	1992-07-05	通信	50

表8.2 score表(从表)

stno	cno	grade
121001	102	92
121001	205	91
121001	801	94
121002	102	72
121002	205	65
121002	801	73
121005	102	87

数据完整性

如果定义了两个表之间的参照完整性,则要求:

- 从表不能引用不存在的键值。
- 如果主表中的键值更改了,那么在整个数据库中,对从表中该键值的所有引用要进行一致的更改。
- 如果要删除主表中的某一记录,应先删除从表中与该记录匹配的相关记录。

在 SQL Server 中,主表又称主键表,从表又称外键表。

定义表间参照关系的步骤如下。

(1)定义主键表的主键(或唯一键)。

(2)定义外键表的外键。

8.3.2 FOREIGN KEY 约束

创建外键约束可以使用 CREATE TABLE 语句或 ALTER TABLE 语句,其方式可为列级完整性约束或表级完整性约束,可对外键约束命名。

1. 在创建表时创建外键约束

在创建表时创建外键约束使用 CREATE TABLE 语句。

(1)定义列级外键约束。

语法格式:

```
[CONSTRAINT constraint_name]
[FOREIGN KEY]
REFERENCES ref_table
[ NOT FOR REPLICATION ]
```

(2)定义表级外键约束。

语法格式:

```
[CONSTRAINT constraint_name]
FOREIGN KEY (column_name [,...n ])
REFERENCES ref_table [(ref_column [,...n] )]
[ ON DELETE { CASCADE|NO ACTION } ]
[ ON UPDATE { CASCADE|NO ACTION } ] ]
[ NOT FOR REPLICATION ]
```

说明:

- FOREIGN KEY:定义外键约束的关键字。
- constraint_name:指定约束的名称。如果不指定,系统会自动生成约束的名称。
- ON DELETE { CASCADE|NO ACTION }:指定参照动作采用 DELETE 语句进行删除操作。删除动作如下。

CASCADE:当删除主键表中某行时,外键表中所有相应行自动被删除,即进行级联删除。

NO ACTION:当删除主键表中某行时,删除语句终止,即拒绝执行删除。NO

ACTION 是默认值。

- ON UPDATE｛CASCADE|NO ACTION｝：指定参照动作采用 UPDATE 语句进行更新操作。更新动作如下。

CASCADE：当更新主键表中某行时，外键表中所有相应行自动被更新，即进行级联更新。

NO ACTION：当更新主键表中某行时，更新语句终止，即拒绝执行更新。NO ACTION 是默认值。

【例 8.10】 在 stsc 数据库中创建 score1 表，在 stno 列以列级完整性约束方式定义外键。

```
USE stsc
CREATE TABLE score1
    (
        stno char (6) NOT NULL REFERENCES student1(stno),
        cno char(3) NOT NULL,
        grade int NULL,
        PRIMARY KEY(stno,cno)
    )
```

由于已在 student1 表的 stno 列定义主键，故可在 score1 表的 stno 列定义外键，其值参照被参照表 student1 的 stno 列。列级定义外键约束，未指定约束名字，系统自动创建约束名字。

【例 8.11】 在 stsc 数据库中创建 score2 表，在 stno 列以表级完整性约束方式定义外键，并定义相应的参照动作。

```
USE stsc
CREATE TABLE score2
    (
        stno char (6) NOT NULL,
        cno char(3) NOT NULL,
        grade int NULL,
        PRIMARY KEY(stno,cno),
        CONSTRAINT FK_score2 FOREIGN KEY(stno) REFERENCES student2(stno)
        ON DELETE CASCADE
        ON UPDATE NO ACTION
    )
```

在表级定义外键约束，指定约束名字为 FK_score2。这里定义了两个参照动作，ON DELETE CASCADE 表示当删除学生表中某个学号的记录时，如果成绩表中有该学号的成绩记录，则级联删除该成绩记录。ON UPDATE RESTRICT 表示当某个学号有成绩记录时，不允许修改该学号。

注意：外键只能引用主键或唯一性约束。

2. 删除外键约束

使用 ALTER TABLE 语句的 ADD 子句也可删除外键约束。

语法格式：

```
ALTER TABLE table_name
DROP CONSTRAINT constraint_name [,...n]
```

【例 8.12】 删除例 8.11 在 score2 表上定义的外键约束。

```
USE stsc
ALTER TABLE score2
DROP CONSTRAINT FK_score2
```

3. 在修改表时创建外键约束

使用 ALTER TABLE 语句的 ADD 子句也可定义外键约束。

语法格式：

```
ALTER TABLE table_name
ADD[ CONSTRAINT constraint_name ] FOREIGN KEY
     [ CLUSTERED | NONCLUSTERED]
     ( column [ ,...n ] )
```

【例 8.13】 重新在 score2 表上定义外键约束。

```
USE stsc
ALTER TABLE score2
ADD CONSTRAINT FK_score2 FOREIGN KEY(stno) REFERENCES student2(stno)
```

8.4 域完整性

域完整性通过 CHECK 约束、DEFAULT 约束、NOT NULL 约束等实现。下面介绍通过 CHECK 约束和 DEFAULT 约束实现域完整性。

8.4.1 CHECK 约束

CHECK 约束对输入列或整个表中的值设置检查条件，以限制输入值，保证数据库的数据完整性。下面介绍使用 T-SQL 语句创建 CHECK 约束和删除 CHECK 约束。

1. 在创建表时创建检查约束

在创建表时创建检查约束使用 CHECK 语句。

语法格式：

```
[CONSTRAINT constraint_name]
CHECK [NOT FOR REPLICATION]
(logical_expression)
```

说明：

（1）CONSTRAINT constraint_name：指定约束名。

（2）NOT FOR REPLICATION：指定检查约束在把从其他表中复制的数据插入表

中时不发生作用。

（3）logical_expression：指定检查约束的逻辑表达式。

【例 8.14】 在 stsc 数据库中创建表 score3，在 grade 列以列级完整性约束方式定义检查约束。

```
USE stsc
CREATE TABLE score3
    (
        stno char (6) NOT NULL,
        cno char(3) NOT NULL,
        grade int NULL CHECK(grade > = 0 AND grade < = 100),
        PRIMARY KEY(stno,cno)
    )
```

在 grade 列定义的后面加上关键字 CHECK，约束表达式为 grade >=0 AND grade <= 100，列级定义唯一性约束，未指定约束名字，系统自动创建约束名字。

【例 8.15】 在 stsc 数据库中创建表 score4，在 grade 列以表级完整性约束方式定义检查约束。

```
USE stsc
CREATE TABLE score4
    (
        stno char (6) NOT NULL,
        cno char(3) NOT NULL,
        grade int NULL,
        PRIMARY KEY(stno,cno),
        CONSTRAINT CK_score4 CHECK(grade > = 0 AND grade < = 100)
    )
```

在表中所有列定义的后面加上一条 CONSTRAINT 子句，表级定义检查约束，指定约束名字为 CK_score5。

2. 删除检查约束

使用 ALTER TABLE 语句的 DROP 子句删除 CHECK 约束。

语法格式：

```
ALTER TABLE table_name
DROP CONSTRAINT check_name
```

【例 8.16】 删除例 9.15 在 score4 表上定义的检查约束。

```
USE stsc
ALTER TABLE score4
DROP CONSTRAINT CK_score4
```

3. 在修改表时创建检查约束

使用 ALTER TABLE 的 ADD 子句在修改表时创建 CHECK 约束。

数据完整性

语法格式：

```
ALTER TABLE table_name
  ADD [< column_definition >]
      [CONSTRAINT constraint_name] CHECK (logical_expression)
```

【例 8.17】 重新在 score4 表上定义检查约束。

```
USE stsc
ALTER TABLE score4
ADD CONSTRAINT CK_score4 CHECK(grade > = 0 AND grade < = 100)
```

8.4.2 DEFAULT 约束

DEFAULT 约束通过定义列的默认值或使用数据库的默认值对象绑定表的列，当没有为某列指定数据时，自动指定列的值。

在创建表时，可以创建 DEFAULT 约束作为表定义的一部分。如果某个表已经存在，则可以为其添加 DEFAULT 约束，表中的每一列都可以包含一个 DEFAULT 约束。

默认值可以是常量，也可以是表达式，还可以为空值。

创建表时创建 DEFAULT 约束。

语法格式：

```
[CONSTRAINT constraint_name]
DEFAULT constant_expression [FOR column_name]
```

【例 8.18】 在 stsc 数据库中创建 student6 表时建立 DEFAULT 约束。

```
USE stsc
CREATE TABLE student6
    (
        stno char(6) NOT NULL PRIMARY KEY,
        stname char(8) NOT NULL,
        stsex char(2) NOT NULL DEFAULT '男',      /* 定义 stsex 列 DEFAULT 约束值为'男' */
        stbirthday date NOT NULL,
        speciality char(12) NULL DEFAULT '计算机',
        /* 定义 speciality 列 DEFAULT 约束值为'计算机' */
        tc int NULL
    )
```

该语句执行后，为验证 DEFAULT 约束的作用，向 student6 表插入一条记录（'122007','李茂','1991-08-28',52），未指定 stsex(性别)列、speciality(专业)列。

```
USE stsc
INSERT INTO student6(stno,stname,stbirthday,tc)
VALUES('122007','李茂','1992 - 08 - 28',52)
GO
```

通过以下 SELECT 语句进行查询。

```
USE stsc
SELECT *
FROM student6
GO
```

查询结果：

```
stno      stname    stsex    stbirthday      speciality    tc
------    ------    -----    -----------    ----------    ------
122007    李茂       男       1992-08-28     计算机          52
```

由于已创建 stsex 列 DEFAULT 约束值为'男'、speciality 列 DEFAULT 约束值为'计算机',虽然在插入记录中未指定 stsex 列、speciality 列,但是 SQL Server 自动为上述两列分别插入字符值'男'和'计算机'。

8.5 综 合 训 练

1. 训练要求

(1) 在 test 数据库中建立 3 个表：stu,cou,sco。

(2) 将 stu 表中 sno 修改为主键。

(3) 将 stu 表中的 age 列的值设为 16～25。

(4) 将 stu 表中 sex 列的默认值设为'男'。

(5) 将 sco 表中 sno 设为引用 sco 表中 sno 列的外键。

(6) 将 sco 表中 cno 设为引用 cou 表中 cno 列的外键。

(7) 删除前面所有的限定。

2. 实现的程序代码

根据题目要求,编写 T-SQL 语句如下。

(1) 在 test 数据库中创建 3 个表。

```
USE test
GO
CREATE TABLE stu                   /* 学生表 */
( sno char(5),                     /* 学号 */
  sname char(10),                  /* 姓名 */
  age int,                         /* 年龄 */
  sex char(2)                      /* 性别 */
)
CREATE TABLE cou                   /* 课程表 */
( cno char(5),                     /* 课程号 */
  cname char(10),                  /* 课程名 */
  teacher char(10)                 /* 任课教师 */
)
CREATE TABLE sco                   /* 成绩表 */
( sno char(5),                     /* 学号 */
  cno char(5),                     /* 课程号 */
```

数据完整性

```
    degree int                        /* 分数 */
)
```

(2) 先将 stu 中 sno 改为非空属性,然后将其设为主键。

```
USE test
GO
ALTER TABLE stu
ALTER COLUMN sno char(5) NOT NULL
GO
ALTER TABLE stu
ADD CONSTRAINT sno_pk PRIMARY KEY(sno)
GO
```

(3) 将 stu 表中的 age 列的值设为 16~25。

```
USE test
GO
ALTER TABLE stu
ADD CONSTRAINT age_ck CHECK(age > = 16 AND age < = 25)
GO
```

(4) 将 stu 表中 sex 列的默认值设为'男'。

```
USE test
GO
ALTER TABLE stu
ADD CONSTRAINT sex_df DEFAULT '男' FOR sex
GO
```

(5) 将 sco 表中 sno 设为引用 stu 表中 sno 列的外键。

```
USE test
GO
ALTER TABLE sco
ADD CONSTRAINT sno_fk FOREIGN KEY (sno) REFERENCES stu(sno)
GO
```

(6) 先将 cou 表中 cno 设为主键,然后建立引用关系。

```
USE test
GO
ALTER TABLE cou
ALTER COLUMN cno char(5) NOT NULL
GO
ALTER TABLE cou
ADD CONSTRAINT cno_pk PRIMARY KEY(cno)
GO
ALTER TABLE sco
ADD CONSTRAINT cno_fk FOREIGN KEY (cno) REFERENCES cou(cno)
GO
```

（7）删除前面所有的限定。

```
USE test
GO
ALTER TABLE stu
DROP CONSTRAINT age_ck
GO
ALTER TABLE stu
DROP CONSTRAINT sex_df
GO
ALTER TABLE sco
DROP CONSTRAINT sno_fk
GO
ALTER TABLE stu
DROP CONSTRAINT sno_pk
GO
ALTER TABLE sco
DROP CONSTRAINT cno_fk
GO
ALTER TABLE cou
DROP CONSTRAINT cno_pk
GO
```

8.6 小　　结

本章主要介绍了以下内容。

（1）数据完整性指数据库中的数据的一致性和准确性，强制数据完整性可保证数据库中数据的质量。数据完整性包括域完整性、实体完整性、参照完整性和实现上述完整性的约束，其中：

- CHECK 约束，检查约束，用于实现域完整性。
- NOT NULL 约束，非空约束，用于实现域完整性。
- PRIMARY KEY 约束，主键约束，用于实现实体完整性。
- UNIQUE 约束，唯一性约束，用于实现实体完整性。
- FOREIGN KEY 约束，外键约束，用于实现参照完整性。

（2）实体完整性要求表中有一个主键，其值不能为空且能唯一地标识对应的记录，又称行完整性。通过 PRIMARY KEY 约束、UNIQUE 约束、索引或 IDENTITY 属性等实现数据的实体完整性。可以使用 T-SQL 语句创建与删除 PRIMARY KEY 约束、UNIQUE 约束。

（3）参照完整性保证主表中的数据与从表中数据的一致性，又称引用完整性。在 SQL Server 中，通过定义主键（主码）与外键（外码）之间的对应关系实现参照完整性，参照完整性确保键值在所有表中一致。

外键约束定义了表与表之间的关系，通过定义 FOREIGN KEY 约束来创建外键。可以使用 T-SQL 语句创建与删除 FOREIGN KEY 约束。

（4）域完整性指列数据输入的有效性，又称列完整性。通过 CHECK 约束、DEFAULT 约束、NOT NULL 约束、数据类型和规则等实现域完整性。可以使用 T-SQL 语句创建与删除 CHECK 约束。

习　题　8

一、选择题

1．域完整性通过_____来实现。

    A．PRIMARY KEY 约束　　　　　B．FOREIGN KEY 约束

    C．CHECK 约束　　　　　　　　D．触发器

2．参照完整性通过_____来实现。

    A．PRIMARY KEY 约束　　　　　B．FOREIGN KEY 约束

    C．CHECK 约束　　　　　　　　D．规则

3．限制性别字段中只能输入"男"或"女"，采用的约束是_____。

    A．UNIQUE 约束　　　　　　　　B．PRIMARY KEY 约束

    C．FOREIGN KEY 约束　　　　　D．CHECK 约束

4．关于外键约束的叙述正确的是_____。

    A．需要与另外一个表的主键相关联　　B．自动创建聚集索引

    C．可以参照其他数据库的表　　　　　D．一个表只能有一个外键约束

5．在 SQL Server 中，设某数据库应用系统中有商品类别表（商品类别号，类别名称，类别描述信息）和商品表（商品号，商品类别号，商品名称，生产日期，单价，库存量）。该系统要求增加每种商品在入库时自动检查其类别，禁止未归类商品入库的约束。下列实现此约束的语句中，正确的是_____。

    A．ALTER TABLE 商品类别表 ADD CHECK（商品类别号 IN（SELECT 商品类别号 FROM 商品表））

    B．ALTER TABLE 商品表 ADD CHECK（商品类别号 IN（SELECT 商品类别号 FROM 商品类别表））

    C．ALTER TABLE 商品表 ADD FOREIGN KEY（商品类别号）REFERENCES 商品类别表（商品类别号）

    D．ALTER TABLE 商品类别表 ADD FOREIGN KEY（商品类别号）REFERENCES 商品表（商品类别号）

二、填空题

1．域完整性指_____数据输入的有效性，又称列完整性。

2．实体完整性要求表中有一个主键，其值不能为空且能唯一地标识对应的记录，又称_____。

3．修改某数据库的员工表，增加"性别"列的默认约束，使默认值为'男'，请补全下面的语句。

```
ALTER TABLE 员工表
```

```
ADD CONSTRAINT DF_员工表_性别_____
```

4．修改某数据库的成绩表，增加"成绩"列的检查约束，使成绩限定为 0～100，请补全下面的语句。

```
ALTER TABLE 成绩表
ADD CONSTRAINT CK_成绩表_成绩_____
```

5．修改某数据库的商品表，增加"商品号"的主键约束，请补全下面的语句。

```
ALTER TABLE 商品表
ADD CONSTRAINT PK_商品表_商品号_____
```

6．修改某数据库的订单表，将它的"商品号"列定义为外键，假设引用表为商品表，其"商品号"列已定义为主键，请补全下面的语句。

```
ALTER TABLE 订单表
ADD CONSTRAINT FK_订单表_商品号_____
```

三、问答题

1．什么是主键约束？什么是唯一性约束？两者有什么区别？

2．什么是外键约束？

3．什么是数据完整性？SQL Server 有哪几种数据完整性类型？

4．怎样定义 CHECK 约束和 DEFAULT 约束？

四、应用题

1．删除 student 表的 stno 列的 PRIMARY KEY 约束，然后在该列添加 PRIMARY KEY 约束。

2．在 score 表的 stno 列添加 FOREIGN KEY 约束。

3．在 score 表的 grade 列添加 CHECK 约束，限制 grade 列的值为 0～100。

4．在 student 表的 stsex 列添加 DEFAULT 约束，使 stsex 列的默认值为"男"。

实验 8 数据完整性

1．实验目的及要求

（1）理解数据完整性和实体完整性、参照完整性、用户定义完整性的概念。

（2）掌握通过完整性约束实现数据完整性的方法和操作。

（3）具备编写 PRIMARY KEY 约束、UNIQUE 约束、FOREIGN KEY 约束、CHECK 约束的代码实现数据完整性的能力。

2．验证性实验

对 storeexpm 数据库的员工表 EmplInfo 和部门表 DeptInfo，验证和调试完整性实验的代码。

（1）在 storeexpm 数据库中，创建 DeptInfo1 表，以列级完整性约束方式定义主键。

```
USE storeexpm
```

```
CREATE TABLE DeptInfo1
    (
        DeptID varchar(4) NOT NULL PRIMARY KEY,
        DeptName varchar(20) NOT NULL
    )
```

（2）在 storeexpm 数据库中，创建 DeptInfo2 表，以表级完整性约束方式定义主键，并指定主键约束名称。

```
USE storeexpm
CREATE TABLE DeptInfo2
    (
        DeptID varchar(4) NOT NULL,
        DeptName varchar(20) NOT NULL,
        CONSTRAINT PK_DeptInfo2 PRIMARY KEY(DeptID)
    )
```

（3）删除上例创建的在 DeptInfo2 表上的主键约束。

```
USE storeexpm
ALTER TABLE DeptInfo2
DROP CONSTRAINT PK_DeptInfo2
```

（4）重新在 DeptInfo2 表上定义主键约束。

```
USE storeexpm
ALTER TABLE DeptInfo2
ADD CONSTRAINT PK_DeptInfo2 PRIMARY KEY(DeptID)
```

（5）在 storeexpm 数据库中，创建 DeptInfo3 表，以列级完整性约束方式定义唯一性约束。

```
USE storeexpm
CREATE TABLE DeptInfo3
    (
        DeptID varchar(4) NOT NULL PRIMARY KEY,
        DeptName varchar(20) NOT NULL UNIQUE
    )
```

（6）在 storeexpm 数据库中，创建 DeptInfo4 表，以表级完整性约束方式定义唯一性约束，并指定唯一性约束名称。

```
USE storeexpm
CREATE TABLE DeptInfo4
    (
        DeptID varchar(4) NOT NULL PRIMARY KEY,
        DeptName varchar(20) NOT NULL,
        CONSTRAINT UQ_DeptInfo4 UNIQUE(DeptName)
    )
```

（7）删除（6）中创建的在 DeptInfo4 表上的唯一性约束。

```
USE storeexpm
ALTER TABLE DeptInfo4
DROP CONSTRAINT UQ_DeptInfo4
```

（8）重新在 DeptInfo4 表上定义唯一性约束。

```
USE storeexpm
ALTER TABLE DeptInfo4
ADD CONSTRAINT UQ_DeptInfo4 UNIQUE(DeptName)
```

（9）在 storeexpm 数据库中，创建 EmplInfo1 表，以列级完整性约束方式定义外键。

```
USE storeexpm
CREATE TABLE EmplInfo1
    (
        EmplID varchar(4) NOT NULL PRIMARY KEY,
        EmplName varchar(8) NOT NULL,
        Sex varchar(2) NOT NULL,
        Birthday date NOT NULL,
        Native varchar(20) NULL,
        Wages decimal(8, 2) NOT NULL,
        DeptID varchar(4) NULL REFERENCES DeptInfo1(DeptID)
    )
```

（10）在 storeexpm 数据库中，创建 EmplInfo2 表，以表级完整性约束方式定义外键，指定外键约束名称，并定义相应的参照动作。

```
USE storeexpm
CREATE TABLE EmplInfo2
    (
        EmplID varchar(4) NOT NULL PRIMARY KEY,
        EmplName varchar(8) NOT NULL,
        Sex varchar(2) NOT NULL,
        Birthday date NOT NULL,
        Native varchar(20) NULL,
        Wages decimal(8, 2) NOT NULL,
        DeptID varchar(4) NULL,
        CONSTRAINT FK_EmplInfo2 FOREIGN KEY(DeptID) REFERENCES DeptInfo2(DeptID)
        ON DELETE CASCADE
        ON UPDATE NO ACTION
    )
```

（11）删除（10）中创建的在 EmplInfo2 表上的外键约束。

```
USE storeexpm
ALTER TABLE EmplInfo2
DROP CONSTRAINT FK_EmplInfo2
```

第 8 章

数据完整性

（12）重新在 EmplInfo2 表上定义外键约束。

```
USE storeexpm
ALTER TABLE EmplInfo2
ADD CONSTRAINT FK_EmplInfo2 FOREIGN KEY(DeptID) REFERENCES DeptInfo2(DeptID)
```

（13）在 storeexpm 数据库中，创建 EmplInfo3 表，以列级完整性约束方式定义检查约束。

```
USE storeexpm
CREATE TABLE EmplInfo3
    (
        EmplID varchar(4) NOT NULL PRIMARY KEY,
        EmplName varchar(8) NOT NULL,
        Sex varchar(2) NOT NULL,
        Birthday date NOT NULL,
        Native varchar(20) NULL,
        Wages decimal(8, 2) NOT NULL CHECK(Wages > = 3000),
        DeptID varchar(4) NULL
    )
```

（14）在 storeexpm 数据库中，创建 EmplInfo4 表，以表级完整性约束方式定义，并指定检查约束名称。

```
USE storeexpm
CREATE TABLE EmplInfo4
    (
        EmplID varchar(4) NOT NULL PRIMARY KEY,
        EmplName varchar(8) NOT NULL,
        Sex varchar(2) NOT NULL,
        Birthday date NOT NULL,
        Native varchar(20) NULL,
        Wages decimal(8, 2) NOT NULL,
        DeptID varchar(4) NULL,
        CONSTRAINT CK_EmplInfo4 CHECK(Wages > = 3000)
    )
```

3. 设计性实验

对 storeexpm 数据库的商品表 GoodsInfo、订单明细表 DetailInfo，设计、编写和调试完整性实验的代码。

（1）在 storeexpm 数据库中，创建 GoodsInfo1 表，以列级完整性约束方式定义主键。

（2）在 storeexpm 数据库中，创建 GoodsInfo2 表，以表级完整性约束方式定义主键，并指定主键约束名称。

（3）删除（2）中创建的在 GoodsInfo2 表上的主键约束。

（4）重新在 GoodsInfo2 表上定义主键约束。

（5）在 storeexpm 数据库中，创建 GoodsInfo3 表，以列级完整性约束方式定义唯一性约束。

（6）在 storeexpm 数据库中，创建 GoodsInfo4 表，以表级完整性约束方式定义唯一性约束，并指定唯一性约束名称。

（7）删除（6）中创建的在 GoodsInfo4 表上的唯一性约束。

（8）重新在 GoodsInfo4 表上定义唯一性约束。

（9）在 storeexpm 数据库中，创建 DetailInfo1 表，以列级完整性约束方式定义外键。

（10）在 storeexpm 数据库中，创建 DetailInfo2 表，以表级完整性约束方式定义外键，指定外键约束名称，并定义相应的参照动作。

（11）删除（10）中创建的在 DetailInfo2 表上的外键约束。

（12）重新在 DetailInfo2 表上定义外键约束。

（13）在 storeexpm 数据库中，创建 DetailInfo3 表，以列级完整性约束方式定义检查约束。

（14）在 storeexpm 数据库中，创建 DetailInfo 表，以表级完整性约束方式定义，并指定检查约束名称。

4. 观察与思考

（1）一个表可以设置几个 PRIMARY KEY 约束，几个 UNIQUE 约束？

（2）UNIQUE 约束的列可取空值吗？

（3）如果被参照表无数据，参照表的数据能输入吗？

（4）如果未指定动作，当删除被参照表数据时，如果违反完整性约束，操作能否被禁止？

（5）定义外键时有哪些参照动作？

（6）能否先创建参照表，再创建被参照表？

（7）能否先删除被参照表，再删除参照表？

（8）FOREIGN KEY 约束的设置应注意哪些问题？

数据完整性

第9章 | T-SQL 程序设计

本章要点

- SQL 数据类型。
- 标识符、常量、变量。
- 运算符与表达式。
- 流程控制语句。
- 系统内置函数。
- 用户定义函数。
- 游标。

SQL 是非过程化的查询语言，非过程化既是它的优点，也是它的弱点，即缺少流程控制能力，难以实现应用业务中的逻辑控制。SQL 编程技术可以有效克服 SQL 实现复杂应用方面的不足。

Transact-SQL(T-SQL)是 Microsoft 公司在 SQL Server 数据库管理系统中 ANSI SQL-99 标准的实现，为数据集的处理添加结构，它虽然与高级语言不同，但具有变量、数据类型、运算符和表达式、流程控制、函数、存储过程、触发器等功能，T-SQL 是面向数据编程的最佳选择。本章介绍 T-SQL 在程序设计方面的内容。

9.1 SQL 数据类型

在 SQL Server 中，每个局部变量、列、表达式和参数根据其对应的数据特性，都有各自的数据类型。SQL Server 支持两类数据类型：系统数据类型和用户自定义数据类型。

9.1.1 系统数据类型

系统数据类型又称基本数据类型，包括整数型、精确数值型、浮点型、货币型、位型、字符型、Unicode 字符型、文本型、二进制型、日期时间类型、时间戳型、图像型和其他数据类型等，参见第 4 章。

9.1.2 用户自定义数据类型

在 SQL Server 中，除提供的系统数据类型外，用户还可以自己定义数据类型。用户自定义数据类型根据基本数据类型进行定义，可将一个名称用于一个数据类型，能更好地说明该对象中保存值的类型,方便用户使用。例如,student 表和 score 表都有 stno 列,该列应有相同的类型,即均为字符型值、长度为 6,不允许为空值。为了含义明确、使用方便,由用户定义一个数据类型,命名为 school_student_num,作为 student 表和 score 表的 stno 列的数据类型。

创建用户自定义数据类型应有以下 3 个属性。

- 新数据类型的名称。
- 新数据类型所依据的系统数据类型。
- 为空性(即为 NULL 或 NOT NULL)。

1. 创建用户自定义数据类型

使用 CRETAE TYPE 语句来实现用户数据类型的定义。

语法格式:

```
CREATE TYPE [ schema_name. ] type_name
    FROM base_type [ ( precision [ , scale ] ) ]
    [ NULL | NOT NULL ]
[ ; ]
```

说明:type_name 为指定用户自定义数据类型名称,base_type 为用户自定义数据类型所依据的系统数据类型。

【例 9.1】 使用 CREATE TYPE 命令创建用户自定义数据类型 school_student_num。

```
CREATE TYPE school_student_num
FROM char(4) NOT NULL
```

该语句创建了用户自定义数据类型 school_student_num。

2. 删除用户自定义数据类型

使用 DROP TYPE 语句删除自定义数据类型。

语法格式:

```
DROP TYPE [ schema_name. ] type_name [ ; ]
```

例如,删除前面定义的类型 school_student_num 的语句为

```
DROP TYPE school_student_num
```

3. 使用用户自定义数据类型定义列

采用命令方式,使用用户自定义数据类型 school_student_num 定义 student 表 stno 列的语句如下:

```
USE stsc
CREATE TABLE student (
stno school_student_num NOT NULL PRIMARY KEY,
stname char(8) NOT NULL,
stsex char(2) NOT NULL,
stbirthday date NOT NULL,
```

```
speciality char(12) NULL,
tc int NULL
)
```

该语句创建 student 表，与以前不同的是在定义 stno 列时引用了用户自定义数据类型 school_student_num。

9.1.3 用户自定义表数据类型

SQL Server 提供了一种称为用户自定义表数据类型的新的用户自定义类型，它可以作为参数提供给语句、存储过程或者函数。

创建自定义表数据类型使用 CREATE TYPE 语句。

语法格式：

```
CREATE TYPE [ schema_name. ] type_name
  AS TABLE ( <column_definition>
      [ <table_constraint> ] [ ,...n ] )
[ ; ]
```

说明：<column_definition> 是对列的描述，包含列名、数据类型、为空性、约束等。<table_constraint>定义表的约束。

【例 9.2】 创建用户自定义表数据类型，包含课程表的所有列。

```
USE stsc
CREATE TYPE course_tabletype
AS TABLE
   (
       cno char(3) NOT NULL PRIMARY KEY,
       cname char(16) NOT NULL,
       credit int NULL,
       tno char(6) NULL
     )
```

该语句创建用户自定义表数据类型 course_tabletype，包含课程表的课程号、课程名、学分、教师编号等列及其数据类型、为空性、主键约束等。

9.2 标识符、常量、变量

9.2.1 标识符

标识符用于定义服务器、数据库、数据库对象、变量等的名称，包括常规标识符和分隔标识符两类。

1. 常规标识符

常规标识符就是不需要使用分隔标识符进行分隔的标识符，它以字母、下画线（_）、

@或♯开头,其后可跟一个或若干个 ASCII 字符、Unicode 字符、下画线(_)、美元符号($)、@或♯,但不能全为下画线(_)、@或♯。

2. 分隔标识符

包含在双引号(")或者方括号([ ])内的常规标识符或不符合常规标识符规则的标识符为分隔标识符。

标识符允许的最大长度为 128 个字符,符合常规标识符格式规则的标识符可以分隔也可以不分隔,对不符合标识符规则的标识符必须进行分隔。

9.2.2　常量

常量是在程序运行中其值不能改变的量,又称标量值。常量的使用格式取决于值的数据类型,可分为整型常量、实型常量、字符串常量、日期时间常量、货币常量等。

1. 整型常量

整型常量分为二进制整型常量、十六进制整型常量和十进制整型常量。

1) 十进制整型常量

十进制整型常量是不带小数点的十进制数,例如 58、2491、+ 138 649 427、−3 694 269 714。

2) 二进制整型常量

二进制整型常量是二进制数字串,用数字 0 或 1 组成,例如 101011110,10110111。

3) 十六进制整型常量

十六进制整型常量用前辍 0x 后跟十六进制数字串表示,例如 0x1DA、0xA2F8、0x37DAF93EFA、0x(0x 为空十六进制常量)。

2. 实型常量

实型常量有定点表示和浮点表示两种方式。

定点表示举例如下：24.7、3795.408、+274958149.4876、−5904271059.83。

浮点表示举例如下：0.7E−3、285.7E5、+483E−2、−18E4。

3. 字符串常量

字符串常量有 ASCII 字符串常量和 Unicode 字符串常量。

1) ASCII 字符串常量

ASCII 字符串常量是用单引号括起来,由 ASCII 字符构成的符号串。举例如下：'World'、'How are you!'。

2) Unicode 字符串常量

Unicode 字符串常量与 ASCII 字符串常量相似,不同的是它前面有一个 N 标识符,N 前缀必须大写。举例如下：N 'World'、N 'How are you!'。

4. 日期时间常量

日期时间常量用单引号将表示日期时间的字符串括起来构成。有以下格式的日期和时间。

- 字母日期格式：例如,'June 25，2011'。
- 数字日期格式：例如,'9/25/2012'、'2013-03-11'。

- 未分隔的字符串格式：例如，'20101026'。
- 时间常量：例如，'15:42:47'、'09:38:AM'。
- 日期时间常量：例如，'July 18, 2010 16:27:08'。

5. 货币常量

货币常量是以 $ 作为前缀的一个整型或实型常量数据。例如，$38、$1842906、一 $26.41、+ $27485.13。

9.2.3 变量

变量是在程序运行中其值可以改变的量。一个变量应有一个变量名,变量名必须是一个合法的标识符。

变量分为局部变量和全局变量两类。

1. 局部变量

局部变量由用户定义和使用,局部变量名称前有@符号,局部变量仅在声明它的批处理或过程中有效,当批处理或过程执行结束后则变成无效。

1) 局部变量的定义

使用 DECLARE 语句声明局部变量,所有局部变量在声明后均初始化为 NULL。

语法格式：

```
DECLARE{ @local_variable  data_type [ = value]}[ ,...n]
```

说明：

- local_variable：局部变量名,前面的@表示是局部变量。
- data_type：用于定义局部变量的类型。
- ＝value：为变量赋值。
- n：表示可定义多个变量,各变量间用逗号隔开。

2) 局部变量的赋值

在定义局部变量后,可使用 SET 语句或 SELECT 语句赋值。

(1) 使用 SET 语句赋值。

语法格式：

```
SET  @local_variable = expression
```

其中,@local_variable 是除 cursor、text、ntext、image、table 外的任何类型的变量名,变量名必须以@符号开头。expression 是任何有效的 SQL Server 表达式。

注意：为局部变量赋值,该局部变量必须首先使用 DECLARE 语句定义。

【例 9.3】 创建两个局部变量并赋值,然后输出变量值。

```
DECLARE @var1 char(10),@var2 char(20)
SET @var1 = '曹志'
SET @var2 = '是计算机学院的学生'
SELECT @var1 + @var2
```

该语句定义两个局部变量后采用 SET 语句赋值,将两个变量的字符值连接后输出。

运行结果:

```
------------------------
曹志      是计算机学院的学生
```

【例 9.4】 创建一个局部变量,在 SELECT 语句中使用该变量查找计算机专业学生的学号、姓名、性别。

```
USE stsc
DECLARE @spe char(12)
SET @spe = '计算机'
SELECT stno, stname, stsex FROM student WHERE speciality = @spe
```

该语句采用 SET 语句给局部变量赋值,再将变量值赋给 speciality 列进行查询输出。

运行结果:

```
stno    stname   stsex
-----  --------  -----
122001  郭德强    男
122002  谢萱      女
122004  孙婷      女
```

【例 9.5】 将查询结果赋给局部变量。

```
USE stsc
DECLARE @snm char(8)
SET @snm = (SELECT stname FROM student WHERE stno = '121002')
SELECT @snm
```

该语句定义局部变量后,将查询结果赋给局部变量。

运行结果:

```
--------
周映雪
```

(2) 使用 SELECT 语句赋值。

语法格式:

```
SELECT {@local_variable = expression} [,...n]
```

其中,@local_variable 是除 cursor、text、ntext、image 外的任何类型变量名,变量名必须以@开头。expression 是任何有效的 SQL Server 表达式,包括标量子查询。n 表示可给多个变量赋值。

【例 9.6】 使用 SELECT 语句赋值给变量。

```
USE stsc
DECLARE @no char(6), @name char(10)
```

```
SELECT @no = stno, @name = stname FROM student WHERE speciality = '通信'
PRINT @no + '   ' + @name
```

该语句定义局部变量后,使用 SELECT 语句赋值给变量,采用屏幕输出语句进行输出。

运行结果:

121005　刘刚

说明：PRINT 语句是屏幕输出语句,该语句用于向屏幕输出信息,可输出局部变量、全局变量、表达式的值。

【例 9.7】 使用排序规则在查询语句中为变量赋值。

```
USE stsc
DECLARE @no char(6), @name char(10)
SELECT @no = stno, @name = stname FROM student WHERE speciality = '通信' ORDER BY stno DESC
PRINT @no + '   ' + @name
```

该语句使用排序规则在 SELECT 语句中赋值给变量。

运行结果:

121001　李贤友

【例 9.8】 使用聚合函数语为变量赋值。

```
USE stsc
DECLARE @hg int
SELECT @hg = MAX(grade) FROM score WHERE grade IS NOT NULL
PRINT '最高分'
PRINT @hg
```

该语句使用聚合函数在 SELECT 语句中赋值给变量。

运行结果:

最高分
95

2. 全局变量

全局变量由系统定义,在名称前加@@符号,用于提供当前的系统信息。

T-SQL 全局变量作为函数引用,例如,@@ERROR 返回执行上次执行的 T-SQL 语句的错误编号,@@CONNECTIONS 返回自上次启动 SQL Server 以来连接或试图连接的次数。

9.3　运算符与表达式

运算符是一种符号,用来指定在一个或多个表达式中执行的操作。SQL Server 的运算符有算术运算符、位运算符、比较运算符、逻辑运算符、字符串连接运算符、赋值运算符、一元运算符等。

9.3.1　算术运算符

算术运算符在两个表达式间执行数学运算。这两个表达式可以是任何数字数据类型。

算术运算符有＋(加)、－(减)、*(乘)、/(除)和％(求模)5 种运算。＋(加)和－(减)运算符也可用于对 datetime 及 smalldatetime 值进行算术运算。表达式是由数字、常量、变量和运算符组成的式子,表达式的结果是一个值。

9.3.2　位运算符

位运算符用于对两个表达式进行的位操作。这两个表达式可为整型或与整型兼容的数据类型。位运算符如表 9.1 所示。

表 9.1　位运算符

运　算　符	运 算 名 称	运 算 规 则
&	按位与	两个位均为 1 时,结果为 1,否则为 0
|	按位或	只要一个位为 1,结果为 1,否则为 0
^	按位异或	两个位值不同时,结果为 1,否则为 0

【例 9.9】　对两个变量进行按位运算。

```
DECLARE @a int ,@b int
SET @a = 7
SET @b = 4
SELECT @a&@b AS 'a&b',@a|@b AS 'a|b',@a^@b AS 'a^b'
```

该语句对两个变量分别进行按位与、按位或、按位异或运算。

运行结果:

```
a&b    a|b     a^b
----- ------ -------
4      7       3
```

9.3.3　比较运算符

比较运算符用于测试两个表达式的值是否相同,它的运算结果返回 TRUE、FALSE 或 UNKNOWN 之一。比较运算符如表 9.2 所示。

表 9.2　比较运算符

运 算 符	运 算 名 称	运 算 符	运 算 名 称
=	相等	<=	小于或等于
>	大于	<>、!=	不等于
<	小于	!<	不小于
>=	大于或等于	!>	不大于

【例 9.10】 查询成绩表中成绩在 90 分以上的成绩记录。

```
USE stsc
SELECT * FROM score WHERE grade > = 90
```

该语句在查询语句的 WHERE 条件中采用了比较运算符（大于或等于）。

运行结果：

```
stno     cno    grade
------   ----   -------
121001   205    91
121001   102    92
121001   801    94
122002   203    94
122002   801    95
```

9.3.4 逻辑运算符

逻辑运算符用于对某个条件进行测试，运算结果为 TRUE 或 FALSE。逻辑运算符如表 9.3 所示。

表 9.3 逻辑运算符

运　算　符	运　算　规　则
AND	如果两个操作数值都为 TRUE，则运算结果为 TRUE
OR	如果两个操作数中有一个为 TRUE，则运算结果为 TRUE
NOT	若一个操作数值为 TRUE，则运算结果为 FALSE，否则为 TRUE
ALL	如果每个操作数值都为 TRUE，则运算结果为 TRUE
ANY	在一系列操作数中只要有一个为 TRUE，则运算结果为 TRUE
BETWEEN	如果操作数在指定的范围内，则运算结果为 TRUE
EXISTS	如果子查询包含一些行，则运算结果为 TRUE
IN	如果操作数值等于表达式列表中的一个，则运算结果为 TRUE
LIKE	如果操作数与一种模式相匹配，则运算结果为 TRUE
SOME	如果在一系列操作数中，有些值为 TRUE，则运算结果为 TRUE

使用 LIKE 运算符进行模式匹配时，用到的通配符如表 9.4 所示。

表 9.4 通配符

通　配　符	说　　明
％	代表 0 个或多个字符
_（下画线）	代表单个字符
[ ]	指定范围（如[a-f]、[0-9]）或集合（如[abcdef]）中的任何单个字符
[^]	指定不属于范围（如[^a-f]、[^0-9]）或集合（如[^abcdef]）中的任何单个字符

【例 9.11】 查询出生日期在 1992 年且成绩为 80～95 分的学生情况。

```
USE stsc
SELECT a.stno, a.stname, a.stbirthday, b.cno, b.grade
FROM student a, score b
WHERE a.stno = b.stno AND a.stbirthday like '1992 % ' AND b.grade between 80 and 95
```

该语句在查询语句中采用了 LIKE 运算符进行模式匹配,使用通配符％代表多个字符。

运行结果:

```
stno    tname   stbirthday    cno   grade
------  ------  -----------   ----  ----
121005  刘刚    1992 - 07 - 05  102   87
121005  刘刚    1992 - 07 - 05  205   85
121005  刘刚    1992 - 07 - 05  801   82
122002  谢萱    1992 - 09 - 11  203   94
122002  谢萱    1992 - 09 - 11  801   95
122004  孙婷    1992 - 02 - 24  203   81
122004  孙婷    1992 - 02 - 24  801   86
```

9.3.5 字符串连接运算符

字符串连接运算符通过运算符"＋"实现两个或多个字符串的连接运算。

【例 9.12】 多个字符串连接。

```
SELECT ('ab' + 'cdefg' + 'hijk') AS '字符串连接'
```

该语句进行了多个字符串连接。

运行结果:

```
字符串连接
---------
abcdefghijk
```

9.3.6 赋值运算符

在给局部变量赋值的 SET 和 SELECT 语句中使用的"＝"运算符,称为赋值运算符。

赋值运算符用于将表达式的值赋予另外一个变量,也可以使用赋值运算符在列标题和为列定义值的表达式之间建立关系,参见 6.2.3 节中局部变量赋值部分。

9.3.7 一元运算符

一元运算符指只有一个操作数的运送符,包含＋(正)、－(负)和～(按位取反)。按位取反运算符的使用举例如下:设 a 的值为 9(1001),则～a 的值为 6(0110)。

9.3.8 运算符优先级

当一个复杂的表达式有多个运算符时,运算符优先级决定执行运算的先后次序,执行的顺序会影响所得到的运算结果。

运算符优先级如表 9.5 所示。在一个表达式中按先高（优先级数字小）后低（优先级数字大）的顺序进行运算。

表 9.5　运算符优先级

运　算　符	优　先　级
＋（正）、－（负）、～（按位取反）	1
＊（乘）、／（除）、％（模）	2
＋（加）、＋（串联）、－（减）	3
＝、＞、＜、＞＝、＜＝、＜＞、！＝、！＞、！＜	4
＾（位异或）、&（位与）、｜（位或）	5
NOT	6
AND	7
ALL、ANY、BETWEEN、IN、LIKE、OR、SOME	8
＝（赋值）	9

9.4　流程控制语句

流程控制语句是用来控制程序执行流程的语句。通过对程序流程的组织和控制，可以提高编程语言的处理能力，满足程序设计的需要。SQL Server 提供的流程控制语句如表 9.6 所示。

表 9.6　SQL Server 流程控制语句

流程控制语句	说　　明
BEGIN…END	语句块
IF…ELSE	条件语句
GOTO	无条件转移语句
WHILE	循环语句
CONTINUE	用于重新开始下一次循环
BREAK	用于退出最内层的循环
RETURN	无条件返回
WAITFOR	为语句的执行设置延迟

9.4.1　BEGIN…END 语句

BEGIN…END 语句将多条 T-SQL 语句定义为一个语句块，在执行时，该语句块作为一个整体来执行。

语法格式：

```
BEGIN
  { sql_statement | statement_block }
END
```

其中,关键字 BEGIN 指示 T-SQL 语句块开始,END 指示语句块的结束。sql_statement 是语句块中的 T-SQL 语句,BEGIN…END 语句可以嵌套使用,statement_block 表示使用 BEGIN…END 语句定义的另一个语句块。

说明:经常用到 BEGIN…END 语句块的语句和函数有 WHILE 循环语句、IF…ELSE 语句、CASE 函数。

【**例 9.13**】 BEGIN…END 语句示例。

```
BEGIN
    DECLARE @me char(20)
    SET @me = '移动电子商务'
    BEGIN
        PRINT '变量@me 的值为:'
        PRINT @me
    END
END
```

该语句实现了 BEGIN…END 语句的嵌套,外层 BEGIN…END 语句用于局部变量的定义和赋值,内层 BEGIN…END 语句用于屏幕输出。

运行结果:

```
变量@me 的值为:
移动电子商务
```

9.4.2 IF…ELSE 语句

使用 IF…ELSE 语句时,需要对给定条件进行判定,当条件为真或假时分别执行不同的 T-SQL 语句或语句序列。

语法格式:

```
IF Boolean_expression              /*条件表达式*/
{ sql_statement | statement_block }   /*条件表达式为真时执行*/
[ ELSE
{ sql_statement | statement_block } ]  /*条件表达式为假时执行*/
```

IF…ELSE 语句分为带 ELSE 部分和不带 ELSE 部分两种形式。

(1) 带 ELSE 部分。

```
IF 条件表达式
  A                                /* T-SQL 语句或语句块*/
ELSE
  B                                /* T-SQL 语句或语句块*/
```

当条件表达式的值为真时执行 A,然后执行 IF 语句的下一条语句;当条件表达式的值为假时执行 B,然后执行 IF 语句的下一条语句。

（2）不带 ELSE 部分。

```
IF 条件表达式
    A                                           / * T‑SQL 语句或语句块 * /
```

当条件表达式的值为真时执行 A，然后执行 IF 语句的下一条语句；当条件表达式的值为假时直接执行 IF 语句的下一条语句。

在 IF 和 ELSE 后面的子句都允许嵌套，嵌套层数没有限制。

IF…ELSE 语句的执行流程如图 9.1 所示。

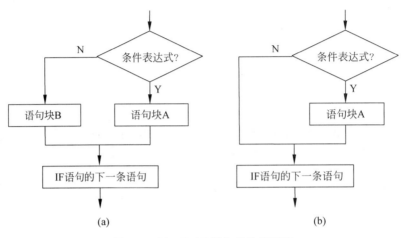

图 9.1 IF…ELSE 语句的执行流程

【例 9.14】 IF…ELSE 语句示例。

```
USE stsc
GO
IF (SELECT AVG(grade) FROM score WHERE cno = '102')> 80
    BEGIN
        PRINT '课程:102'
        PRINT '平均成绩良好'
    END
ELSE
    BEGIN
        PRINT '课程:102'
        PRINT '平均成绩一般'
    END
```

该语句采用了 IF…ELSE 语句，在 IF 和 ELSE 后面分别使用了 BEGIN…END 语句块。

运行结果：

```
课程:102
平均成绩良好
```

9.4.3　WHILE、BREAK 和 CONTINUE 语句

1. WHILE 循环语句

程序中的一部分语句需要重复执行时，可以使用 WHILE 循环语句来实现。

语法格式：

```
WHILE Boolean_expression                /* 条件表达式 */
{ sql_statement | statement_block }     /* T-SQL 语句序列构成的循环体 */
```

WHILE 循环语句的执行流程如图 9.2 所示。

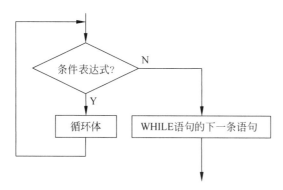

图 9.2　WHILE 语句的执行流程

从 WHILE 语句的执行流程可看出其使用形式如下：

```
WHILE 条件表达式
    循环体                              /* T-SQL 语句或语句块 */
```

首先进行条件判断，当条件表达式值为真时，执行循环体的中的 T-SQL 语句或语句块；然后再进行条件判断，当条件表达式值为真时，重复执行上述操作；直至条件表达式值为假，退出循环体，执行 WHILE 语句的下一条语句。

在循环体中，可进行 WHILE 语句的嵌套。

【例 9.15】　显示字符串"Work"中每个字符的 ASCII 值和字符。

```
DECLARE @pn int, @sg char(8)
SET @pn = 1
SET @sg = 'Work'
WHILE @pn <= LEN(@sg)
    BEGIN
        SELECT ASCII(SUBSTRING(@sg, @pn, 1)), CHAR(ASCII(SUBSTRING(@sg, @pn, 1)))
        SET @pn = @pn + 1
    END
```

该语句采用了 WHILE 循环语句，循环条件为小于或等于字符串"Work"的长度值，在循环体中使用了 BEGIN…END 语句块，执行结果如图 9.3 所示。

T-SQL 程序设计

	(无列名)	(无列名)
1	87	W

	(无列名)	(无列名)
1	111	o

	(无列名)	(无列名)
1	114	r

	(无列名)	(无列名)
1	107	k

图 9.3　WHILE 循环语句执行结果

2. BREAK 语句

语法格式：

```
BREAK
```

在循环体中 BREAK 语句中用于退出本层循环，当循环体中有多层循环嵌套时，使用 BREAK 语句只能退出其所在的本层循环。

3. CONTINUE 语句

语法格式：

```
CONTINUE
```

在循环体中 CONTINUE 语句用于结束本次循环，重新转入循环开始条件的判断。

9.4.4　GOTO 语句

GOTO 语句用于实现无条件的跳转，将执行流程转移到标号指定的位置。

语法格式：

```
GOTO label
```

其中，label 是要跳转的语句标号，标号必须符合标识符规则。

标号的定义形式为

```
label : 语句
```

【例 9.16】　计算自然数 1 到 100 的和。

```
DECLARE @nm int, @i int
SET @i = 0
SET @nm = 0
lp:
    SET @nm = @nm + @i
    SET @i = @i + 1
    IF @i <= 100
        GOTO lp
```

```
PRINT '1 + 2 + … + 100 = ' + CAST (@nm AS char(10))
```

该语句采用了 GOTO 语句。

运行结果：

```
1 + 2 + … + 100 = 5050
```

9.4.5　RETURN 语句

RETURN 语句用于从查询语句块、存储过程或者批处理中无条件退出,位于 RETURN 之后的语句将不被执行。

语法格式：

```
RETURN [ integer_expression ]
```

其中,integer_expression 为整型表达式。

【例 9.17】 判断是否存在学号为 121002 的学生,如果存在则返回,若不存在则插入学号为 121002 的学生信息。

```
USE stsc
IF EXISTS(SELECT * FROM student WHERE stno = '121002')
    RETURN
ELSE
    INSERT INTO student VALUES('121002', '周映雪', '女', '1993 - 01 - 12', '通信', 49)
```

当查询结果满足判断条件(存在有关学生记录)时,通过 RETURN 语句返回,否则插入该学生的记录。

9.4.6　WAITFOR 语句

WAITFOR 语句指定语句块、存储过程或事务执行的时刻,或需等待的时间间隔。

语法格式：

```
WAITFOR { DELAY 'time' | TIME 'time' }
```

其中,DELAY 'time' 用于指定 SQL Server 必须等待的时间,TIME 'time' 用于指定 SQL Server 等待到某一时刻。

【例 9.18】 设定在早上八点半执行查询语句。

```
USE stsc
BEGIN
    WAITFOR TIME '8:30'
    SELECT * FROM student
END
```

上述采用 WAITFOR 语句,用于指定 SQL Server 等待执行的时刻为 8:30。

9.4.7 TRY…CATCH 语句

TRY…CATCH 语句用于对 T-SQL 中的错误进行处理。

语法格式：

```
BEGIN TRY
    { sql_statement | statement_block }
END TRY
BEGIN CATCH
    [ { sql_statement | statement_block } ]
END CATCH
[ ; ]
```

9.5 系统内置函数

T-SQL 提供 3 种系统内置函数：标量函数、聚合函数、行集函数，所有函数都是确定性的或非确定性的。例如，DATEADD 内置函数是确定性函数，因为对于其任何给定参数总是返回相同的结果；GETDATE 是非确定性函数，因其每次执行后，返回结果都不同。

标量函数的输入参数和返回值的类型均为基本类型。SQL Server 包含的标量函数如下：

- 数学函数；
- 字符串函数；
- 日期时间函数；
- 系统函数；
- 配置函数；
- 系统统计函数；
- 游标函数；
- 文本和图像函数；
- 元数据函数；
- 安全函数。

下面介绍常用的标量函数。

1. 数学函数

数学函数用于对数值表达式进行数学运算并返回运算结果。常用的数学函数如表 9.7 所示。

表 9.7 数学函数表

函　　数	描　　述
ABS	返回数值表达式的绝对值
EXP	返回指定表达式以 e 为底的指数
CEILING	返回大于或等于数值表达式的最小整数

函　　数	描　　述
FLOOR	返回小于或等于数值表达式的最大整数
LN	返回数值表达式的自然对数
LOG	返回数值表达式以 10 为底的对
POWER	返回对数值表达式进行幂运算的结果
RAND	返回 0~1 的一个随机数
ROUND	返回舍入到指定长度或精度的数值表达式
SIGN	返回数值表达式的正号(＋)、负号(－)或零(0)
SQUARE	返回数值表达式的平方
SQRT	返回数值表达式的算术平方根

下面举例说明数学函数的使用。

1）ABS 函数

ABS 函数用于返回数值表达式的绝对值。

语法格式：

```
ABS ( numeric_expression )
```

其中，参数 numeric_expression 为数值表达式，返回值类型与 numeric_expression 相同。

【例 9.19】 ABS 函数对不同数字的处理结果。

```
SELECT ABS( - 4.7), ABS(0.0), ABS( + 9.2)
```

该语句采用了 ABS 函数分别求负数、零和正数的绝对值。

运行结果：

```
----------------- ----------------- -------------
4.7               0.0               9.2
```

2）RAND 函数

RAND 函数用于返回 0~1 的一个随机数。

语法格式：

```
RAND ([ seed ] )
```

其中，参数 seed 是指定种子值的整型表达式，返回值类型为 float。如果未指定种子值，则随机分配种子值；当指定种子值时，返回的结果相同。

【例 9.20】 通过 RAND 函数产生随机数。

```
DECLARE @count int
SET @count = 6
SELECT RAND(@count) AS Random_Number
```

该语句采用了 RAND 函数产生随机数。

169

第 9 章

T-SQL 程序设计

运行结果：

```
Random_Number
---------------
0.713685158069215
```

2. 字符串函数

字符串函数用于对字符串、二进制数据和表达式进行处理。常用的字符串函数如表 9.8 所示。

表 9.8　常用的字符串函数

函　　数	描　　述
ASCII	ASCII 函数，返回字符表达式中最左侧的字符的 ASCII 代码值
CHAR	ASCII 代码转换函数，返回指定 ASCII 代码的字符
CHARINDEX	返回指定模式的起始位置
LEFT	左子串函数，返回字符串中从左边开始指定个数的字符
LEN	字符串函数，返回指定字符串表达式的字符（而不是字节）数，其中不包含尾随空格
LOWER	小写字母函数，将大写字符数据转换为小写字符数据后返回字符表达式
LTRIM	删除前导空格字符串，返回删除了前导空格之后的字符表达式
REPLACE	替换函数，用第三个表达式替换第一个字符串表达式中出现的所有第二个指定字符串表达式的匹配项
REPLICATE	复制函数，以指定的次数重复字符表达式
RIGHT	右子串函数，返回字符串中从右边开始指定个数的字符
RTRIM	删除尾随空格函数，删除所有尾随空格后返回一个字符串
SPACE	空格函数，返回由重复的空格组成的字符串
STR	数字向字符转换函数，返回由数字数据转换来的字符数据
SUBSTRING	子串函数，返回字符表达式、二进制表达式、文本表达式或图像表达式的一部分
UPPER	大写函数，返回小写字符数据转换为大写的字符表达式

1) LEFT 函数

LEFT 函数用于返回字符串中从左边开始指定个数的字符。

语法格式：

```
LEFT ( character_expression, integer_expression )
```

其中，参数 character_expression 为字符型表达式；integer_expression 为整型表达式，返回值为 varchar 型。

【例 9.21】　返回学院名最左边的 2 个字符。

```
USE stsc
SELECT DISTINCT LEFT(school,2) FROM teacher
```

该语句采用了 LEFT 函数求学院名最左边的 2 个字符。

运行结果:

```
-----
计算
数学
通信
```

2）LTRIM 函数

LTRIM 函数用于删除字符串中的前导空格,并返回字符串。

语法格式:

```
LTRIM ( character_expression )
```

其中,参数 character_expression 为字符型表达式,返回值类型为 varchar。

【例 9.22】 使用 LTRIM 函数删除字符串中的起始空格。

```
DECLARE @string varchar(30)
SET @string = '    大规模集成电路'
SELECT LTRIM(@string)
```

该语句采用了 LTRIM 函数删除字符串中的前导空格并返回字符串。

运行结果:

```
------------------
大规模集成电路
```

3）REPLACE 函数

REPLACE 函数用第 3 个字符串表达式替换第 1 个字符串表达式中包含的第 2 个字符串表达式,并返回替换后的表达式。

语法格式:

```
REPLACE (string_expression1,string_expression2,string_expression3)
```

其中,参数 string_expression1、string_expression2 和 string_expression3 均为字符串表达式,返回值为字符型。

【例 9.23】 用 REPLACE 函数实现字符串的替换。

```
DECLARE @str1 char(16),@str2 char(4),@str3 char(16)
SET @str1 = '电子商务系统'
SET @str2 = '系统'
SET @str3 = '概论'
SET @str3 = REPLACE (@str1, @str2, @str3)
SELECT @str3
```

该语句采用了 REPLACE 函数实现字符串的替换。

运行结果:

```
-----------
电子商务概论
```

4）SUBSTRING 函数

SUBSTRING 函数用于返回表达式中指定的部分数据。

语法格式：

```
SUBSTRING ( expression , start , length )
```

其中，参数 expression 可为字符串、二进制串、text、image 字段或表达式；start、length 均为整型，start 指定子串的开始位置，length 指定子串的长度（要返回的字节数）。

【例 9.24】 在一列中返回学生表中的姓，在另一列中返回表中学生的名。

```
USE stsc
SELECT SUBSTRING(stname, 1,1), SUBSTRING(stname, 2, LEN(stname) − 1)
FROM student
ORDER BY stno
```

该语句采用 SUBSTRING 函数分别求"姓名"字符串中的子串"姓"和子串"名"。

运行结果：

```
---- -----
李     贤友
周     映雪
刘     刚
郭     德强
谢     萱
孙     婷
```

5）CHARINDEX 函数

CHARINDEX 函数用于在表达式 2 中搜索表达式 1 并返回其起始位置（如果找到）。

语法格式：

```
CHARINDEX ( expression1 ,expression2 [ , start_location ] )
```

其中，expression1 为包含要查找的序列的字符表达式；expression2 为要搜索的字符表达式；start_location 表示搜索起始位置的整数或 bigint 表达式。

【例 9.25】 查询学生姓名中是否含有"郭"。

```
USE stsc
SELECT * FROM student WHERE CHARINDEX('郭',stname)> 0
```

该语句采用了 CHARINDEX 函数求"姓名"字符串中是否含有指定字符。

运行结果：

```
stno     stname   stsex   stbirthday   speciality   tc
------   ------   -----   ----------   ---------   ------
122001   郭德强    男      1991 − 10 − 23   计算机        48
```

3. 日期时间函数

日期时间函数用于对日期和时间数据进行各种不同的处理和运算，返回日期和时间值、字符串和数值等。常用的日期时间函数如表 9.9 所示。

表 9.9　常用的日期时间函数

函　　数	描　　述
DATEADD	返回给指定日期加上一个时间间隔后的新 datetime 值
DATEDIFF	返回跨两个指定日期的日期边界数和时间边界数
DATENAME	返回表示指定日期的指定日期部分的字符串
DATEPART	返回表示指定日期的指定日期部分的整数
DAY	返回一个整数，表示指定日期的天 datepart 部分
GETDATE	以 datetime 值的 SQL Server 标准内部格式返回当前系统日期和时间
GETUTCDATE	返回表示当前的 UTC 时间(通用协调时间或格林尼治标准时间)的 datetime 值。当前的 UTC 时间来自当前的本地时间和运行 Microsoft SQL Server 实例的计算机操作系统中的时区设置
MONTH	返回表示指定日期的"月"部分的整数
YEAR	返回表示指定日期的年份的整数

在表 9.9 中，有关 datepart 的取值如表 9.10 所示。

表 9.10　datepart 的取值

datepart 取值	缩 写 形 式	函数返回的值	datepart 取值	缩 写 形 式	函数返回的值
Year	yy，yyyy	年份	Week	wk，ww	第几周
Quarter	qq，q	季度	Hour	hh	小时
Month	mm，m	月	Minute	mi，n	分钟
Dayofyear	dy，y	一年的第几天	Second	ss，s	秒
Day	dd，d	日	Millisecond	ms	毫秒

【例 9.26】 求 2021 年 6 月 1 日前后 100 天的日期。

```
DECLARE @curdt datetime,@ntdt datetime
SET @curdt = '2021 - 6 - 1'
SET @ntdt = DATEADD(Dd,100,@curdt)
PRINT @ntdt
SET @ntdt = DATEADD(Dd, - 100,@curdt)
PRINT @ntdt
```

该语句采用 DATEADD 函数分别求指定日期加上时间间隔和负的时间间隔后的新 datetime 值。

运行结果：

```
09   9 2021 12:00AM
02 21 2021 12:00AM
```

【例 9.27】 依据教师出生时间计算年龄。

```
USE stsc
```

```
SET NOCOUNT ON
DECLARE @startdt datetime
SET @startdt = getdate()
SELECT tname AS 姓名, DATEDIFF(yy, tbirthday, @startdt ) AS 年龄 FROM teacher
```

该语句通过 GETDATE 函数获取当前系统日期和时间,采用 DATEDIFF 函数由出生时间计算年龄。

运行结果:

姓名	年龄
刘林卓	59
周学莉	44
吴波	43
王冬琴	53
李伟	46

4. 系统函数

系统函数用于返回有关 SQL Server 系统、数据库、数据库对象和用户的信息。

1) COL_NAME 函数

COL_NAME 函数根据指定的表标识号和列标识号返回列的名称。

语法格式:

```
COL_NAME ( table_id , column_id )
```

其中,table_id 为包含列的表的标识号;column_id 为列的标识号。

【例 9.28】 输出 student 表所有列的列名。

```
USE stsc
DECLARE @i int
SET @i = 1
WHILE @i <= 6
    BEGIN
        PRINT COL_NAME(OBJECT_ID('student'),@i)
        SET @i = @i + 1
    END
```

该语句通过 COL_NAME 函数根据 student 表标识号和列标识号返回所有列名。

运行结果:

```
stno
stname
stsex
stbirthday
speciality
tc
```

2）CONVERT 函数

CONVERT 函数将一种数据类型的表达式转换为另一种数据类型的表达式。

语法格式：

```
CONVERT (data_type[(length)], expression [, style])
```

其中，data_type 为目标数据类型；length 为指定目标数据类型长度的可选整数；expression 为表达式；style 指定 Date 和 Time 样式。例如，style 为 101 表示美国标准日期格式：mm/dd/yyyy，style 为 102 表示 ANSI 日期格式：yy.mm.dd。

【例 9.29】 输出 student 表所有列的列名并将出生日期转换为 ANSI 格式。

```
USE stsc
SELECT stno AS 学号, stname AS 姓名, stsex AS 性别, CONVERT(char, stbirthday, 102) AS 出生
日期
FROM student
```

该语句通过 CONVERT 函数将出生日期转换为 ANSI 格式。

运行结果：

```
学号       姓名    性别    出生日期
------   -----   -----   ------------
121001   李贤友   男      1991.12.30
121002   周映雪   女      1993.01.12
121005   刘刚     男      1992.07.05
122001   郭德强   男      1991.10.23
122002   谢萱     女      1992.09.11
122004   孙婷     女      1992.02.24
```

3）CAST 函数

CAST 函数将一种数据类型的表达式转换为另一种数据类型的表达式。

语法格式：

```
CAST ( expression AS data_type [ (length ) ])
```

其中，expression 为表达式；data_type 为目标数据类型；length 为指定目标数据类型长度的可选整数。

【例 9.30】 求 2021 年 1 月 1 日后 200 天的日期。

```
SELECT CAST('2021 - 1 - 1' AS smalldatetime) + 200 AS '2021.1.1 加上 200 天的日期'
```

该语句通过 CAST 函数将指定日期转换为 smalldatetime 类型的"日期"加上 200 天的"日期"。

运行结果：

```
2021.1.1 加上 200 天的日期
-------------------------
2021 - 07 - 20 00:00:00
```

T-SQL 程序设计

4）CASE 函数

CASE 函数用于计算条件列表并返回多个可能结果表达式之一。它有两种使用形式：一种是简单 CASE 函数；另一种是搜索型 CASE 函数。

（1）简单 CASE 函数。

简单 CASE 函数将某个表达式与一组简单表达式进行比较以确定结果。

语法格式：

```
CASE input_expression
    WHEN when_expression THEN result_expression [...n ]
    [ ELSE else_result_expression]
END
```

其功能为：计算 input_expression 表达式之值，并与每一个 when_expression 表达式的值比较。若相等，则返回对应的 result_expression 表达式之值；否则返回 else_result_expression 表达式的值。

（2）搜索型 CASE 函数。

搜索型 CASE 函数计算一组布尔表达式以确定结果。

语法格式：

```
CASE
    WHEN Boolean_expression THEN result_expression [...n ]
    [ ELSE else_result_expression]
END
```

其功能为：按指定顺序为每个 WHEN 子句的 Boolean_expression 表达式求值，返回第一个取值为 TRUE 的 Boolean_expression 表达式对应的 result_expression 表达式之值；如果没有取值为 TRUE 的 Boolean_expression 表达式，则当指定 ELSE 子句时，返回 else_result_expression 之值；若没有指定 ELSE 子句，则返回 NULL。

【例 9.31】 使用 CASE 函数，将教师职称转换为职称类型。

```
USE stsc
SELECT tname AS '姓名', tsex AS '性别',
    CASE title
        WHEN '教授' THEN '高级职称'
        WHEN '副教授' THEN '高级职称'
        WHEN '讲师' THEN '中级职称'
        WHEN '助教' THEN '初级职称'
    END AS '职称类型'
FROM teacher
```

该语句通过简单 CASE 函数将教师职称转换为职称类型。

运行结果：

```
姓名      性别      职称类型
------ ------ ----------
刘林卓   男       高级职称
```

周学莉	女	中级职称
刘倩	女	高级职称
吴波	男	高级职称
王冬琴	女	高级职称
李伟	男	高级职称

【例 9.32】 使用 CASE 函数,将学生成绩转换为成绩等级。

```
USE stsc
SELECT stno AS '学号', cno AS '课程号', level =
    CASE
        WHEN grade > = 90 THEN 'A'
        WHEN grade > = 80 THEN 'B'
        WHEN grade > = 70 THEN 'C'
        WHEN grade > = 60 THEN 'D'
        WHEN grade < 60 THEN 'E'
    END
FROM score
WHERE cno = '801' AND grade IS NOT NULL
ORDER BY stno
```

该语句通过搜索型 CASE 函数将学生成绩转换为成绩等级。

运行结果:

```
学号     课程号  level
------ ------ ---------
121001  801    A
121002  801    C
121005  801    B
122002  801    A
122004  801    B
```

9.6　用户定义函数

用户定义函数是用户根据自己需要定义的函数,其有以下优点。

- 允许模块化程序设计。
- 执行速度更快。
- 减少网络流量。

用户定义函数分为两类:标量函数和表值函数。

(1) 标量函数:返回值为标量值,即返回一个单个数据值。

(2) 表值函数:返回值为表值,返回值不是单一的数据值,而是由一个表值代表的记录集,即返回 table 数据类型。

表值函数分为以下两种。

内联表值函数:RETURN 子句中包含单个 SELECT 语句。

T-SQL 程序设计

多语句表值函数：在 BEGIN…END 语句块中包含多个 SELECT 语句。

下面介绍系统表 sysobjects 的主要字段，如表 9.11 所示。

表 9.11　系统表 sysobjects 的主要字段

字　段　名	类　　型	含　　义
name	sysname	对象名
id	int	对象标示符
type	char(2)	对象类型
		可以是下列值之一。
		C：CHECK 约束；D：默认值或 DEFAULT 约束；
		F：FOREIGN KEY 约束；FN：标量函数；
		IF：内嵌表函数；K：PRIMARY KEY 或 UNIQUE 约束；L：日志；
		P：存储过程；R：规则；RF：复制筛选存储过程；S：系统表；TF：
		表值函数；TR：触发器；U：用户表；V：视图；X：扩展存储过程

9.6.1　用户定义函数的定义和调用

1. 标量函数

1）标量函数的定义

语法格式：

```
CREATE FUNCTION [ schema_name. ] function_name                  /*函数名部分*/
( [ { @parameter_name [ AS ][ type_schema_name. ] parameter_data_type  /*形参定义部分*/
  [ = default ] [ READONLY ] } [ ,…n ] ])
RETURNS return_data_type                                        /*返回参数的类型*/
  [ WITH < function_option > [ ,…n ] ]                          /*函数选项定义*/
  [ AS ]
  BEGIN
    function_body                                               /*函数体部分*/
    RETURN scalar_expression                                    /*返回语句*/
  END
[ ; ]
```

其中：

```
< function_option >:: =
{
  [ ENCRYPTION ]
  | [ SCHEMABINDING ]
  | [ RETURNS NULL ON NULL INPUT | CALLED ON NULL INPUT ]
}
```

说明：

- function_name：用户定义函数名。函数名必须符合标识符的规则，对其架构来说，该名在数据库中必须是唯一的。

- @parameter_name：用户定义函数的形参名。CREATE FUNCTION 语句中可以声明一个或多个参数，用@符号作为第一个字符来指定形参名，每个函数的参数的作用范围限制于该函数。
- type_schema_name 为参数所属的架构名。
- parameter_data_type：参数的数据类型。可为系统支持的基本标量类型，不能为 timestamp 类型、用户定义数据类型、非标量类型（如 cursor 和 table）。
- [= default]可以设置参数的默认值。如果定义了 default 值，则无须指定此参数的值即可执行函数。READONLY 选项用于指定不能在函数定义中更新或修改参数。
- return_data_type：函数使用 RETURNS 语句指定用户定义函数的返回值类型。return_data_type 可以是 SQL Server 支持的基本标量类型，但 text、ntext、image 和 timestamp 除外。使用 RETURN 语句，函数将返回 scalar_expression 表达式的值。
- function_body：由 T-SQL 语句序列构成的函数体。
- <function_option>：标量函数的选项。

根据上述语法格式，得出定义标量函数形式如下：

```
CREATE FUNCTION [所有者名.] 函数名
( 参数 1 [AS] 类型 1 [ = 默认值 ] ),...( 参数 n [AS] 类型 n [ = 默认值 ] )
RETURNS 返回值类型
[ WITH 选项 ]
[ AS ]
BEGIN
  函数体
  RETURN 标量表达式
END
```

【例 9.33】 定义一个标量函数 spe_av，按专业计算学生的平均学分。

```
USE stsc
IF EXISTS(SELECT name FROM sysobjects WHERE name = 'spe_av' AND type = 'FN')
    DROP FUNCTION spe_av
GO
/* 创建用户定义标量函数 spe_av,@spe 为该函数的形参,对应实参为'通信'或'计算机'专业 */
CREATE FUNCTION spe_av(@spe char(12))
RETURNS int                /* 函数的返回值类型为整数类型 */
AS
BEGIN
  DECLARE @av int     /* 定义变量@av 为整数类型 */
  /* 由实参指定的专业传递给形参@spe 作为查询条件,查询统计出该专业的平均学分 */
  SELECT @av = ( SELECT avg(tc) FROM student WHERE speciality = @spe)
  RETURN @av             /* 返回该专业平均学分的标量值 */
 END
GO
```

179

第9章

T-SQL 程序设计

2) 标量函数的调用

调用用户定义的标量函数,有以下两种方式。

(1) 用 SELECT 语句调用。

用 SELECT 语句调用标量函数的调用形式如下:

架构名.函数名(实参 1,…,实参 n)

其中,实参可为已赋值的局部变量或表达式。

【例 9.34】 使用 SELECT 语句,对例 9.33 中定义的 spe_av 函数进行调用。

```
USE stsc
DECLARE @spe char(12)
DECLARE @comm int
SELECT @spe = '通信'
SELECT @comm = dbo.spe_av(@spe)
SELECT @comm AS '通信专业学生平均学分'
```

该语句使用 SELECT 语句对 spe_av 标量函数进行调用。

运行结果:

```
通信专业学生平均学分
----------------
50
```

(2) 用 EXECUTE(EXEC)语句调用。

用 EXECUTE(EXEC)语句调用标量函数的调用形式如下:

EXEC 变量名 = 架构名.函数名 实参 1,…,实参 n

或

EXEC 变量名 = 架构名.函数名 形参名 1 = 实参 1,…, 形参名 n = 实参 n

【例 9.35】 使用 EXEC 语句,对例 9.33 中定义的 spe_av 函数进行调用。

```
DECLARE @cpt int
EXEC @cpt = dbo.spe_av   @spe = '计算机'
SELECT @cpt AS '计算机专业学生平均学分''
```

该语句使用 EXEC 语句对 spe_av 标量函数进行调用。

运行结果:

```
计算机专业学生平均学分
------------------
50
```

2. 内联表值函数

标量函数只返回单个标量值,而内联表值函数返回表值(结果集)。

1）内联表值函数的定义

语法格式：

```
CREATE FUNCTION [ schema_name. ] function_name    /* 定义函数名部分 */
( [ { @parameter_name [ AS ] [ type_schema_name. ] parameter_data_type
  [ = default ] } [ ,...n ] ])                     /* 定义参数部分 */
RETURNS TABLE                                       /* 返回值为表类型 */
  [ WITH < function_option > [ ,...n ] ]           /* 定义函数的可选项 */
  [ AS ]
  RETURN [ ( ] select_stmt [ ) ] ]                 /* 通过 SELECT 语句返回内嵌表 */
[ ; ]
```

说明：在内联表值函数中，RETURNS 子句只包含关键字 TABLE，RETURN 子句在括号中包含单个 SELECT 语句，SELECT 语句的结果集构成函数所返回的表。

【例 9.36】 定义查询学生姓名、性别、课程号、成绩的内联表值函数 stu_sco。

```
USE stsc
IF EXISTS(SELECT * FROM sysobjects WHERE name = 'stu_sco' AND (type = 'if' OR type = 'tf'))
    DROP FUNCTION stu_sco
GO
/* 创建用户定义内联表值函数 stu_sco,@pr 为该函数的形参,对应实参为'通信'或'计算机'专
业 */
CREATE FUNCTION stu_sco(@pr char(12))
RETURNS TABLE      /* 函数的返回值类型为 table 类型,没有指定表结构 */
AS
/* 由实参指定的专业传递给形参@pr 作为查询条件,查询出该专业的学生情况,返回查询结果集
构成的表 */
RETURN(SELECT a. stname, a. stsex, b. cno, b. grade
    FROM student a, score b
    WHERE a. stno = b. stno and a. speciality = @pr)
GO
```

2）内联表值函数的调用

内嵌表值函数只能通过 SELECT 语句调用，调用时，可以仅使用函数名。

【例 9.37】 使用 SELECT 语句，对例 9.36 中定义的 stu_sco 函数进行调用。

```
USE stsc
SELECT * FROM stu_sco('通信')
```

该语句使用 SELECT 语句对 stu_sco 内联表值函数进行调用。

运行结果：

```
stname   stsex   cno    grade
------   -----   ----   ------
李贤友    男      102     92
李贤友    男      205     91
李贤友    男      801     94
周映雪    女      102     72
```

周映雪	女	205	65
周映雪	女	801	73
刘刚	男	102	87
刘刚	男	205	85
刘刚	男	801	82

3. 多语句表值函数

多语句表值函数与内联表值函数均返回表值。它们的区别：多语句表值函数需要定义返回表的类型，返回表是多个 T-SQL 语句的结果集，其在 BEGIN…END 语句块中包含多个 T-SQL 语句；内联表值函数不需要定义返回表的类型，返回表是单个 T-SQL 语句的结果集，不需要用 BEGIN…END 分隔。

1）多语句表值函数的定义

语法格式：

```
CREATE FUNCTION [ schema_name. ] function_name          / * 定义函数名部分 * /
( [ { @parameter_name [ AS ] [ type_schema_name. ] parameter_data_type
  [ = default ] } [ ,…n ] ] )                           / * 定义函数参数部分 * /
RETURNS @return_variable TABLE < table_type_definition >  / * 定义作为返回值的表 * /
  [ WITH < function_option > [ ,…n ] ]                  / * 定义函数的可选项 * /
  [ AS ]
  BEGIN
    function_body                                       / * 定义函数体 * /
    RETURN
  END
[ ; ]
```

其中：

```
< table_type_definition >:: =                           / * 定义表 * /
( { < column_definition > < column_constraint > }
    [ < table_constraint >
```

说明：@return_variable 为表变量；table_type_definition 为定义表结构的语句；function_body 为 T-SQL 语句序列，语法格式中其他项定义与标量函数相同。

【例 9.38】 定义由学号查询学生平均成绩的多语句表值函数 stu_sco2。

```
USE stsc
GO
/ * 创建用户定义多语句表值函数 stu_sco2,@num 为该函数的形参,对应实参为学号值 * /
CREATE FUNCTION stu_sco2(@num char(6))
/ * 函数的返回值类型为 table 类型,返回表@tn,指定了表结构,定义了列属性 * /
RETURNS @tn TABLE
(
    average float
)
AS
BEGIN
    / * 由实参指定的学号值传递给形参@num 作为查询条件,查询统计出该学生的平均成绩,通过
```

```
INSERT 语句插入@tn 表中 */
    INSERT @tn      /* 向@tn 表插入满足条件的记录 */
    SELECT avg(score.grade) FROM score WHERE score.stno = @num
    RETURN
END
GO
```

2）多语句表值函数的调用

多语句表值函数只能通过 SELECT 语句调用，调用时，可以仅使用函数名。

【例 9.39】 使用 SELECT 语句，对例 9.38 中定义的 stu_sco2 函数进行调用。

```
USE stsc
SELECT * FROM stu_sco2('122002')
```

该语句使用 SELECT 语句对 stu_sco2 多语句表值函数进行调用。

运行结果：

```
average
---------
94
```

9.6.2　用户定义函数的删除

使用 T-SQL 语句删除用户定义函数。

语法格式：

```
DROP FUNCTION { [ schema_name. ] function_name } [ ,...n ]
```

其中，function_name 是指要删除的用户定义的函数名称。可以一次删除一个或多个用户定义函数。

9.7　游　　标

由 SELECT 语句返回的完整行集称为结果集。应用程序，特别是嵌入 T-SQL 语句中的应用程序，并不总能将整个结果集作为一个单元来有效地处理，这些应用程序需要一种机制以便每次处理一行或一部分行，游标就是提供这种机制的对结果集的一种扩展。

9.7.1　游标的概念

使用 SELECT 语句进行查询时可以得到结果集，使用 SELECT 语句进行查询时可以得到这个结果集，但有时用户需要对结果集中的某一行或部分行进行单独处理，这在 SELECT 的结果集中无法实现，游标（cursor）就是提供这种机制的对结果集的一种扩展。SQL Server 通过游标提供了对一个结果集进行逐行处理的能力。

游标包括以下两部分内容。

- 游标结果集：定义游标的 SELECT 语句返回的结果集的集合。

- 游标当前行指针：指向该结果集中某一行的指针。

游标具有下列优点。

- 允许定位在结果集的特定行。
- 从结果集的当前位置检索一行或一部分行。
- 支持对结果集中当前位置的行进行数据修改。
- 为由其他用户对显示在结果集中的数据库数据所做的更改提供不同级别的可见性支持。
- 提供脚本、存储过程和触发器中用于访问结果集中的数据的 T-SQL 语句。
- 使用游标可以在查询数据的同时对数据进行处理。

9.7.2 游标的基本操作

游标的基本操作包括声明游标、打开游标、提取数据、关闭游标和删除游标。

1. 声明游标

声明游标使用 DECLARE CURSOR 语句。

语法格式：

```
DECLARE cursor_name [ INSENSITIVE ] [ SCROLL ] CURSOR
  FOR select_statement
  [ FOR { READ ONLY | UPDATE [ OF column_name [ ,...n ] ] } ]
```

说明：

- cursor_name：游标名，它是与某个查询结果集相联系的符号名。
- INSENSITIVE：指定系统将创建供所定义的游标使用的数据的临时复本，对游标的所有请求都从 tempdb 中的该临时表中得到应答；因此，在对该游标进行提取操作时返回的数据中不反映对基表所做的修改，并且该游标不允许修改。如果省略 INSENSITIVE，则任何用户对基表提交的删除和更新都反映在后面的提取中。
- SCROLL：说明所声明的游标可以前滚、后滚，可使用所有的提取选项（FIRST、LAST、PRIOR、NEXT、RELATIVE、ABSOLUTE）。如果省略 SCROLL，则只能使用 NEXT 提取选项。
- select_statement：SELECT 语句，由该查询产生与所声明的游标相关联的结果集。该 SELECT 语句中不能出现 COMPUTE、COMPUTE BY、INTO 或 FOR BROWSE 关键字。
- READ ONLY：说明所声明的游标为只读的。

2. 打开游标

游标声明而且被打开以后，游标位于第一行。

打开游标使用 OPEN 语句。

语法格式：

```
OPEN { { [ GLOBAL ] cursor_name } | cursor_variable_name }
```

其中,GLOBAL 说明打开的是全局游标,否则打开局部游标;cursor_name 是要打开的游标名;cursor_variable_name 是游标变量名,该名称引用一个游标。

【例 9.40】 使用游标 stu_cur,求学生表第一行的学生情况。

```
USE stsc
DECLARE stu_cur CURSOR FOR SELECT stno, stname, tc FROM student
OPEN stu_cur
FETCH NEXT FROM stu_cur
CLOSE stu_cur
DEALLOCATE stu_cur
```

该语句定义和打开游标 stu_cur,求学生表第一行的学生情况。

运行结果:

```
stno      stname   tc
------    ------   ------
121001   李贤友    52
```

3. 提取数据

游标打开后,使用 FETCH 语句提取数据。

语法格式:

```
[ [ NEXT | PRIOR | FIRST | LAST | ABSOLUTE { n | @nvar } | RELATIVE { n | @nvar} ]
    FROM ]
{ { [ GLOBAL ] cursor_name } | @cursor_variable_name }
[ INTO @variable_name [ ,...n ] ]
```

说明:

- NEXT | PRIOR | FIRST | LAST:用于说明读取数据的位置。NEXT 说明读取当前行的下一行,并且使其置为当前行。如果 FETCH NEXT 是对游标的第一次提取操作,则读取的是结果集第一行,NEXT 为默认的游标提取选项。PRIOR 说明读取当前行的前一行,并且使其置为当前行。如果 FETCH PRIOR 是对游标的第一次提取操作,则无值返回且游标置于第一行之前。FIRST 读取游标中的第一行并将其作为当前行。LAST 读取游标中的最后一行并将其作为当前行。
- ABSOLUTE { n | @nvar }和 RALATIVE { n | @nvar }:给出读取数据的位置与游标头或当前位置的关系。其中,n 必须为整型常量,变量@nvar 必须为 smallint、tinyint 或 int 类型。
- GLOBAL:全局游标。
- cursor_name:要从中提取数据的游标名。
- @cursor_variable_name:游标变量名,引用要进行提取操作的已打开的游标。
- INTO:将读取的游标数据存放到指定的变量中。

在提取数据时,用到的游标函数为@@CURSOR_STATUS。下面进行介绍。
@@ CURSOR_STATUS 函数用于返回上一条游标 FETCH 语句的状态。

语法格式：

```
CURSOR_STATUS
(   { 'local', 'cursor_name' }           /* 指明数据源为本地游标 */
  | { 'global', 'cursor_name' }          /* 指明数据源为全局游标 */
  | { 'variable', cursor_variable }      /* 指明数据源为游标变量 */
)
```

其中，常量字符串 local、global 用于指定游标类型，local 表示为本地游标，global 表示为全局游标。参数 cursor_name 用于指定游标名。常量字符串 variable 用于说明其后的游标变量为一个本地变量。参数 cursor_variable 为本地游标变量名。@@CURSOR_STATUS 函数返回值如表 9.12 所示。

表 9.12 @@CURSOR_STATUS 函数返回值

返 回 值	说 明
0	FETCH 语句执行成功
−1	FETCH 语句执行失败
−2	被读取的记录不存在

【例 9.41】 使用游标 stu_cur2，求包含学号、姓名、专业、平均分的学生情况表。

```
USE stsc
SET NOCOUNT ON
DECLARE @st_no int,@st_name char(8),@st_spe char(8),@st_avg float   /* 声明变量 */
/* 声明游标，查询产生与所声明的游标相关联的学生情况结果集 */
DECLARE stu_cur2 CURSOR FOR SELECT a.stno, a.stname, a.speciality,avg(b.grade)
    FROM student a, score b
    WHERE a.stno = b.stno and b.grade > 0
    GROUP BY a.stno, a.stname, a.speciality
    ORDER BY a.speciality, a.stno
OPEN stu_cur2                                                    /* 打开游标 */
FETCH NEXT FROM stu_cur2 INTO @st_no,@st_name,@st_spe,@st_avg    /* 提取第一行数据 */
PRINT '学号    姓名    专业  平均分'                              /* 打印表头 */
PRINT '------------------------ '
WHILE @@fetch_status = 0                         /* 循环打印和提取各行数据 */
BEGIN
    PRINT cast(@st_no as char(8)) + @st_name + @st_spe + ' ' + cast(@st_avg as char(6))
    FETCH NEXT FROM stu_cur2 INTO @st_no,@st_name,@st_spe,@st_avg
END
CLOSE stu_cur2                          /* 关闭游标 */
DEALLOCATE stu_cur2                     /* 释放游标 */
```

该语句定义和打开游标 stu_cur2，为求学生表各行的学生情况，设置 WHILE 循环，在 WHILE 条件表达式中采用@@fetch_status 函数返回上一条游标 FETCH 语句的状态，当返回值为 0 时，FETCH 语句成功，循环继续进行，否则退出循环。

运行结果：

学号	姓名	专业	平均分
122002	谢萱	计算机	94
122004	孙婷	计算机	83
121001	李贤友	通信	92
121002	周映雪	通信	70
121005	刘刚	通信	84

4. 关闭游标

游标使用完毕，要及时关闭。

关闭游标使用 CLOSE 语句。

语法格式：

```
CLOSE { { [ GLOBAL ] cursor_name } | @cursor_variable_name }
```

该语句参数的含义与 OPEN 语句中相同。

5. 删除游标

游标关闭后，如果不再需要游标，就应释放其定义所占用的系统空间，即删除游标。

删除游标使用 DEALLOCATE 语句。

语法格式：

```
DEALLOCATE { { [ GLOBAL ] cursor_name } | @cursor_variable_name }
```

该语句参数的含义与 OPEN 和 CLOSE 语句中相同。

9.7.3 使用游标

使用游标的基本过程如下。

- 声明 T-SQL 变量。
- 使用 DECLARE CURSOR 语句声明游标。
- 使用 OPEN 语句打开游标。
- 使用 FETCH 语句提取数据。
- 使用 DEALLOCATE 语句删除游标。

【例 9.42】 新建 sco 表，在原有的 score 表上增加成绩等级列 gd char(1)，使用游标 stu_cur3，计算学生的成绩等级，并得出成绩表。

```
USE stsc
/* 声明游标，查询产生与所声明的游标相关联的成绩情况结果集 */
DECLARE stu_cur3 CURSOR FOR SELECT grade FROM sco WHERE grade IS NOT NULL
DECLARE @deg int,@lev char(1)              /* 声明变量 */
OPEN stu_cur3                              /* 打开游标 */
FETCH NEXT FROM stu_cur3 INTO @deg         /* 提取第一行数据 */
WHILE @@fetch_status = 0                   /* 循环提取以下各行数据 */
    BEGIN
```

T-SQL 程序设计

```
    SET @lev = CASE                              /*使用搜索型 CASE 函数将成绩转换为等级*/
        WHEN @deg > = 90 THEN 'A'
        WHEN @deg > = 80 THEN 'B'
        WHEN @deg > = 70 THEN 'C'
        WHEN @deg > = 60 THEN 'D'
        ELSE 'E'
    END
    UPDATE sco SET gd = @lev WHERE CURRENT OF stu_cur3      /*使用游标进行数据更新*/
    FETCH NEXT FROM stu_cur3 INTO @deg
  END
CLOSE stu_cur3                                              /*关闭游标*/
DEALLOCATE stu_cur3                                         /*释放游标*/
```

该语句定义和打开游标 stu_cur3 后,在 WHILE 循环中,采用搜索型 CASE 函数计算学生的成绩等级,并对 sco 表的 gd 列进行更新。

使用 SELECT 语句对 sco 表进行查询。

查询结果:

```
stno     cno   grade    gd
------   ---   ------   -----
121001   205   91       A
121001   102   92       A
121001   801   94       A
121002   205   65       D
121002   102   72       C
121002   801   73       C
121005   801   82       B
121005   205   85       B
121005   102   87       B
122001   801   NULL     NULL
122002   203   94       A
122002   801   95       A
122004   801   86       B
122004   203   81       B
```

9.8 综 合 训 练

1. 训练要求

使用多语句表值函数和游标,对各专业平均分进行评价。

(1) 创建一个多语句表值函数 st_average,返回的表对象包含 801 课程的各专业平均分。

(2) 创建一个游标 st_evaluation,对各专业平均分进行评价。

2. T-SQL 语句的编写

根据题目要求,编写 T-SQL 语句。

(1) 创建函数 st_average。

```
USE stsc
GO
IF EXISTS(SELECT * FROM sysobjects WHERE name = 'st_average' AND type = 'tf')
    DROP FUNCTION st_average
GO
/* 创建用户定义多语句表值函数 st_average,@cnum 为该函数的形参,对应实参为课程号值 */
CREATE FUNCTION st_average(@cnum char(6))
/* 函数的返回值类型为 table 类型,返回表@rtb,定义了表的列 spe,avgagr 及其属性 */
RETURNS @rtb TABLE
(
    spe char(12),
    avgagr int
)
AS
BEGIN
    /* 由实参指定的课程号值传递给形参@cnum 作为查询条件,查询统计出该课程的平均成绩,
       通过 INSERT 语句插入@rtb 表中 */
    INSERT @rtb(spe,avgagr)      /* 向@rtb 表插入满足条件的记录 */
    SELECT speciality, AVG(grade)
    FROM student a, score b
    WHERE a.stno = b.stno and b.cno = @cnum
    GROUP BY speciality
    ORDER BY speciality
    RETURN
END
GO
```

该语句创建了一个多语句表值函数 st_average,返回表包括 spe(专业)列和 avgagr(平均分)列。

(2) 创建和使用游标 st_evaluation。

```
USE stsc
DECLARE @pr char(6),@asc int,@ev char(10)        /* 声明变量 */
/* 通过 SELECT 语句调用多语句表值函数 st_average,查询产生与所声明的游标相关联的 801 课
程情况结果集 */
DECLARE st_evaluation CURSOR FOR SELECT spe,avgagr from st_average('801')      /* 声明游标 */
OPEN st_evaluation                              /* 打开游标 */
FETCH NEXT FROM st_evaluation into @pr,@asc        /* 提取第一行数据 */
PRINT '专业   平均分   考试评价'
PRINT '------------------------'
WHILE @@fetch_status = 0                         /* 循环打印和提取各行数据 */
    BEGIN
        SET @ev = CASE                          /* 使用搜索型 CASE 函数将成绩转换为等级 */
            WHEN @asc >= 90 THEN '优秀'
            WHEN @asc >= 80 THEN '良好'
            WHEN @asc >= 70 THEN '中等'
            WHEN @asc >= 60 THEN '及格'
            ELSE '不及格'
        END
```

T-SQL 程序设计

```
        PRINT @pr + ' ' + CAST(@asc as char(10)) + @ev
        FETCH NEXT FROM st_evaluation into @pr,@asc
END
CLOSE st_evaluation                                    /* 关闭游标 */
DEALLOCATE st_evaluation                               /* 释放游标 */
```

该语句定义和打开游标 st_evaluation 后，在 WHILE 循环中，采用搜索型 CASE 函数对各专业平均分进行评价。

运行结果：

```
专业      平均分    考试评价
--------------------
计算机     90       优秀
通信      83       良好
```

9.9   小   结

本章主要介绍了以下内容。

（1）T-SQL 是 Microsoft 公司在 SQL Server 数据库管理系统中 ANSI SQL-99 标准的实现，为数据集的处理添加结构。它虽然与高级语言不同，但具有变量、数据类型、运算符和表达式、流程控制、函数、存储过程、触发器等功能。T-SQL 是面向数据编程的最佳选择。

（2）在 SQL Server 中，每个局部变量、列、表达式和参数对应的数据特性都有各自的数据类型。SQL Server 支持两类数据类型：系统数据类型和用户自定义数据类型。

SQL Server 定义的系统数据类型有整数型、精确数值型、浮点型、货币型、位型、字符型、Unicode 字符型、文本型、二进制型、日期时间类型、时间戳型、图像型等。

（3）标识符用于定义服务器、数据库、数据库对象、变量等的名称，包括常规标识符和分隔标识符两类。

常量是在程序运行中其值不能改变的量，又称标量值。常量使用格式取决于值的数据类型，可分为整型常量、实型常量、字符串常量、日期时间常量、货币常量等。

变量是在程序运行中其值可以改变的量。一个变量应有一个变量名，变量名必须是一个合法的标识符。变量分为局部变量和全局变量两类。

（4）运算符是一种符号，用来指定在一个或多个表达式中执行的操作。SQL Server 的运算符有算术运算符、位运算符、比较运算符、逻辑运算符、字符串连接运算符、赋值运算符、一元运算符等。表达式是由数字、常量、变量和运算符组成的式子，表达式的结果是一个值。

（5）流程控制语句是用来控制程序执行流程的语句。通过对程序流程的组织和控制，可以提高编程语言的处理能力，满足程序设计的需要。SQL Server 提供的流程控制语句有 IF…ELSE（条件语句）、WHILE（循环语句）、CONTINUE（用于重新开始下一次循环）、BREAK（用于退出最内层的循环）、GOTO（无条件转移语句）、RETURN（无条件返回)和 WAITFOR(为语句的执行设置延迟)等。

(6) T-SQL 提供 3 种系统内置函数：标量函数、聚合函数、行集函数。所有函数都是确定性的或非确定性的。

标量函数的输入参数和返回值的类型均为基本类型。SQL Server 包含的标量函数有数学函数、字符串函数、日期和时间函数、系统函数 、配置函数、系统统计函数、游标函数、文本和图像函数、元数据函数、安全函数等。

(7) 用户定义函数是用户根据自己需要定义的函数。用户定义函数分为标量函数和表值函数两类,其中的表值函数分为内联表值函数和多语句表值函数两种。

(8) 由 SELECT 语句返回的完整行集称为结果集。使用 SELECT 语句进行查询时可以得到这个结果集,但有时用户需要对结果集中的某一行或部分行进行单独处理,这在 SELECT 的结果集中无法实现,游标(cursor)就是提供这种机制的对结果集的一种扩展,SQL Server 通过游标提供了对一个结果集进行逐行处理的能力。游标包括游标结果集和游标当前行指针两部分的内容。

游标的基本操作包括声明游标、打开游标、提取数据、关闭游标和删除游标。

使用游标的基本过程：声明 T-SQL 变量；使用 DECLARE CURSOR 语句声明游标；使用 OPEN 语句打开游标；使用 FETCH 语句提取数据；使用 DEALLOCATE 语句删除游标。

习 题 9

一、选择题

1. 在字符串函数中,子串函数为 _____。

    A. LTRIM   B. CHAR   C. STR   D. SUBSTRING

2. 获取当前日期的函数为 _____。

    A. DATEDIFF   B. DATEPART

    C. GETDATE   D. GETUDCDATE

3. 返回字符串表达式字符数的函数为 _____。

    A. LEFT   B. LEN   C. LOWER   D. LTRIM

4. 利用游标机制可以实现对查询结果集的逐行操作。下列关于 SQL Server 中游标的说法中,错误的是_____。

    A. 每个游标都有一个当前行指针,当游标打开后,当前行指针自动指向结果集的第一行数据

    B. 如果在声明游标时未指定 INSENSITIVE 选项,则已提交的对基表的更新都会反映在后面的提取操作中

    C. 关闭游标之后,可以通过 OPEN 语句再次打开该游标

    D. 当@@FETCH_STATUS =0 时,表明游标当前行指针已经移出了结果集范围

5. SQL Server 中声明游标的 T-SQL 语句是_____。

    A. DECLARE CURSOR   B. ALTER CURSOR

C. SET CURSOR   D. CREATE CURSOR

6. 下列关于游标的说法中,错误的是_____。

　　A. 游标允许用户定位到结果集中的某行

　　B. 游标允许用户读取结果集中当前行的位置的数据

　　C. 游标允许用户修改结果集中当前行的位置的数据

　　D. 游标中有个当前行指针,该指针只能在结果集中单向移动

二、填空题

1. T-SQL 提供 3 种系统内置函数:_____、聚合函数和行集函数。

2. 用户定义函数有标量函数、内联表值函数和_____ 3 类。

3. 在操作游标时,判断数据提取状态的全局变量是_____。

4. 删除用户定义函数的 T-SQL 语句是_____。

5. SQL Server 通过游标提供了对一个结果集进行_____的能力。

6. 游标包括游标结果集和_____两部分内容。

三、问答题

1. 什么是局部变量? 什么是全局变量? 如何标识它们?

2. 举例说明流程控制语句的种类和使用方法。

3. SQL Server 支持哪几种用户定义函数?

4. 举例说明用户定义函数的分类和使用方法。

5. 简述游标的概念。

6. 举例说明游标的使用步骤。

四、应用题

1. 编写一个程序,判断 stsc 数据库中是否存在 student 表。

2. 编写一个程序,输出所有学生成绩对应的等级,没有成绩者显示"未考试"。

3. 编写一个程序,用 PRINT 语句输出李伟老师所上课程的平均分。

4. 编写一个程序,计算 1~100 中所有奇数之和。

5. 编写一个程序,采用游标方式输出所有课程的平均分。

6. 编写一个程序,采用游标方式输出所有学号、课程号和成绩等级。

7. 编写一个程序,采用游标方式输出各专业各课程的平均分。

实验 9 T-SQL 程序设计

1. 实验目的及要求

（1）理解数据类型、常量、变量、运算符和表达式、流程控制语句、系统内置函数、用户定义函数、游标的概念。

（2）掌握常量、变量、运算符和表达式、系统内置函数的操作和使用方法。

（3）具备设计、编写和调试包含流程控制、用户定义函数、游标的语句并用于解决应用问题的能力。

2. 验证性实验

验证和调试包含流程控制、用户定义函数、游标的语句的代码,解决以下应用问题。

(1) 计算 1!+2!+3!+…+10!的值。

```
DECLARE @s int, @i int, @j int, @m int
/* @s 为阶乘和, @i 为外层循环控制变量, @j 为内层循环控制变量, @m 为@i 的阶乘值 */
SET @s = 0
SET @i = 1
WHILE @i <= 10
BEGIN
    SET @j = 1
    SET @m = 1
    WHILE @j <= @i
    BEGIN
        SET @m = @m * @j                      /* 求各项阶乘值 */
        SET @j = @j + 1
    END
    SET @s = @s + @m                          /* 将各项累加 */
    SET @i = @i + 1
END
PRINT '1! + 2! + 3! + … + 10!= ' + CAST(@s AS char(10))
```

(2) 打印输出"下三角"形状九九乘法表。

```
DECLARE  @i int, @j int, @s varchar(100)
SET @i = 1                                /* 设置被乘数 */
WHILE @i <= 9                             /* 外循环 9 次 */
BEGIN
    SET @j = 1                            /* 设置乘数 */
    SET @s = ''                           /* 循环接收乘法表达式 */
    WHILE @j <= @i                        /* 内循环输出当前行的各个乘积等式项 */
    BEGIN
        /* 输出当前行的各个乘积等式项时,留 1 个空字符间距 */
        SET @s = @s + CAST(@i AS varchar(10)) + '*' + CAST(@j AS varchar(10)) + '=' + CAST
(@i * @j AS varchar(10)) + SPACE(1)
        SET @j = @j + 1
    END
    PRINT @s
    SET @i = @i + 1
END
```

(3) 定义一个标量函数,给定部门号,返回该部门的最高工资。

```
USE storeexpm
GO
/* 创建标量函数 F_max,@DtID 为该函数的形参,对应实参为部门号 */
CREATE FUNCTION F_max(@DtID varchar(4))
RETURNS int                              /* 函数的返回值类型为整数类型 */
AS
BEGIN
```

T-SQL 程序设计

```
    DECLARE @maxWages int                              /* 定义变量@maxWages 为整数类型 */
    /* 由实参指定的部门号传递给形参@DtID 作为查询条件,查询统计出该部门的最高工资 */
    SELECT @ maxWages = ( SELECT MAX ( Wages ) FROM EmplInfo WHERE DeptID = @ DtID GROUP BY
DeptID)
    RETURN @maxWages                                   /* 返回该部门最高工资的标量值 */
END
GO


USE storeexpm
DECLARE @DtID varchar(4)
DECLARE @Dept int
SELECT @DtID = 'D001'
SELECT @Dept = dbo.F_max(@DtID)
SELECT @Dept AS 'D001 部门员工的最高工资'
```

（4）使用内联表值函数,给定员工号,返回员工的姓名、性别、籍贯等情况。

```
USE storeexpm
GO
/* 创建内联表值函数 F_NameSexNative,@EpID 为该函数的形参,对应实参为员工号 */
CREATE FUNCTION F_NameSexNative(@EpID varchar(4))
RETURNS TABLE                                      /* 函数的返回值类型为表类型 */
AS
RETURN(SELECT EmplName, Sex, Native
    FROM EmplInfo
    /* 由实参指定的员工号传递给形参@ @EpID 作为查询条件,查询出员工的姓名、性别、
    籍贯 */
    WHERE EmplID = @EpID)
GO
USE storeexpm
SELECT * FROM F_NameSexNative('E002')
```

（5）定义多语句表值函数,由部门号查询该部门的员工号、员工姓名、工资等信息。

```
USE storeexpm
GO
/* 创建多语句表值函数 F_EmplIDNameWages,@DtID 为该函数的形参,对应实参为部门号 */
CREATE FUNCTION F_EmplIDNameWages(@DtID varchar(4))
RETURNS @tb_empl TABLE                             /* 函数的返回值类型为表类型 */
(
    E_ID varchar(4),
    E_Name varchar(8),
    E_Wages decimal(8, 2)
)
AS
BEGIN
    /* 由实参指定的部门号传递给形参@DtID 作为查询条件,查询出该部门的员工号、员工姓名、
    工资,通过 INSERT 语句插入 tb_empl 表中 */
    INSERT @tb_empl                               /* 向@tb_empl 表插入满足条件的记录 */
    SELECT EmplID, EmplName, Wages FROM DeptInfo a JOIN EmplInfo b ON a. DeptID = b. DeptID
```

```
WHERE a.DeptID = @DtID
    RETURN
END
GO


USE storeexpm
SELECT * FROM F_EmplIDNameWages ('D001')
```

（6）使用游标，输出员工表的员工号、姓名、性别、部门号等信息。

```
USE storeexpm
SET NOCOUNT ON
DECLARE @EmplID char(4), @EmplName char(8), @Sex char(2), @DeptID char(4)
/* 声明游标，查询产生与所声明的游标相关联的员工情况结果集 */
DECLARE Cur_Empl CURSOR FOR SELECT EmplID, EmplName, Sex, DeptID FROM EmplInfo
OPEN Cur_Empl                                     /* 打开游标 */
FETCH NEXT FROM Cur_Empl INTO @EmplID, @EmplName, @Sex, @DeptID   /* 提取第一行数据 */
PRINT '员工号姓名    性别    部门号    '            /* 打印表头 */
PRINT '--------------------'
WHILE @@fetch_status = 0                           /* 循环打印和提取各行数据 */
BEGIN
    PRINT CAST(@EmplID as char(8)) + @EmplName + @Sex + '    ' + CAST(@DeptID as char(6))
    FETCH NEXT FROM Cur_Empl INTO @EmplID, @EmplName, @Sex, @DeptID
END
CLOSE Cur_Empl                                    /* 关闭游标 */
DEALLOCATE Cur_Empl                               /* 释放游标 */
```

（7）使用游标，输出各个部门的最高工资、最低工资和平均工资。

```
USE storeexpm
DECLARE @DtName varchar(20), @MaxWg decimal(8, 2), @MinWg decimal(8, 2), @AvgWg decimal
(8, 2)
DECLARE Cur_Wages CURSOR FOR
    SELECT DeptName, MAX(Wages), MIN(Wages), AVG(Wages)
    FROM DeptInfo a JOIN EmplInfo b ON a.DeptID = b.DeptID
    GROUP BY DeptName
OPEN Cur_Wages
FETCH NEXT FROM Cur_Wages INTO   @DtName, @MaxWg, @MinWg, @AvgWg
PRINT '部门名称    最高工资    最低工资    平均工资'
PRINT '---------------------'
WHILE @@fetch_status = 0
BEGIN
    PRINT @DtName + ' ' + CAST(@MaxWg as char(10)) + ' ' + CAST(@MinWg as char(10)) + ' ' + CAST
(@AvgWg as char(10))
    FETCH NEXT FROM Cur_Wages INTO   @DtName, @MaxWg, @MinWg, @AvgWg
END
CLOSE Cur_Wages
DEALLOCATE Cur_Wages
```

3. 设计性实验
设计、编写和调试包含流程控制、系统内置函数、用户定义函数、游标的语句的代码以解决下列应用问题。

（1）计算 1~100 的偶数和。

（2）打印输出"上三角"形状九九乘法表。

（3）定义一个标量函数，给定商品号，返回商品名称。

（4）使用内联表值函数，由商品类型代码，查询商品号、商品名称和库存量。

（5）定义多语句表值函数，由订单号查询商品名称、销售单价、销售数量、销售日期、总金额等信息。

（6）使用游标，输出商品表的商品号、商品名称、商品类型、单价等信息。

4. 观察与思考

（1）SQL Server 的运算符有哪些？

（2）SQL Server 提供的流程控制语句与其他程序设计语言有何不同？

（3）T-SQL 提供了哪些系统内置函数？

（4）用户定义函数有哪些类型？ 各有何特点？

（5）游标使用完毕后，应如何处理？

第 10 章　　存 储 过 程

本章要点
- 存储过程概述。
- 存储过程的创建。
- 存储过程的使用。
- 存储过程的管理。

存储过程(stored procedure)是一组完成特定功能的 T-SQL 语句集合,预编译后放在数据库服务器端,用户通过指定存储过程的名称并给出参数(如果该存储过程带有参数)来执行存储过程。本章介绍存储过程的特点和类型、存储过程的创建和执行、存储过程的参数、存储过程的管理等内容。

10.1　存储过程概述

存储过程的 T-SQL 语句编译以后可多次执行,由于 T-SQL 语句不需要重新编译,因此执行存储过程可以提高性能。存储过程具有以下特点。

(1) 存储过程已在服务器上存储。

(2) 存储过程具有安全特性。

(3) 存储过程允许模块化程序设计。

(4) 存储过程可以减少网络通信流量。

(5) 存储过程可以提高运行速度。

存储过程分为用户存储过程、系统存储过程、扩展存储过程。

1. 用户存储过程

用户存储过程是用户数据库中创建的存储过程,完成用户指定的数据库操作,其名称不能以 sp_为前缀。用户存储过程包括 T-SQL 存储过程和 CLR 存储过程。

1) T-SQL 存储过程

T-SQL 存储过程是指保存的 T-SQL 语句集合,可以接受和返回用户提供的参数。本书将 T-SQL 存储过程简称为存储过程。

2) CLR 存储过程

CLR 存储过程是指对 Microsoft .NET Framework 公共语言运行时(CLR)方法的引用,可以接受和返回用户提供的参数。

2. 系统存储过程

系统存储过程是由系统提供的存储过程,可以作为命令执行各种操作。系统存储过程定义在系统数据库 master 中，其前缀是 sp_，它们为检索系统表的信息提供了方便快捷的方法。系统存储过程允许系统管理员执行修改系统表的数据库管理任务，可以在任何一个数据库中执行。

3. 扩展存储过程

扩展存储过程允许使用编程语言（例如 C）创建自己的外部例程，使用时需要先加载到 SQL Server 系统中，并且按照使用存储过程的方法执行。

10.2　存储过程的创建

T-SQL 创建存储过程的语句是 CREATE PROCEDURE。

语法格式：

```
CREATE { PROC | PROCEDURE } [schema_name.] procedure_name [ ; number ]    /* 定义存储过程名 */
  [ { @parameter [ type_schema_name. ] data_type }              /* 定义参数的类型 */
  [ VARYING ] [ = default ] [ OUT | OUTPUT ] [READONLY] ][ ,...n ]    /* 定义参数的属性 */
  [ WITH {[ RECOMPILE ] [,] [ ENCRYPTION ] }]              /* 定义存储过程的处理方式 */
  [ FOR REPLICATION ]
  AS   < sql_statement > [;]                          /* 执行的操作 */
```

说明：

- procedure_name：定义的存储过程的名称。
- number：可选整数，用于对同名的过程分组。
- @parameter：存储过程中的形参（形式参数的简称）。可以声明一个或多个形参，将@用作第一个字符来指定形参名称，且必须符合有关标识符的规则。执行存储过程应提供相应的实参（实际参数的简称），除非定义了该参数的默认值。
- data_type：形参的数据类型，所有数据类型都可以用作形参的数据类型。
- VARYING：指定作为输出参数支持的结果集。
- default：参数的默认值。如果定义了 default 值，则无须指定相应的实参即可执行过程。
- OUTPUT：指示参数是输出参数，此选项的值可以返回给调用 EXECUTE 的语句。
- READONLY：指示不能在过程的主体中更新或修改参数。
- RECOMPILE：指示每次运行该过程，将重新编译。
- sql_statement：包含在过程中的一个或多个 T-SQL 语句，但有某些限制。

存储过程可以带参数，也可以不带参数，下面的例题创建不带参数的存储过程。

【例 10.1】　在 stsc 数据库上，设计一个存储过程 stu_score，用于查找全部学生的成绩状况。

```
USE stsc
GO
/* 如果存在存储过程 stu_score，则将其删除 */
```

```
IF EXISTS(SELECT * FROM sysobjects WHERE name = 'stu_score' AND TYPE = 'P')
    DROP PROCEDURE stu_score
GO
/* CREATE PROCEDURE 必须是批处理的第一条语句,此处 GO 不能缺少 */
CREATE PROCEDURE stu_score                          /* 创建不带参数的存储过程 */
AS
    SELECT a.stno, a.stsex, a.stname, b.cname, c.grade
    FROM student a, course b, score c
    WHERE a.stno = c.stno AND b.cno = c.cno
    ORDER BY a.stno
GO
```

【例 10.2】 创建存储过程 sco_avg,用于求 102 课程的平均分。

```
CREATE PROCEDURE sco_avg                            /* 创建不带参数的存储过程 */
AS
BEGIN
    SET NOCOUNT ON
    SELECT AVG(grade) AS '102 课程的平均分'
    FROM score
    WHERE cno = '102'
END
GO
```

10.3 存储过程的使用

在存储过程的使用中,介绍存储过程的执行、存储过程的参数等内容。

10.3.1 存储过程的执行

通过 EXECUTE(或 EXEC)命令可以执行一个已定义的存储过程。

语法格式:

```
[ { EXEC | EXECUTE } ]
  { [ @return_status = ]
    { module_name [ ;number ] | @module_name_var }
    [ [ @parameter = ] { value| @variable [ OUTPUT ] | [ DEFAULT ] }]
    [,...n ]
    [ WITH RECOMPILE ]
  }
[;]
```

说明:

- @return_status:可选的整型变量,保存存储过程的返回状态。EXECUTE 语句使用该变量前,必须对其定义。

- module_name:要调用的存储过程或用户定义标量函数的完全限定或者不完全限定名称。

- @parameter：表示 CREATE PROCEDURE 或 CREATE FUNCTION 语句中定义的参数名，value 为实参。如果省略@parameter，则后面的实参顺序要与定义时参数的顺序一致。在使用@parameter_name＝value 格式时，参数名称和实参不必按在存储过程或函数中定义的顺序提供。但是，如果任何参数使用了@parameter_name＝value 格式，则对后续的所有参数均必须使用该格式。@variable 表示局部变量，用于保存 OUTPUT 参数返回的值。DEFAULT 关键字表示不提供实参，而是使用对应的默认值。
- WITH RECOMPILE：表示执行模块后，强制编译、使用和放弃新计划。

【例 10.3】 通过命令方式执行存储过程 stu_score。

存储过程 stu_score 通过 EXECUTE stu_score 或 EXEC stu_score 语句执行：

```
USE stsc
GO
EXECUTE stu_score
GO
```

运行结果：

stno	stsex	stname	cname	grade
121001	男	李贤友	数字电路	92
121001	男	李贤友	微机原理	91
121001	男	李贤友	高等数学	94
121002	女	周映雪	数字电路	72
121002	女	周映雪	微机原理	65
121002	女	周映雪	高等数学	73
121005	男	刘刚	数字电路	87
121005	男	刘刚	微机原理	85
121005	男	刘刚	高等数学	82
122001	男	郭德强	高等数学	NULL
122002	女	谢萱	数据库系统	94
122002	女	谢萱	高等数学	95
122004	女	孙婷	数据库系统	81
122004	女	孙婷	高等数学	86

注意：CREATE PROCEDURE 必须是批处理的第一条语句，且只能在一个批处理中创建并编译。

【例 10.4】 通过命令方式执行存储过程 sco_avg。

存储过程 sco_avg 通过以下语句执行：

```
USE stsc
GO
EXECUTE sco_avg
GO
```

运行结果：

102 课程的平均分

83

10.3.2　存储过程的参数

参数用于在存储过程和调用方之间交换数据。输入参数允许调用方将数据值传递到存储过程,输出参数允许存储过程将数据值传递回调用方。

下面介绍带输入参数存储过程的使用、带默认参数存储过程的使用、带输出参数存储过程的使用、存储过程的返回值等。

1. 带输入参数存储过程的使用

为了定义存储过程的输入参数,必须在 CREATE PROCEDURE 语句中声明一个或多个变量及类型。

执行带输入参数存储过程,有以下两种传递参数的方式。

- 按位置传递参数:采用实参列表方式,使传递参数和定义时的参数顺序一致。
- 通过参数名传递参数:采用"参数＝值"的方式,各个参数的顺序可以任意排列。
- 带输入参数存储过程的使用通过以下实例说明。

【例 10.5】　创建一个带输入参数存储过程 stu_cou,输出指定学号学生的所有课程中的最高分及其课程名。

```
USE stsc
GO
CREATE PROCEDURE stu_cou(@num int)   /* 存储过程 stu_cou 指定的参数@num 是输入参数 */
AS
    SELECT a.stno, a.stname, a.stsex, b.cname, c.grade
    FROM student a, course b, score c
    WHERE a.stno = @num AND a.stno = c.stno AND b.cno = c.cno AND c.grade = (SELECT max(grade)
FROM score WHERE stno = @num)
GO

EXECUTE stu_cou @num = '121001'
```

采用按位置传递参数,将实参 121001 传递给形参@num 的执行存储过程语句如下:

```
EXECUTE stu_cou 121001
```

或通过参数名传递参数,将实参 121001 传递给形参@num 的执行存储过程语句如下:

```
EXECUTE stu_cou @num = '121001'
```

运行结果：

stno	stname	stsex	cname	grade
121001	李贤友	男	高等数学	94

2. 带默认参数存储过程的使用

在创建存储过程时,可为参数设置默认值,默认值必须为常量或 NULL。

在调用存储过程时,如果未指定对应的实参值,则自动用对应的默认值代替。

参见以下例题。

【例 10.6】 修改例 10.5 中的存储过程,重新命名为 stu_cou2,指定默认学号为 122004。

```
USE stsc
GO
/* 存储过程 stu_cou2 为形参@num 设置默认值'122004') */
CREATE PROCEDURE stu_cou2(@num int = '122004')
AS
    SELECT a.stno, a.stname, a.stsex, b.cname, c.grade
    FROM student a, course b, score c
    WHERE a.stno = @num AND a.stno = c.stno AND b.cno = c.cno AND c.grade = (SELECT max(grade)
FROM score WHERE stno = @num)
GO
```

```
EXECUTE stu_cou2
```

不指定实参调用默认参数存储过程 stu_cou2,执行语句如下:

```
EXECUTE stu_cou2
```

运行结果:

```
stno     stname   stsex   cname      grade
------   ------   ------   --------   ------
122004   孙婷      女       高等数学     86
```

指定实参为'121005'调用默认参数存储过程 stu_cou2,执行语句如下:

```
EXECUTE stu_cou2 @num = '121005'
```

运行结果:

```
stno     stname   stsex   cname      grade
------   ------   ------   --------   ------
121005   刘刚      男       数字电路     87
```

3. 带输出参数存储过程的使用

定义输出参数可从存储过程返回一个或多个值到调用方。使用带输出参数存储过程,在 CREATE PROCEDURE 和 EXECUTE 语句中都必须使用 OUTPUT 关键字。

【例 10.7】 创建一个存储过程 stu_op,返回代表姓名和平均分的两个输出参数 @stu_name、@stu_avg。

```
USE stsc
GO
CREATE PROCEDURE stu_op
```

```
(
    @stu_num int,
    @stu_name char(8) OUTPUT,                    /* 定义形参@stu_name 为输出参数 */
    @stu_avg float OUTPUT                         /* 定义形参@stu_ avg 为输出参数 */
)
AS
SELECT @stu_name = a.stname,@stu_avg = AVG(b.grade)
    FROM student a, score b
    WHERE a.stno = b.stno AND NOT grade is NULL
    GROUP BY a.stno, a.stname
    HAVING a.stno = @stu_num
GO
```

执行带输出参数存储过程的语句如下：

```
/* 定义形参@stu_name, @stu_avg 为输出参数 */
DECLARE @stu_name char(8)
DECLARE @stu_avg float
EXEC stu_op '122002', @stu_name OUTPUT, @stu_avg OUTPUT
SELECT '姓名' = @stu_name, '平均分' = @stu_avg
GO
```

上述语句查找学号为'122002'的学生姓名和平均分。

运行结果：

```
姓名    平均分
————   ———————
谢萱    94
```

注意：在创建或使用输出参数时，都必须对输出参数进行定义。

4. 存储过程的返回值

存储过程执行后会返回整型状态值,若返回值为 0,则表示成功执行；若返回 $-99 \sim -1$ 的整数,则表示没有成功执行。也可以使用 RETURN 语句定义返回值。

【例 10.8】 创建存储过程 pr_test,根据输入参数来判断其返回值。

创建存储过程 pr_test 语句如下：

```
USE stsc
GO
CREATE PROCEDURE pr_test (@ipt int = 0)
AS
IF @ipt = 0
    RETURN 0
IF @ipt > 0
    RETURN 50
IF @ipt < 0
    RETURN - 50
GO
```

执行该存储过程语句如下：

```
USE stsc
GO
DECLARE @ret int
EXECUTE @ret = pr_test 1
PRINT '返回值'
PRINT '------'
PRINT @ret
EXECUTE @ret = pr_test 0
PRINT @ret
EXECUTE @ret = pr_test -1
PRINT @ret
GO
```

运行结果：

```
返回值
------
50
0
-50
```

10.4　存储过程的管理

存储过程的管理包括对用户创建的存储过程进行查看、修改、重命名和删除等内容。

10.4.1　查看存储过程

用于查看用户存储过程的系统存储过程如下。

（1）sp_help：用于显示存储过程的参数及其数据类型信息。

语法格式：

```
sp_help [ [ @objname = ] 'name' ]
```

其中，'name'为要查看存储过程的名称。

（2）sp_helptext：用于显示存储过程的源代码。

语法格式：

```
sp_helptext [ @objname = ] 'name'[ , [ @columnname = ] computed_column_name ]
```

其中，'name'为要查看存储过程的名称。

（3）sp_depends：用于显示和存储过程的相关的数据库对象的信息。

语法格式：

```
sp_depends [ @objname = ] '<object>'
<object> :: =
```

```
{
    [ database_name. [ schema_name ] . | schema_name.
        object_name
}
```

其中,'<object>'为要查看其依赖关系的存储过程的名称。

（4）sp_stored_procedures：用于返回当前数据库中的存储过程列表。

语法格式：

```
sp_stored_procedures [ [ @sp_name = ] 'name']
    [ , [ @sp_owner = ] 'schema']
    [ , [ @sp_qualifier = ] 'qualifier']
    [ , [@fUsePattern = ] 'fUsePattern']
```

其中,'name'为要查看存储过程的名称。

【例10.9】 使用相关系统存储过程查看存储过程 sco_avg 的内容。

```
USE stsc
GO
EXECUTE sp_help sco_avg
EXECUTE sp_helptext sco_avg
EXECUTE sp_depends sco_avg
GO
```

10.4.2 修改存储过程

使用 ALTER PROCEDURE 语句修改已存在的存储过程。

语法格式：

```
ALTER { PROC | PROCEDURE } [schema_name.] procedure_name [ ; number ]
    { @parameter [ type_schema_name. ] data_type }
    [ VARYING ] [ = default ] [ OUT[PUT] ][ ,...n ]
[ WITH {[ RECOMPILE ] [,] [ ENCRYPTION ] }]
[ FOR REPLICATION ]
AS   <sql_statement>
```

其中,各参数的含义与 CREATE PROCEDURE 相同。

【例10.10】 修改存储过程 stu_score,用于查找通信专业学生的成绩状况。

```
/* 存修改储过程 stu_score 命令 */
ALTER PROCEDURE stu_score
AS
    SELECT a.stno, a.stsex, a.stname, b.cname, c.grade
    FROM student a, course b, score c
    WHERE a.stno = c.stno AND b.cno = c.cno AND a.speciality = '通信'
    ORDER BY a.stno
GO
```

在原存储过程 stu_score 的 SQL 语句的 WHERE 条件中,增加了 a.speciality＝'通

信'部分,通过修改达到题目查找通信专业学生的成绩状况的要求。其执行语句如下:

```
EXECUTE stu_score
```

运行结果:

```
stno     stsex  stname   cname       grade
------   -----  -------  ----------  -------
121001   男     李贤友    数字电路     92
121001   男     李贤友    微机原理     91
121001   男     李贤友    高等数学     94
121002   女     周映雪    数字电路     72
121002   女     周映雪    微机原理     65
121002   女     周映雪    高等数学     73
121005   男     刘刚      数字电路     87
121005   男     刘刚      微机原理     85
121005   男     刘刚      高等数学     82
```

10.4.3 重命名存储过程

通过系统存储过程 sp_rename 重命名存储过程。

语法格式:

```
sp_rename [ @objname = ] 'object_name', [ @newname = ] 'new_name'
    [ , [ @objtype = ] 'object_type']
```

其中,[@objname =] 'object_name'为原存储过程的名称;@newname =] 'new_name'为新存储过程的名称。

通过系统存储过程重命名存储过程举例如下。

【例 10.11】 使用系统存储过程将存储过程 pr_test 重命名为 pr_test1。

```
USE stsc
GO
EXECUTE sp_rename pr_test, pr_test1
GO
```

注意:更改对象名的任一部分都可能会破坏脚本和存储过程。

此时,刷新 stsc 数据库的可编程性节点中的存储过程节点,原存储过程 pr_test 已重命名为 pr_test1。

10.4.4 删除存储过程

使用 DROP PROCEDURE 语句删除该存储过程。

语法格式:

```
DROP PROCEDURE { procedure } [ ,...n ]
```

其中,procedure 指要删除的存储过程或存储过程组的名;n 为可以指定多个存储过程同时删除。

【例 10.12】 删除存储过程 stu_score。

```
USE stsc
DROP PROCEDURE stu_score
```

10.5 综 合 训 练

1. 训练要求

使用存储过程和函数,对指定专业各课程的平均分进行评价。

(1) 创建一个多语句表值函数 fun_avge,返回的表对象包含指定专业各课程的平均分。

(2) 创建一个存储过程 proc_pm,通过游标 cur_eva 对各课程平均分进行评价。

2. T-SQL 语句编写

根据题目要求,编写 T-SQL 语句。

(1) 创建一个多语句表值函数 fun_avge。

```
USE stsc
IF EXISTS(SELECT * FROM sysobjects              /* 如果存在函数 fun_avge 则删除 */
    WHERE name = 'fun_avge' AND type = 'TF')
    DROP FUNCTION fun_avge
GO
CREATE FUNCTION fun_avge(@sp char(12))          /* 创建多语句表值函数 fun_avge */
RETURNS @mt TABLE
(
    spec char(12),
    cunm char(12),
    avgd int
)
AS
BEGIN
    INSERT @mt(spec, cunm, avgd)
    SELECT a. speciality, b. cname, AVG(grade)
    FROM student a, course b, score c
    WHERE a. speciality = @sp AND a. stno = c. stno AND b. cno = c. cno AND grade IS NOT NULL
    GROUP BY a. speciality, b. cname
    ORDER BY speciality
    RETURN
END
GO
```

该语句创建了多语句表值函数 fun_avge,返回表包含 spec(专业)、cunm(课程)、avgd(平均分)等列。

(2) 创建并执行存储过程 proc_pm。

```
USE stsc
```

```
GO
IF EXISTS(SELECT * FROM sysobjects WHERE name = 'proc_pm' AND TYPE = 'P')
    DROP PROCEDURE proc_pm
GO
CREATE PROCEDURE proc_pm(@sp char(12))                          /*创建存储过程 proc_pm */
AS
BEGIN
    DECLARE @pr char(6), @cnm char(12), @avgs int, @eva char(10)
    /*声明游标 cur_eva,调用多语句表值函数 fun_avge,函数返回表给出与游标关联的结果集 */
    DECLARE cur_eva CURSOR FOR SELECT spec, cunm, avgd FROM fun_avge(@sp)
    OPEN cur_eva                                                 /*打开游标 */
    FETCH NEXT FROM cur_eva into @pr, @cnm, @avgs               /*提取第一行数据 */
    PRINT '专业     课程     平均分   考试评价'
    PRINT '-------------------------- '
    WHILE @@fetch_status = 0
        BEGIN
            SET @eva = CASE
                WHEN @avgs >= 90 THEN '优秀'
                WHEN @avgs >= 80 THEN '良好'
                WHEN @avgs >= 70 THEN '中等'
                WHEN @avgs >= 60 THEN '及格'
                ELSE '不及格'
            END
            PRINT @pr + ' ' + @cnm + CAST(@avgs as char(8)) + @eva
            FETCH NEXT FROM cur_eva into @pr, @cnm, @avgs   /*提取下一行数据*/
        END
    CLOSE cur_eva                                               /*关闭游标 */
    DEALLOCATE cur_eva                                         /*释放游标 */
END
```

该语句在存储过程 proc_pm 中,采用游标 cur_eva 对指定专业各课程平均分进行评价。

```
USE stsc
GO
EXEC proc_pm '通信'
GO
```

该语句执行存储过程 proc_pm,将实参'通信'传递给形参@sp。

运行结果:

专业	课程	平均分	考试评价
通信	高等数学	83	良好
通信	数字电路	83	良好
通信	微机原理	80	良好

```
USE stsc
GO
EXEC proc_pm '计算机'
GO
```

该语句执行存储过程 proc_pm,将实参'计算机'传递给形参@sp。

运行结果:

```
专业      课程       平均分   考试评价
------  -------  -------  -------
计算机 高等数学     90       优秀
计算机 数据库系统   87       良好
```

10.6 小 结

本章主要介绍了以下内容。

(1) 存储过程(stored procedure)是一组完成特定功能的 T-SQL 语句集合,预编译后放在数据库服务器端,用户通过指定存储过程的名称并给出参数(如果该存储过程带有参数)来执行存储过程。存储过程的 T-SQL 语句编译以后可多次执行,由于 T-SQL 语句不需要重新编译,因此执行存储过程可以提高性能。

存储过程分为用户存储过程、系统存储过程、扩展存储过程等。

(2) 存储过程的创建可采用 T-SQL 语句,T-SQL 创建存储过程的语句是 CREATE PROCEDURE。

(3) 存储过程的执行可采用命令方式,通过 EXECUTE(或 EXEC)命令可以执行一个已定义的存储过程。

(4) 参数用于在存储过程和调用方之间交换数据。输入参数允许调用方将数据值传递到存储过程,输出参数允许存储过程将数据值传递回调用方。

为了定义存储过程的输入参数,必须在 CREATE PROCEDURE 语句中声明一个或多个变量及类型。

在创建存储过程时,可为参数设置默认值,默认值必须为常量或 NULL。在调用存储过程时,如果未指定对应的实参值,则自动用对应的默认值代替。

定义输出参数可从存储过程返回一个或多个值到调用方。使用带输出参数存储过程,在 CREATE PROCEDURE 和 EXECUTE 语句中都必须使用 OUTPUT 关键字。

存储过程执行后会返回整型状态值,若返回值为 0,则表示成功执行;若返回-99~-1的整数,则表示没有成功执行。也可以使用 RETURN 语句定义返回值。

(5) 修改存储过程可以使用 ALTER PROCEDURE 语句进行修改,查看存储过程可以采用系统存储过程。

(6) 删除存储过程可以使用 DROP PROCEDURE 语句。

习 题 10

一、选择题

1. 下列关于存储过程的说法中,正确的是_____。

   A. 在定义存储过程的代码中可以包含增、删、改、插语句

    B. 用户可以向存储过程传递参数，但不能输出存储过程产生的结果

    C. 存储过程的执行是在客户端完成的

    D. 存储过程是存储在客户端的可执行代码

2. 关于存储过程的描述，正确的是_____。

    A. 存储过程的存在独立于表，它存放在客户端，供客户端使用

    B. 存储过程可以使用控制流语句和变量，增强了 SQL 的功能

    C. 存储过程只是一些 T-SQL 语句的集合，不能看作 SQL Server 的对象

    D. 存储过程在调用时会自动编译，因此使用方便

3. 创建存储过程的用处主要是_____。

    A. 提高数据操作效率　　　　　　　B. 维护数据的一致性

    C. 实现复杂的业务规则　　　　　　D. 增强引用完整性

4. 设定义一个包含 2 个输入参数和 2 个输出参数存储过程，各参数均为整型。下列定义该存储过程的语句中，正确的是_____。

    A. CREATE PROC P1 @x1，@x2 int，

              @x3，@x4 int output

    B. CREATE PROC P1 @x1 int，@x2 int，

              @x3，@x4 int output

    C. CREATE PROC P1 @x1 int，@x2 int，

              @x3 int，@x4 int output

    D. CREATE PROC P1 @x1 int，@x2 int，

              @x3 int output，@x4 int output

5. 设有存储过程定义语句 CREATE PROC P1 @x int，@y int output，@z int output。下列调用该存储过程语句中，正确的是_____。

    A. EXEC P1 10，@a int output，@b int output

    B. EXEC P1 10，@a int，@b int output

    C. EXEC P1 10，@a output，@b output

    D. EXEC P1 10，@a，@b output

二、填空题

1. 存储过程是一组完成特定功能的 T-SQL 语句集合，_____放在数据库服务器端。

2. T-SQL 创建存储过程的语句是_____。

3. 存储过程通过_____命令可以执行一个已定义的存储过程。

4. 定义存储过程的输入参数，必须在 CREATE PROCEDURE 语句中声明一个或多个_____。

5. 使用带输出参数存储过程，在 CREATE PROCEDURE 和 EXECUTE 语句中都必须使用_____关键字。

三、问答题

1. 什么是存储过程？使用存储过程有什么好处？

2. 简述存储过程的分类。

3. 怎样创建存储过程？

4. 怎样执行存储过程？

5. 什么是存储过程的参数？有哪几种类型？

四、应用题

1. 在 stsc 数据库中设计一个存储过程 stu_all,输出所有学生学号、姓名、课程名和分数,并用相关数据进行测试。

2. 在 stsc 数据库中设计一个存储过程 avg_spec 实现求指定专业(默认专业为计算机)的平均分,并用相关数据进行测试。

3. 在 stsc 数据库中设计一个存储过程 avg_course,求指定课程号的课程名和平均分,并用相关数据进行测试。

实验 10　存储过程

1. 实验目的及要求

(1) 理解存储过程的概念。

(2) 掌握存储过程的创建、调用、删除等操作和使用方法。

(3) 具备设计、编写和调试存储过程语句以解决应用问题的能力。

2. 验证性实验

在 storeexpm 数据库中,验证和调试存储过程语句以解决下列应用问题。

(1) 创建一个存储过程,输入员工号后,将查询出的员工姓名存入输出参数内。

```
USE storeexpm
GO
/* 定义员工号形参@EID 为输入参数,员工姓名形参@EName 为输出参数 */
CREATE PROCEDURE P_EmplID_Name(@EID varchar(4), @EName varchar(8) OUTPUT)
AS
    SELECT @EName = EmplName
    FROM EmplInfo
    WHERE EmplID = @EID
GO

DECLARE @EName varchar(8)                        /* 定义形参@EName 为输出参数 */
EXEC P_EmplID_Name 'E001', @EName OUTPUT
SELECT '员工姓名' = @EName
GO
```

(2) 创建向员工表插入一条记录的存储过程。

```
USE storeexpm
GO
CREATE PROCEDURE P_insertEmplInfo                /* 创建不带参数的存储过程 */
AS
BEGIN
```

```
        INSERT INTO EmplInfo VALUES('E008','周宇','男','1984 - 05 - 24', NULL, 3900, NULL)
        SELECT * FROM EmplInfo WHERE EmplID = 'E008';
    END
    GO


    USE storeexpm
    GO
    EXECUTE P_insertEmplInfo
    GO
```

（3）创建修改员工籍贯和部门号的存储过程。

```
    USE storeexpm
    GO
    /* 定义员工号形参@EID,籍贯形参@Native 和部门号形参@DeptID 为输入参数 */
    CREATE PROCEDURE P_NativeDeptID(@EID varchar(4), @Native varchar(4), @DeptID varchar(4))
    AS
    BEGIN
        UPDATE EmplInfo SET Native = @Native, DeptID = @DeptID WHERE EmplID = @EID
        SELECT * FROM EmplInfo WHERE EmplID = @EID
    END
    GO


    EXEC P_NativeDeptID 'E008', '四川', 'D001'
    GO
```

（4）创建删除员工记录的存储过程。

```
    USE storeexpm
    GO
    CREATE PROCEDURE P_deleteEmplInfo(@EID varchar(4), @msg varchar(8) OUTPUT)
    AS
    BEGIN
        DELETE FROM EmplInfo WHERE EmplID = @EID
        SET @msg = '删除成功';
    END
    GO


    DECLARE @msg varchar(8)
    EXEC P_deleteEmplInfo 'E008', @msg OUTPUT
    SELECT @msg
    GO
```

（5）删除（1）题所建的存储过程。

```
    USE storeexpm
    DROP PROCEDURE P_EmplID_Name
```

3. 设计性实验

在 teachingpm 数据库中,设计、编写和调试存储过程和存储函数语句解决以下应用问题。

（1）创建一个存储过程,输入商品号后,将查询出的商品名称存入输出参数内。

（2）创建向商品表插入一条记录的存储过程。

（3）创建修改商品类型和单价的存储过程。

（4）创建删除商品记录的存储过程。

（5）删除（1）题所建的存储过程。

4. 观察与思考

（1）存储过程的参数有哪几种? 如何设置?

（2）怎样执行存储过程?

第11章　触　发　器

本章要点
- 触发器概述。
- 创建和使用 DML 触发器。
- 创建和使用 DDL 触发器。
- 触发器的管理。

触发器(trigger)是特殊类型的存储过程,其特殊性主要体现在它在插入、删除或修改指定表中的数据时自动触发执行。本章介绍触发器的概念、创建和使用 DML 触发器、创建和使用 DDL 触发器、触发器的管理等内容。

11.1　触发器概述

存储过程是一组 T-SQL 语句,它们编译后存储在数据库中。触发器是一种特殊的存储过程,其特殊性主要体现在对特定表(或列)进行特定类型的数据修改时激发。SQL Server 中一个表可以有多个触发器,可根据 INSERT、UPDATE 或 DELETE 语句对触发器进行设置,也可以对一个表上特定操作设置多个触发器。触发器不能通过名称直接调用,更不允许设置参数。

触发器与存储过程的差别如下。
- 触发器是自动执行,而存储过程需要显式调用才能执行。
- 触发器是建立在表或视图之上的,而存储过程是建立在数据库之上的。

触发器的作用如下。
- SQL Server 提供约束和触发器两种主要机制来强制使用业务规则和数据完整性,触发器实现比约束更为复杂的限制。
- 可对数据库中的相关表实现级联更改。
- 可以防止恶意或错误的 INSERT、UPDATE 和 DELETE 操作。
- 可以评估数据修改前后表的状态,并根据该差异采取措施。
- 强制表的修改要合乎业务规则。

SQL Server 有两种常规类型的触发器:DML 触发器和 DDL 触发器。

1. DML 触发器

当数据库中发生数据操作语言(DML)事件时将调用 DML 触发器。DML 事件包括在指定表或视图中修改数据的 INSERT 语句、UPDATE 语句或 DELETE 语句。DML

触发器可以查询其他表,还可以包含复杂的 T-SQL 语句,将触发器和触发它的语句作为可在触发器内回滚的单个事务对待。如果检测到错误,则整个事务即自动回滚。

2. DDL 触发器

当服务器或数据库中发生数据定义语言(DDL)事件时将调用 DDL 触发器。这些语句主要是以 CREATE、ALTER、DROP 等关键字开头的语句。DDL 触发器的主要作用是执行管理操作,例如审核系统、控制数据库的操作等。

11.2　创建 DML 触发器

DML 触发器是当发生数据操纵语言(DML)事件时要执行的操作。DML 触发器用于在数据被修改时强制执行业务规则,以及扩展 Microsoft SQL Server 约束、默认值和规则的完整性检查逻辑。

创建 DML 触发器。

语法格式:

```
CREATE TRIGGER [ schema_name . ]trigger_name
  ON { table | view }                              /*指定操作对象*/
    [ WITH  ENCRYPTION ]                            /*说明是否采用加密方式*/
  { FOR |AFTER | INSTEAD OF }
    { [ INSERT ] [ , ] [ UPDATE ] [ , ] [ DELETE ] }  /*指定激活触发器的动作*/
  [ NOT FOR REPLICATION ]                          /*说明该触发器不用于复制*/
AS   sql_statement [ ; ]
```

说明:

- trigger_name:用于指定触发器名称。
- table | view:在表上或视图上执行触发器。
- AFTER 关键字:用于说明触发器在指定操作都成功执行后触发,不能在视图上定义 AFTER 触发器。如果仅指定 FOR 关键字,则 AFTER 是默认值。一个表可以创建多个给定类型的 AFTER 触发器。
- INSTEAD OF 关键字:指定用触发器中的操作代替触发语句的操作。在表或视图上,每个 INSERT、UPDATE、DELETE 语句最多可以定义一个 INSTEAD OF 触发器。
- {[INSERT] [,] [UPDATE] [,] [DELETE]}:指定激活触发器的语句类型,必须至少指定一个选项。INSERT 表示将新行插入表时激活触发器,UPDATE 表示更改某一行时激活触发器,DELETE 表示从表中删除某一行时激活触发器。
- sql_statement:表示触发器的 T-SQL 语句,指定 DML 触发器触发后要执行的动作。

执行 DML 触发器时,系统创建了两个特殊的临时表: inserted 表和 deleted 表。由于 inserted 表和 deleted 表都是临时表，它们在触发器执行时被创建，触发器执行完毕就消失，因此只可以在触发器的语句中使用 SELECT 语句查询这两个表。

- 执行 INSERT 操作：插入触发器表中的新记录被插入 inserted 表中。
- 执行 DELETE 操作：从触发器表中删除的旧记录被插入 deleted 表中。
- 执行 UPDATE 操作：先从触发器表中删除旧记录，再插入新记录。其中，被删除的旧记录被插入 deleted 表中，插入的新记录被插入 inserted 表中。

使用触发器有以下限制。

- CREATE TRIGGER 必须是批处理中的第一条语句，并且只能应用到一个表中。
- 触发器只能在当前的数据库中创建，但触发器可以引用当前数据库的外部对象。
- 在同一 CREATE TRIGGER 语句中，可以为多种操作（如 INSERT 和 UPDATE）定义相同的触发器操作。
- 如果一个表的外键在 DELETE、UPDATE 操作上定义了级联，则不能在该表上定义 INSTEAD OF DELETE、INSTEAD OF UPDATE 触发器。
- 对于含有 DELETE 或 UPDATE 操作定义的外键表，不能使用 INSTEAD OF DELETE 和 INSTEAD OF UPDATE 触发器。
- 触发器中不允许包含以下 T-SQL 语句：CREATE DATABASE 、ALTER DATABASE 、LOAD DATABASE、RESTORE DATABASE、DROP DATABASE、LOAD LOG、RESTORE LOG、DISK INIT、DISK RESIZE 和 RECONFIGURE。
- DML 触发器最大的用途是返回行级数据的完整性，而不是返回结果。所以应当尽量避免返回任何结果集。

【例 11.1】 在 stsc 数据库的 student 表上创建一个触发器 trig_stu，在 student 表插入、修改、删除数据时，显示该表所有记录。

```
USE stsc
GO
/* CREATE TRIGGER 必须是批处理的第一条语句,此处 GO 不能缺少 */
CREATE TRIGGER trig_stu              /* 创建触发器 trig_stu */
    ON student
AFTER INSERT, DELETE, UPDATE
AS
BEGIN
    SET NOCOUNT ON
    SELECT * FROM student
END
GO
```

下面的语句向 student 表插入一条记录：

```
USE stsc
GO
INSERT INTO student VALUES('122006','谢翔','男','1992 - 09 - 16','计算机',52)
GO
```

运行结果：

```
stno     stname   stsex    stbirthday     speciality    tc
------   ------   -----    ----------    ----------   ----
121001   李贤友      男       1991 - 12 - 30   通信         52
121002   周映雪      女       1993 - 01 - 12   通信         49
121005   刘刚       男       1992 - 07 - 05   通信         50
122001   郭德强      男       1991 - 10 - 23   计算机        48
122002   谢萱       女       1992 - 09 - 11   计算机        52
122004   孙婷       女       1992 - 02 - 24   计算机        50
122006   谢翔       男       1992 - 09 - 16   计算机        52
```

从运行结果可以看出,出现该表所有记录,新插入的记录也在里面。

注意:CREATE TRIGGER 必须是批处理的第一条语句,且只能在一个批处理中创建并编译。

11.3 使用 DML 触发器

DML 触发器分为 AFTER 触发器和 INSTEAD OF 触发器。

inserted 表和 deleted 表是 SQL Server 为每个 DML 触发器创建的临时专用表,这两个表的结构与该触发器作用的表的结构相同,触发器执行完成后,这两个表即被删除。inserted 表存放由于执行 INSERT 或 UPDATE 语句要向表中插入的所有行。deleted 表存放由于执行 DELETE 或 UPDATE 语句要从表中删除的所有行。

11.3.1 使用 AFTER 触发器

AFTER 触发器为后触发型触发器,在引发触发器执行的语句中的操作都成功执行,并且所有约束检查已成功完成后,才执行触发器。在 AFTER 触发器中,一个表可以创建多个给定类型的 AFTER 触发器。

1. 使用 INSERT 操作

当执行 INSERT 操作时,触发器将被激活,新记录插入触发器表中,同时也添加到 inserted 表中。

【例 11.2】 在 stsc 数据库的 student 表上创建一个 INSERT 触发器 trig_insert,向 student 表插入数据时,如果姓名重复,则回滚到插入操作前。

```
USE stsc
GO
CREATE TRIGGER trig_insert                    / * 创建 INSERT 触发器 trig_ insert * /
    ON student
AFTER INSERT
AS
BEGIN
    DECLARE @nm char(8)
    SELECT @nm = inserted. stname FROM inserted
    IF EXISTS(SELECT stname FROM student WHERE stname = @nm)
```

```
        BEGIN
            PRINT '不能插入重复的姓名'
            ROLLBACK TRANSACTION                    /*回滚之前的操作*/
        END
END
```

下面的语句向 student 表插入一条记录,该记录中的姓名与 student 表中的姓名重复。

```
USE stsc
GO
INSERT INTO student(stno, stname, stsex, stbirthday) VALUES('121007','刘刚','男','1992 - 03 -
28')
GO
```

运行结果:

```
不能插入重复的姓名
消息 3609,级别 16,状态 1,第 1 行
事务在触发器中结束.批处理已中止
```

由于进行了事务回滚,因此未向 student 表插入新记录。

注意: ROLLBACK TRANSACTION 语句用于回滚之前所做的修改,将数据库恢复到原来的状态。

2. 使用 UPDATE 操作

当执行 UPDATE 操作时,触发器将被激活,当在触发器表中修改记录时,表中原来的记录被移动到 deleted 表中,修改后的记录插入 inserted 表中。

【例 11.3】 在 stsc 数据库的 student 表上创建一个 UPDATE 触发器 trig_update,防止用户修改 student 表的总学分。

```
USE stsc
GO
CREATE TRIGGER trig_update                   /*创建 UPDATE 触发器 trig_ update*/
    ON student
AFTER UPDATE
AS
IF UPDATE(tc)
    BEGIN
        PRINT '不能修改总学分'
        ROLLBACK TRANSACTION                    /*回滚之前的操作*/
    END
GO
```

下面的语句修改 student 表学号为 121002 的学生的总学分。

```
USE stsc
GO
UPDATE student
SET tc = 52
```

```
WHERE stno = '121002'
GO
```

运行结果：

```
不能修改总学分
消息 3609,级别 16,状态 1,第 1 行
事务在触发器中结束.批处理已中止
```

由于进行了事务回滚,因此未修改 student 表的总学分。

3. 使用 DELETE 操作

当执行 DELETE 操作时,触发器将被激活,当在触发器表中删除记录时,表中删除的记录被移动到 deleted 表中。

【例 11.4】 在 stsc 数据库的 student 表上创建一个 DELETE 触发器 trig_delete,防止用户删除 student 表通信专业学生的记录。

```
USE stsc
GO
CREATE TRIGGER trig_delete                     /* 创建 DELETE 触发器 trig_ delete */
    ON student
AFTER DELETE
AS
IF EXISTS(SELECT * FROM deleted WHERE speciality = '通信')
    BEGIN
        PRINT '不能删除通信专业学生的记录'
        ROLLBACK TRANSACTION                    /* 回滚之前的操作 */
    END
GO
```

下面的语句删除 student 表通信专业的记录。

```
USE stsc
GO
DELETE student
WHERE speciality = '通信'
GO
```

运行结果：

```
不能删除通信专业学生的记录
消息 3609,级别 16,状态 1,第 1 行
事务在触发器中结束.批处理已中止
```

由于进行了事务回滚,因此未删除 student 表通信专业学生的记录。

11.3.2 使用 INSTEAD OF 触发器

INSTEAD OF 触发器为前触发型触发器,指定执行触发器的不是执行引发触发器的语句,而是替代引发语句的操作。在表或视图上每个 INSERT、UPDATE、DELETE 语句最多可以定义一个 INSTEAD OF 触发器。

AFTER 触发器是在触发语句执行后触发的。与 AFTER 触发器不同的是，INSTEAD OF 触发器触发时只执行触发器内部的 SQL 语句，而不执行激活该触发器的 SQL 语句。

【**例 11.5**】 在 stsc 数据库的 course 表上创建一个 INSTEAD OF 触发器 trig_istd，当用户向 course 表插入数据时显示 course 表所有记录。

```
USE stsc
GO
CREATE TRIGGER trig_istd                    /* 创建 INSTEAD OF 触发器 trig_istd */
    ON course
INSTEAD OF INSERT
AS
    SELECT * FROM course
GO
```

下面的语句向 course 表插入记录：

```
USE stsc
GO
INSERT INTO course(cno, cname) VALUES('206', '数据结构')
GO
```

运行结果：

```
cno   cname      credit    tno
----  --------   --------  ------
102   数字电路    3         102101
203   数据库系统  3         204101
205   微机原理    4         204107
208   计算机网络  4         NULL
801   高等数学    4         801102
```

运行结果显示被插入的记录并未插入 course 表中，却将插入记录的语句替代为 INSTEAD OF INSERT 触发器中的 T-SQL 语句。

【**例 11.6**】 在 stsc 数据库的 score 表上创建一个 INSTEAD OF 触发器 trig_istd2，防止用户对 score 表的数据进行任何删除。

```
USE stsc
GO
CREATE TRIGGER trig_istd2                   /* 创建 INSTEAD OF 触发器 trig_istd2 */
    ON score
INSTEAD OF DELETE
AS
 PRINT '不能对 score 表进行删除操作'
GO
```

下面的语句删除 score 表的记录：

```
USE stsc
```

```
GO
DELETE score
WHERE cno = '205'
GO
```

运行结果：

不能对 score 表进行删除操作

运行结果表明 score 表的记录保持不变。

11.4　创建和使用 DDL 触发器

DDL 触发器在响应数据定义语言语句时触发，它与 DML 触发器不同的是，它们不会为响应表或视图的 UPDATE、INSERT 或 DELETE 语句而激发，与此相反，它们将为了响应 DDL 语言的 CREATE、ALTER 和 DROP 语句而激发。

DDL 触发器一般用于以下目的。

- 管理任务，例如审核和控制数据库操作。
- 防止对数据库结构进行某些更改。
- 希望数据库中发生某种情况以响应数据库结构中的更改。
- 要记录数据库结构中的更改或事件。

11.4.1　创建 DDL 触发器

创建 DDL 触发器。

语法格式：

```
CREATE TRIGGER trigger_name
    ON { ALL SERVER | DATABASE }
    [ WITH ENCRYPTION ]
    { FOR | AFTER } { event_type | event_group } [ ,...n ]
AS   sql_statement  [ ; ] [ ...n ]
```

说明：

- ALL SERVER：将当前 DDL 触发器的作用域应用于当前服务器。ALL DATABASE：将当前 DDL 触发器的作用域应用于当前数据库。
- event_type：表示执行之后将导致触发 DDL 触发器的 T-SQL 语句事件的名称。
- event_group：预定义的 T-SQL 语句事件分组的名称。

其他选项与创建 DML 触发器语法格式相同。

11.4.2　使用 DDL 触发器

下面举例说明 DDL 触发器的使用。

【例 11.7】　在 stsc 数据库上创建一个触发器 trig_db，防止用户对该数据库任一表的修改和删除。

```
USE stsc
GO
CREATE TRIGGER trig_db                          /* 创建 DDL 触发器 trig_db */
    ON DATABASE
AFTER DROP_TABLE, ALTER_TABLE
AS
BEGIN
    PRINT '不能修改表结构'
    ROLLBACK TRANSACTION                         /* 回滚之前的操作 */
END
GO
```

下面的语句修改 stsc 数据库上 student 表的结构,增加一列:

```
USE stsc
GO
ALTER TABLE student ADD class int
GO
```

运行结果:

不能修改表结构
消息 3609,级别 16,状态 2,第 1 行
事务在触发器中结束.批处理已中止

运行结果表明 student 表的结构保持不变。

11.5　触发器的管理

触发器的管理包括查看触发器、修改触发器、删除触发器、启用或禁用触发器等内容。

11.5.1　查看触发器

系统存储过程 sp_help、sp_helptext、sp_depends 可用于查看触发器,分别提供有关触发器的不同信息。

1. sp_help

sp_help 用于显示触发器的参数及其数据类型信息。

语法格式:

```
sp_help [ [ @objname = ] 'name' ]
```

其中,'name'为要查看触发器的名称。

2. sp_helptext

sp_helptext 用于显示触发器的源代码。

语法格式：

```
sp_helptext [ @objname = ] 'name' [ , [ @columnname = ] computed_column_name ]
```

其中，'name'为要查看触发器的名称。

3. sp_depends

sp_depends 用于显示和触发器的相关的数据库对象的信息。

语法格式：

```
sp_depends [ @objname = ] '< object >'
< object > :: =
{
    [ database_name. [ schema_name ] . | schema_name.
        object_name
}
```

其中，'< object >'为要查看其依赖关系的触发器的名称。

【例 11.8】 使用系统存储过程查看 student 表上创建的 trig_stu 触发器信息。

```
USE stsc
GO
EXECUTE sp_help trig_stu
EXECUTE sp_helptext trig_stu
EXECUTE sp_depends trig_stu
GO
```

11.5.2 修改触发器

修改触发器使用 ALTER TRIGGER 语句。修改触发器包括修改 DML 触发器和修改 DDL 触发器。下面分别介绍。

1. 修改 DML 触发器

修改 DML 触发器的语法格式如下：

```
ALTER TRIGGER schema_name.trigger_name
    ON ( table | view )
    [ WITH ENCRYPTION ]
    ( FOR | AFTER | INSTEAD OF )
        { [ DELETE ] [ , ] [ INSERT ] [ , ] [ UPDATE ] }
    [ NOT FOR REPLICATION ]
    AS sql_statement [ ; ] [ ...n ]
```

2. 修改 DDL 触发器

修改 DDL 触发器的语法格式如下：

```
ALTER TRIGGER trigger_name
    ON { DATABASE | ALL SERVER }
    [ WITH ENCRYPTION ]
    { FOR | AFTER } { event_type [ ,...n ] | event_group }
    AS sql_statement [ ; ]
```

【例 11.9】 修改在 stsc 数据库的 student 表上创建的触发器 trig_stu，在 student 表插入、修改、删除数据时，输出 inserted 和 deleted 表中所有记录。

```
USE stsc
GO
ALTER TRIGGER trig_stu                           /* 修改 DDL 触发器 trig_stu */
    ON student
AFTER INSERT, DELETE, UPDATE
AS
BEGIN
    PRINT 'inserted:'
    SELECT * FROM inserted
    PRINT 'deleted:'
    SELECT * FROM deleted
END
GO
```

下面的语句向 student 表删除一条记录：

```
USE stsc
GO
DELETE FROM student WHERE stno = '122006'
GO
```

运行结果：

```
inserted:
stno     stname    stsex    stbirthday    speciality    tc
------   -------   ------   ---------   ----------   -------


deleted:

stno     stname    stsex    stbirthday    speciality    tc
------   -------   ------   ---------   ----------   -------

122006   谢翔      男       1992-09-16   计算机          52
```

运行结果所显示的 deleted 表中的记录为 student 表所删除的记录。

11.5.3 删除触发器

删除触发器使用 DROP TRIGGER 语句。

语法格式：

```
DROP TRIGGER schema_name.trigger_name [ ,...n ] [ ; ]                      /* 删除 DML 触发器 */
DROP TRIGGER trigger_name [ ,...n ] ON { DATABASE | ALL SERVER }[ ; ]    /* 删除 DDL 触发器 */
```

【例 11.10】 删除 DML 触发器 trig_stu。

```
DROP TRIGGER trig_stu
```

【例 11.11】 删除 DDL 触发器 trig_db。

```
DROP TRIGGER trig_db ON DATABASE
```

11.5.4 启用或禁用触发器

触发器创建之后便启用了,如果暂时不需要使用某个触发器,可以禁用该触发器。禁用的触发器并没有被删除,仍然存储在当前数据库中,但在执行触发操作时,该触发器不会被调用。

启用或禁用触发器可以分别使用 ENABLE TRIGGER 语句和 DISABLE TRIGGER 语句。

1. DISABLE TRIGGER 语句

使用 DISABLE TRIGGER 语句禁用触发器。

语法格式:

```
DISABLE TRIGGER { [ schema_name . ] trigger_name [ ,...n ] | ALL }
ON { object_name | DATABASE | ALL SERVER } [ ; ]
```

其中,trigger_name 是要禁用的触发器的名称;object_name 是创建 DML 触发器 trigger_name 的表或视图的名称。

2. ENABLE TRIGGER 语句

使用 ENABLE TRIGGER 语句启用触发器。

```
ENABLE TRIGGER { [ schema_name . ] trigger_name [ ,...n ] | ALL }
ON { object_name | DATABASE | ALL SERVER } [ ; ]
```

其中,trigger_name 是要启用的触发器的名称;object_name 是创建 DML 触发器 trigger_name 的表或视图的名称。

【例 11.12】 使用 DISABLE TRIGGER 语句禁用 student 表上的触发器 trig_delete。

```
USE stsc
GO
DISABLE TRIGGER trig_delete on student
GO
```

【例 11.13】 使用 ENABLE TRIGGER 语句启用 student 表上的触发器 trig_delete。

```
USE stsc
GO
ENABLE TRIGGER trig_delete on student
GO
```

11.6 综 合 训 练

1. 训练要求

使用触发器,如果插入 score 表中的数据在 student 表中没有对应的学号,则将此记录删除并提示不能插入。

创建一个触发器 trig_del,当向 score 表中插入一条记录时,如果插入的数据在 student 表中没有对应的学号,则将此记录删除并提示不能插入此记录。

2. T-SQL 语句的编写

根据题目要求,编写 T-SQL 语句如下:

```
USE stsc
GO
IF EXISTS(SELECT * FROM sysobjects WHERE name = 'trig_del' AND type = 'TR')
    DROP TRIGGER trig_del
GO
CREATE TRIGGER trig_del                    /* 创建触发器 trig_del */
    ON score
FOR INSERT
AS
DECLARE @num float
SELECT @num = inserted.stno FROM inserted
IF NOT EXISTS(SELECT stno FROM student WHERE student.stno = @num)
    PRINT '不能插入在 student 表中没有对应学号的记录'
    DELETE score WHERE stno = @num
GO
```

该语句创建了触发器 trig_del。

```
USE stsc
GO
INSERT INTO score VALUES('121012','205',92)
```

该语句用于测试触发器 trig_del。

运行结果:

不能插入在 student 表中没有对应学号的记录

由于向 score 表中插入的记录在 student 表中不存在,因此出现上述运行结果,并且 score 表的记录保持不变。

11.7 小   结

本章主要介绍了以下内容。

（1）触发器是一种特殊的存储过程,其特殊性主要体现在对特定表（或列）进行特定类型的数据修改时激发。SQL Server 提供约束和触发器两种主要机制来强制使用业务规则和数据完整性,触发器实现比约束更为复杂的限制。

（2）SQL Server 有两种常规类型的触发器：DML 触发器和 DDL 触发器。

当数据库中发生数据操作语言（DML）事件时将调用 DML 触发器。DML 事件包括在指定表或视图中修改数据的 INSERT 语句、UPDATE 语句或 DELETE 语句。

当服务器或数据库中发生数据定义语言(DDL)事件时将调用 DDL 触发器。这些语句主要是以 CREATE、ALTER、DROP 等关键字开头的语句。

（3）在 SQL Server 中，创建 DML 触发器可以使用 CREATE TRIGGER 语句。

（4）DML 触发器分为 AFTER 触发器和 INSTEAD OF 触发器。

AFTER 触发器为后触发型触发器，在引发触发器执行的语句中的操作都成功执行，并且所有约束检查已成功完成后，才执行触发器。在 AFTER 触发器中，一个表可以创建多个给定类型的 AFTER 触发器。

INSTEAD OF 触发器为前触发型触发器，指定执行触发器的不是执行引发触发器的语句，而是替代引发语句的操作。在表或视图上每个 INSERT、UPDATE、DELETE 语句最多可以定义一个 INSTEAD OF 触发器。

inserted 表和 deleted 表是 SQL Server 为每个 DML 触发器创建的临时专用表，这两个表的结构与该触发器作用的表的结构相同，触发器执行完成后，这两个表即被删除。inserted 表存放由于执行 INSERT 或 UPDATE 语句要向表中插入的所有行。deleted 表存放由于执行 DELETE 或 UPDATE 语句要从表中删除的所有行。

（5）DDL 触发器在响应数据定义语言的 CREATE、ALTER 和 DROP 语句而激发。

（6）修改触发器可以使用 ALTER TRIGGER 语句，删除触发器可使用 DROP TRIGGER 语句，启用或禁用触发器可以使用图形界面方式或 ENABLE/DISABLE TRIGGER 语句。

习 题 11

一、选择题

1. 触发器是特殊类型的存储过程，它是由用户对数据的更改操作自动引发执行。下列数据库控制中，适用于触发器实现的是_____。

    A. 并发控制　　　　　　　　　　　B. 恢复控制

    C. 可靠性控制　　　　　　　　　　D. 完整性控制

2. 下列关于触发器的描述正确的是_____。

    A. 触发器是自动执行的，可以在一定条件下触发

    B. 触发器不可以同步数据库的相关表进行级联更新

    C. SQL Server 2008 不支持 DDL 触发器

    D. 触发器不属于存储过程

3. 创建触发器的用处主要是_____。

    A. 提高数据查询效率　　　　　　　B. 实现复杂的约束

    C. 加强数据的保密性　　　　　　　D. 增强数据的安全性

4. 当执行由 UPDATE 语句引发的触发器时，下列关于该触发器临时工作表的说法中，正确的是_____。

    A. 系统会自动产生 updated 表来存放更改前的数据

    B. 系统会自动产生 updated 表来存放更改后的数据

    C. 系统会自动产生 inserted 表和 deleted 表，用 inserted 表存放更改后的数据，用 deleted 表存放更改前的数据

    D. 系统会自动产生 inserted 表和 deleted 表，用 inserted 表存放更改前的数据，用 deleted 表存放更改后的数据

5. 设在 SC(Sno，Cno，Grade)表上定义了如下触发器：

```
CREATE TRIGGER tri1 ON SC INSTEAD OF INSERT...
```

执行语句：

```
INSERT INTO SC VALUES('s001','c01', 90)
```

会引发触发器的执行。下列关于触发器执行时表中数据的说法中，正确的是_____。

    A. SC 表和 inserted 表中均包含新插入的数据

    B. SC 表和 inserted 表中均不包含新插入的数据

    C. SC 表中包含新插入的数据，inserted 表中不包含新插入的数据

    D. SC 表中不包含新插入的数据，inserted 表中包含新插入的数据

6. 设某数据库在非工作时间（每天 8：00 以前、18：00 以后、周六和周日）不允许授权用户在职工表中插入数据。下列方法中能够实现此需求且最为合理的是_____。

    A. 建立存储过程   B. 建立后触发型触发器

    C. 定义内嵌表值函数   D. 建立前触发型触发器

二、填空题

1. T-SQL 创建存储过程的语句是触发器是一种特殊的存储过程，其特殊性主要体现在对特定表或列进行特定类型的数据修改时 _____。

2. SQL Server 支持两种类型的触发器，它们是前触发型触发器和_____触发型触发器。

3. 在一个表上针对每个操作，可以定义_____个前触发型触发器。

4. 如果在某个表的 INSERT 操作上定义了触发器，则当执行 INSERT 语句时，系统产生的临时工作表是_____ 关键字。

5. 对于后触发型触发器，当在触发器中发现引发触发器执行的操作违反了约束时，需要通过_____语句撤销已执行的操作。

6. AFTER 触发器在引发触发器执行的语句中的操作都成功执行，并且所有_____检查已成功完成后，才执行触发器。

三、问答题

1. 什么是触发器？其主要功能是什么？

2. 触发器分为哪几种？

3. INSERT 触发器、UPDATE 触发器和 DELETE 触发器有什么不同？

4. AFTER 触发器和 INSTEAD OF 触发器有什么不同？

5. inserted 表和 deleted 表各存放什么内容？

四、应用题

1. 设计一个触发器，当删除 teacher 表中一个记录时，自动删除 lecture 表中该教师所上课程和上课地点记录。

2. 设计一个触发器，该触发器防止用户修改 score 表中 grade 列。

3. 设计一个触发器，当插入或修改 score 表中 grade 列时，该触发器检查插入的数据是否为 0～100。

4. 在 stsc 数据库上设计一个 DDL 触发器，当删除或修改任何表结构时显示相应的提示信息。

实验 11　触　发　器

1. 实验目的及要求

（1）理解触发器的概念。

（2）掌握触发器的创建、使用和删除等操作。

（3）具备设计、编写和调试触发器和事件语句以解决应用问题的能力。

2. 验证性实验

在 storeexpm 数据库中，验证和调试触发器语句以解决以下应用问题。

（1）创建触发器，当修改员工表时，显示"正在修改员工表"。

```
USE storeexpm
GO
/* CREATE TRIGGER 必须是批处理的第一条语句,此处 GO 不能缺少 */
CREATE TRIGGER TR_updateEmplInfo              /* 创建触发器 TR_updateEmplInfo */
    ON EmplInfo
AFTER UPDATE
AS
PRINT '正在修改员工表'
GO


USE storeexpm
UPDATE EmplInfo SET Native = '上海' WHERE EmplID = 'E001';
GO
```

（2）创建触发器，当向部门表插入一条记录时，显示插入记录的部门名。

```
USE storeexpm
GO
CREATE TRIGGER TR_insertDeptName              /* 创建 INSERT 触发器 TR_insertDeptName */
    ON DeptInfo
AFTER INSERT
AS
BEGIN
    DECLARE @Name char(8)
    SELECT @Name = inserted.DeptName FROM inserted
    PRINT @Name
```

```
    END

USE storeexpm
INSERT INTO DeptInfo VALUES('D007','市场部')
GO
```

（3）创建触发器，当更新部门表中某个部门的部门号时，同时更新员工表中所有相应的部门号。

```
USE storeexpm
GO
CREATE TRIGGER TR_updateDeptID
    ON DeptInfo
AFTER UPDATE
AS
BEGIN
    DECLARE @DtIDOld varchar(4)
    DECLARE @DtIDNew varchar(4)
    SELECT @DtIDOld = DeptID FROM deleted
    SELECT @DtIDNew = DeptID FROM inserted
    UPDATE EmplInfo SET DeptID = @DtIDNew WHERE DeptID = @DtIDOld
END
GO

USE storeexpm
UPDATE DeptInfo SET DeptID = 'D008' WHERE DeptID = 'D003'
GO
```

（4）创建触发器，防止用户修改员工表的员工号。

```
USE storeexpm
GO
CREATE TRIGGER TR_preventChangesDeptID   /* 创建 UPDATE 触发器 TR_preventChangesDeptID */
  ON EmplInfo
AFTER UPDATE
AS
IF UPDATE(EmplID)
    BEGIN
     PRINT '不能修改员工号'
     ROLLBACK TRANSACTION                /* 回滚到修改操作之前的状态 */
    END
GO

USE storeexpm
UPDATE EmplInfo
SET EmplID = 'E014'
WHERE EmplID = 'E004'
```

（5）创建触发器，当删除部门表某个部门的记录时，同时将员工表中与该部门有关的数据全部删除。

```
USE storeexpm
GO
CREATE TRIGGER TR_deleteRecord
    ON DeptInfo
AFTER DELETE
AS
BEGIN
    DECLARE @DtIDOld varchar(4)
    SELECT @DtIDOld = DeptID FROM deleted
    DELETE EmplInfo WHERE DeptID = @DtIDOld
END
GO

USE storeexpm
DELETE DeptInfo WHERE DeptID = 'D004'
GO
```

（6）删除（1）题所建的触发器。

```
USE storeexpm
DROP TRIGGER TR_updateEmplInfo
```

3. 设计性实验

在 storeexpm 数据库中，设计、编写和调试触发器语句以解决下列应用问题。

（1）创建触发器，当修改订单表时，显示"正在修改订单表"。

（2）创建触发器，当向订单表插入一条记录时，显示插入记录的客户号。

（3）创建触发器，当更新商品表中的商品号时，同时更新订单明细表中所有相应的商品号。

（4）创建触发器，防止用户修改订单表的订单号。

（5）创建触发器，当删除商品表中的商品的记录时，同时将订单明细表中与该商品有关的数据全部删除。

（6）删除（1）题所建的触发器。

4. 观察与思考

（1）执行 DML 触发器时，系统会创建哪两个特殊的临时表？各有何作用？

（2）执行 INSERT 操作，什么记录会被插入 inserted 表中？执行 DELETE 操作，什么记录会被插入 deleted 表中？

（3）执行 UPDATE 操作，哪些记录会被插入 deleted 表中？哪些记录会被插入 inserted 表中？

第 12 章　系统安全管理

本章要点

- SQL Server 安全机制和身份验证模式。
- 服务器登录名管理。
- 数据库用户管理。
- 角色。
- 权限管理。

数据库的安全性是数据库服务器的重要功能之一,SQL Server 采用了复杂的安全保护措施,体现在其安全机制和身份验证模式上。

本章介绍 SQL Server 安全机制和身份验证模式、服务器登录名管理、数据库用户管理、角色、权限管理等内容。

12.1　SQL Server 安全机制和身份验证模式

SQL Server 具有 3 层结构的安全机制和两种身份验证模式,下面分别介绍。

12.1.1　SQL Server 安全机制

SQL Server 的安全机制分为 3 层结构,包括服务器安全性、数据库安全性、数据库对象安全性。

1. 服务器安全性

用户登录 SQL Server 服务器必须通过身份验证,服务器安全性建立在控制服务器登录名和密码的基础上,这是 SQL Server 安全机制的第一道防线。

2. 数据库安全性

用户要对某一数据库进行操作,必须是该数据库的用户或数据库角色的成员,这是 SQL Server 安全机制的第二道防线。

3. 数据库对象安全性

用户要访问数据库里的某一对象,必须事先由数据库拥有者赋予该用户访问某一对象的权限,这是 SQL Server 安全机制的第三道防线。

注意:假设 SQL Server 服务器是一座大楼,大楼中的每一个房间代表数据库,房间中的资料柜代表数据库对象,则登录名是进入大楼的钥匙,用户名是进入房间的钥匙,用户权限是打开资料柜的钥匙。

12.1.2 SQL Server 身份验证模式

SQL Server 提供了两种身份验证模式：Windows 验证模式和 SQL Server 验证模式。这两种身份验证模式登录 SQL Server 服务器的情形如图 12.1 所示。

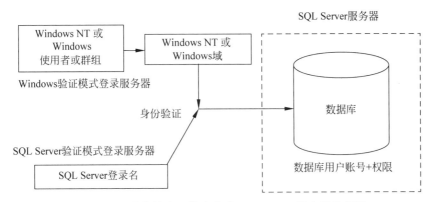

图 12.1 两种身份验证模式登录 SQL Server 服务器的情形

1. Windows 验证模式

在 Windows 验证模式下，由于用户登录 Windows 时已进行身份验证，登录 SQL Server 时就不再进行身份验证。

2. SQL Server 验证模式

在 SQL Server 验证模式下，SQL Server 服务器要对登录的用户进行身份验证。

当 SQL Server 在 Windows 操作系统上运行时，系统管理员设定登录验证模式的类型可为 Windows 验证模式和混合模式。当采用混合模式时，SQL Server 系统既允许使用 Windows 登录账号登录，也允许使用 SQL Server 登录账号登录。

12.2 服务器登录名管理

服务器登录名管理有创建登录名、修改登录名、删除登录名等，下面分别介绍。

12.2.1 创建登录名和密码

Windows 验证模式和 SQL Server 验证模式都可以使用 T-SQL 语句和图形界面方式两种方式创建登录名和密码。

1. 使用 T-SQL 语句创建登录名和密码

创建登录名使用 CREATE LOGIN 语句。

语法格式：

```
CREATE LOGIN login_name
{  WITH PASSWORD = 'password'[ HASHED ] [ MUST_CHANGE ]
     [ , <option_list>[ ,... ] ]         /* WITH 子句用于创建 SQL Server 登录名 */
```

```
|  FROM                              /* FROM 子句用于创建其他登录名 */
{
    WINDOWS [ WITH < windows_options > [ ,... ] ]
    |  CERTIFICATE certname
    |  ASYMMETRIC KEY asym_key_name
}
}
```

说明：

- 创建 SQL Server 登录名使用 WITH 子句，其中 PASSWORD 用于指定正在创建的登录名的密码，password 为密码字符串。
- 创建 Windows 登录名使用 FROM 子句，在 FROM 子句的语法格式中，WINDOWS 关键字指定将登录名映射到 Windows 登录名。其中，< windows_options >为创建 Windows 登录名的选项，DEFAULT_DATABASE 指定默认数据库，DEFAULT_LANGUAGE 指定默认语言。

【例 12.1】 使用 T-SQL 语句创建登录名 Qian、Lee1、Ben、Liu。

以下语句用于创建 SQL Server 验证模式登录名。

```
CREATE LOGIN Qian
    WITH PASSWORD = '1234',
    DEFAULT_DATABASE = stsc

CREATE LOGIN Lee1
    WITH PASSWORD = '1234',
    DEFAULT_DATABASE = stsc

CREATE LOGIN Ben
    WITH PASSWORD = '1234',
    DEFAULT_DATABASE = stsc

CREATE LOGIN Liu
    WITH PASSWORD = '1234',
    DEFAULT_DATABASE = stsc
```

2. 使用图形界面方式创建登录名和密码

下面介绍使用图形界面方式创建登录名和密码的过程。

【例 12.2】 使用图形界面方式创建登录名 Mike。

使用图形界面方式创建登录名的操作步骤如下。

（1）启动 SQL Server Management Studio，在"对象资源管理器"窗格中，展开"安全性"节点，选中"登录名"选项，右击该选项，在弹出的快捷菜单中选择"新建登录名"命令，如图 12.2 所示。

（2）出现如图 12.3 所示的"登录名-新建"窗口的"常规"选择页，在"登录名"文本框中输入创建的登录名 Mike，选择"SQL Server 身份验证"（如果选择"Windows 身份验证"模式，可单击"搜索"按钮，在"选择用户或用户组"窗口中选择相应的用户名并添加到"登录名"文本框中）。

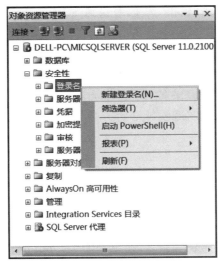

图 12.2 选择"新建登录名"命令

图 12.3 "登录名-新建"窗口

　　由于选择"SQL Server 身份验证"模式,需要在"密码"和"确认密码"文本框中输入密码,此处输入 1234,取消选中"强制实施密码策略"复选框,单击"确定"按钮,完成登录名设置。

　　为了测试新建的登录名 Mike 能否连接 SQL Server,进行测试的步骤如下:在"对象资源管理器"窗格中单击"连接"选项,在下拉列表框中选择"数据库引擎"选项,弹出"连接到服务器"窗口,在"身份验证"文本框中选择"SQL Server 身份验证",在"登录名"文本框

系统安全管理

中输入 Mike，输入密码，单击"连接"按钮，登录到 SQL Server 服务器。

12.2.2 修改登录名和密码

修改登录名和密码可以使用 T-SQL 语句和图形界面方式两种方式。

1. 使用 T-SQL 语句修改登录名

修改登录名使用 ALTER LOGIN 语句。

语法格式：

```
ALTER LOGIN login_name
{
    status_option | WITH set_option [...]
)
```

其中，login_name 为需要更改的登录名，在 WITH set_option 选项中，可指定新的登录名和新密码等。

使用 T-SQL 语句修改登录名举例如下。

【例 12.3】 使用 T-SQL 语句修改登录名 Lee1，将其名称改为 Lee2。

```
ALTER LOGIN Lee1
    WITH name = Lee2
```

2. 使用图形界面方式修改密码

使用图形界面方式修改密码举例如下。

【例 12.4】 使用图形界面方式修改登录名 Mike 的密码，将它的密码改为 123456。

使用图形界面方式修改密码的操作步骤如下。

（1）启动 SQL Server Management Studio，在"对象资源管理器"窗格中，展开"安全性"节点，展开"登录名"节点，选中 Mike 选项，右击该选项，在弹出的快捷菜单中选择"属性"命令。

（2）出现"登录属性-Mike"窗口的"常规"选择页，在"密码"和"确认密码"文本框中输入新密码 123456，单击"确定"按钮，完成登录名密码修改。

12.2.3 删除登录名

可以使用 T-SQL 语句和图形界面方式两种方式删除登录名。

1. 使用 T-SQL 语句删除登录名

删除登录名使用 DROP LOGIN 语句。

语法格式：

```
DROP LOGIN login_name
```

其中，login_name 为指定要删除的登录名。

【例 12.5】 使用 T-SQL 语句删除登录名 Ben。

```
DROP LOGIN Ben
```

2. 使用图形界面方式删除登录名

使用图形界面方式删除登录名的举例如下。

【例 12.6】 使用图形界面方式删除登录名 Lee2。

使用图形界面方式删除登录名的操作步骤如下。

（1）启动 SQL Server Management Studio，在"对象资源管理器"窗格中，展开"安全性"节点，展开"登录名"节点，选中 Lee2 选项，右击该选项，在弹出的快捷菜单中选择"删除"命令。

（2）在出现的"删除对象"对话框中，单击"确定"按钮，即可删除登录名 Lee2。

12.3　数据库用户管理

一个用户取得合法的登录名，仅能够登录到 SQL Server 服务器，但不表明能对数据库和数据库对象进行某些操作。

用户对数据库的访问和对数据库对象进行的所有操作都是通过数据库用户来控制的。数据库用户总是基于数据库的，一个登录名总是与一个或多个数据库用户对应，两个不同的数据库可以有两个相同的数据库用户。

注意：数据库用户可以与登录名相同，也可以与登录名不同。

12.3.1　创建数据库用户

创建数据库用户必须首先创建登录名，创建数据库用户有 T-SQL 语句和图形界面方式两种方式，以下将"数据库用户"简称"用户"。

1. 使用 T-SQL 语句创建用户

创建数据库用户使用 CREATE USER 语句。

语法格式：

```
CREATE USER user_name
[{ FOR | FROM }
    {
        LOGIN login_name
      | CERTIFICATE cert_name
      | ASYMMETRIC KEY asym_key_name
    }
    | WITHOUT LOGIN
]
    [ WITH DEFAULT_SCHEMA = schema_name ]
```

说明：

- user_name 指定数据库用户名。
- FOR 或 FROM 子句用于指定相关联的登录名，LOGIN login_name 指定要创建数据库用户的 SQL Server 登录名。login_name 必须是服务器中有效的登录名，当此登录名进入数据库时，它将获取正在创建的数据库用户的名称和 ID。
- WITHOUT LOGIN 指定不将用户映射到现有登录名。
- WITH DEFAULT_SCHEMA 指定服务器为此数据库用户解析对象名称时将搜

索的第一个架构,默认为 dbo。

【例 12.7】 使用 T-SQL 语句创建用户 Dbm、Dbn、Sur1、Sur2。

以下语句用于创建用户 Dbm,其登录名 Qian 已创建:

```
CREATE USER Dbm
    FOR LOGIN Qian
```

以下语句用于创建用户 Dbn,其登录名 Liu 已创建:

```
CREATE USER Dbn
    FOR LOGIN Liu
```

以下语句用于创建用户 Sur1,其登录名 Sg1 已创建:

```
CREATE USER Sur1
    FOR LOGIN Sg1
```

以下语句用于创建用户 Sur2,其登录名 Sg2 已创建:

```
CREATE USER Sur2
    FOR LOGIN Sg2
```

2. 使用图形界面方式创建用户

使用图形界面方式创建用户举例如下。

【例 12.8】 使用图形界面方式创建用户 Acc。

使用图形界面方式创建用户的操作步骤如下。

(1)启动 SQL Server Management Studio,在"对象资源管理器"窗格中,展开"数据库"节点,展开 stsc 节点,展开"安全性"节点,选中"用户"选项,右击该选项,在弹出的快捷菜单中选择"新建用户"命令,如图 12.4 所示。

图 12.4 选择"新建用户"命令

（2）出现如图 12.5 所示的"数据库用户-新建"窗口，在"用户名"文本框中输入创建的用户名 Acc，单击"登录名"右侧的".."按钮。

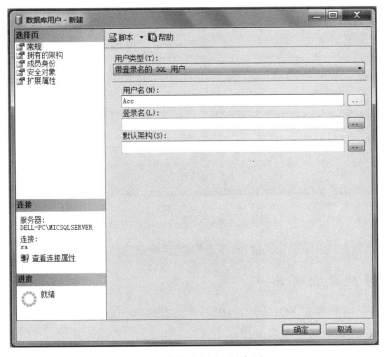

图 12.5　"数据库用户-新建"窗口

（3）出现如图 12.6 所示的"选择登录名"对话框，单击"浏览"按钮，出现如图 12.7 所示的"查找对象"对话框，在"匹配的对象"列表中选择 Mike 选项，两次单击"确定"按钮。

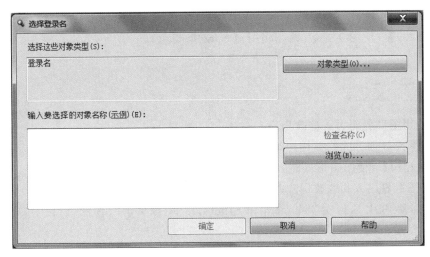

图 12.6　"选择登录名"对话框

系统安全管理

图 12.7 "查找对象"对话框

(4) 返回"数据库用户-Acc"窗口,单击"确定"按钮完成创建用户 Acc。

12.3.2　修改数据库用户

修改数据库用户有 T-SQL 语句和图形界面方式两种方式。

1. 使用 T-SQL 语句修改修改用户

修改数据库用户使用 ALTER USER 语句。

语法格式:

```
ALTER USER user_name
    WITH NAME = new_ user_name
```

其中,user_name 为要修改的数据库用户名;WITH NAME = new_ user_name 指定新的数据库用户名。

【例 12.9】 使用 T-SQL 语句将用户 Sur2 修改为 Sur3。

```
USE stsc
ALTER USER Sur2
    WITH name = Sur3
```

2. 使用图形界面方式修改用户

使用图形界面方式修改用户举例如下。

【例 12.10】 使用图形界面方式修改用户 Acc。

使用图形界面方式修改用户的操作步骤如下。

(1) 启动 SQL Server Management Studio,在"对象资源管理器"窗格中,展开"数据库"节点,展开 stsc 节点,展开"安全性"节点,展开"用户"节点,选中 Acc 选项,右击该选项,在弹出的快捷菜单中选择"属性"命令。

(2) 出现"数据库用户-Acc"窗口,在其中进行相应的修改,单击"确定"按钮完成修改。

12.3.3 删除数据库用户

删除数据库用户有 T-SQL 语句和图形界面方式两种方式。

1. 使用 T-SQL 语句修改删除用户

删除数据库用户使用 DROP USER 语句。

语法格式：

```
DROP USER user_name
```

其中，user_name 为要删除的数据库用户名，在删除之前要使用 USE 语句指定数据库。

【例 12.11】 使用 T-SQL 语句删除用户 Sur3。

```
USE stsc
DROP USER Sur3
```

2. 使用图形界面方式删除用户

【例 12.12】 使用图形界面方式删除用户 Sur1。

使用图形界面方式删除用户操作步骤如下。

（1）启动 SQL Server Management Studio，在"对象资源管理器"窗格中，展开"数据库"节点，展开 stsc 节点，展开"安全性"节点，展开"用户"节点，选中 Sur1 选项，右击该选项，在弹出的快捷菜单中选择"删除"命令。

（2）在出现的"删除对象"对话框中，单击"确定"按钮，即可删除用户 Sur1。

12.4 角　　色

为便于集中管理数据库中的权限，SQL Server 提供了若干角色，这些角色将用户分为不同的组，对相同组的用户进行统一管理，赋予相同的操作权限。它们类似于 Microsoft Windows 操作系统中的用户组。

SQL Server 将角色划分为服务器角色和数据库角色。服务器角色用于对登录名授权，数据库角色用于对数据库用户授权。

12.4.1 服务器角色

服务器角色分为固定服务器角色和用户定义服务器角色。

1. 固定服务器角色

固定服务器角色是执行服务器级管理操作的权限集合，这些角色是系统预定义的。如果在 SQL Server 中创建一个登录名后，要赋予该登录者具有管理服务器的权限，此时可设置该登录名为服务器角色的成员。SQL Server 提供了以下固定服务器角色。

- sysadmin：系统管理员，角色成员可对 SQL Server 服务器进行所有的管理工作，为最高管理角色。这个角色一般适合于数据库管理员（DBA）。
- securityadmin：安全管理员，角色成员可以管理登录名及其属性。可以授予、拒绝、撤销服务器级和数据库级的权限。另外，还可以重置 SQL Server 登录名的密码。

- serveradmin：服务器管理员，角色成员具有对服务器进行设置及关闭服务器的权限。
- setupadmin：设置管理员，角色成员可以添加和删除链接服务器，并执行某些系统存储过程。
- processadmin：进程管理员，角色成员可以终止 SQL Server 实例中运行的进程。
- diskadmin：用于管理磁盘文件。
- dbcreator：数据库创建者，角色成员可以创建、更改、删除或还原任何数据库。
- bulkadmin：可执行 BULK INSERT 语句，但是这些成员对要插入数据的表必须有 INSERT 权限。BULK INSERT 语句的功能是以用户指定的格式复制一个数据文件至数据库表或视图。
- public：其角色成员可以查看任何数据库。

用户只能将一个登录名添加为上述某个固定服务器角色的成员，不能自行定义服务器角色。

添加或删除固定服务器角色成员有使用系统存储过程和图形界面方式两种方式。

1）使用系统存储过程添加固定服务器角色成员

使用系统存储过程 sp_addsrvrolemember 将登录名添加到某一固定服务器角色。

语法格式：

```
sp_addsrvrolemember [ @loginame = ] 'login', [@rolename = ] 'role'
```

其中，login 指定添加到固定服务器角色 role 的登录名，login 可以是 SQL Server 登录名或 Windows 登录名；对于 Windows 登录名，如果还没有授予 SQL Server 访问权限，将自动对其授予访问权限。

【例 12.13】 在固定服务器角色 sysadmin 中角色添加登录名 Qian。

```
EXEC sp_addsrvrolemember 'Qian', 'sysadmin'
```

2）使用系统存储过程删除固定服务器角色成员

使用系统存储过程 sp_dropsrvrolemember 从固定服务器角色中删除登录名。

语法格式：

```
sp_dropsrvrolemember [ @loginame = ] 'login', [ @rolename = ] 'role'
```

其中，login 为将要从固定服务器角色删除的登录名；role 为服务器角色名，默认值为 NULL，其必须是有效的固定服务器角色名。

【例 12.14】 在固定服务器角色 sysadmin 中删除登录名 Qian。

```
EXEC sp_dropsrvrolemember 'Qian', 'sysadmin'
```

3）使用图形界面方式添加固定服务器角色成员

下面介绍使用图形界面方式添加固定服务器角色成员的过程。

【例 12.15】 在固定服务器角色 sysadmin 中添加登录名 Mike。

使用图形界面方式添加固定服务器角色成员的操作步骤如下。

（1）启动 SQL Server Management Studio，在"对象资源管理器"窗格中，展开"安全性"节点，展开"服务器角色"节点，选中 sysadmin 选项，右击该选项，在弹出的快捷菜单中选择"属性"命令,如图 12.8 所示。

图 12.8 选择"属性"命令

(2) 出现如图 12.9 所示的 Server Role Properties-sysadmin 窗口,在"角色成员"列表中,没有登录名 Mike,单击"添加"按钮。

图 12.9 Server Role Properties-sysadmin 窗口

系统安全管理

244

（3）出现"选择登录名"对话框，单击"浏览"按钮，出现"查找对象"对话框，在"匹配的对象"列表中选择 Mike 选项，两次单击"确定"按钮，出现如图 12.10 所示的 Server Role Properties-sysadmin 窗口，可看出 Mike 登录名为 sysadmin 角色成员，单击"确定"按钮完成在固定服务器角色 sysadmin 中添加登录名为 Mike 的设置。

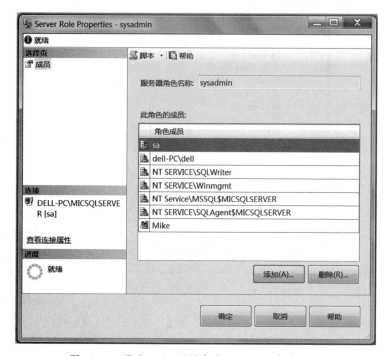

图 12.10　指定 Mike 登录名为 sysadmin 角色成员

2. 用户定义服务器角色

SQL Server 2012 新增了用户定义服务器角色。

用户定义服务器角色提供了灵活、有效的安全机制，用户可以创建、修改和删除用户定义服务器角色，可以像固定服务器角色一样添加角色成员和删除角色成员，其操作方法类似。

12.4.2　数据库角色

SQL Server 的数据库角色分为固定数据库角色、用户定义数据库角色和应用程序角色。

1. 固定数据库角色

固定数据库角色是在数据库级别定义的，并且有权进行特定数据库的管理和操作。

固定数据库角色及其执行的操作如下。

* db_owner：数据库所有者，可以执行数据库的所有管理操作。
* db_securityadmin：数据库安全管理员，可以修改角色成员身份和管理权限。
* db_accessadmin：数据库访问权限管理员，可以为 Windows 登录名、Windows 组和 SQL Server 登录名添加或删除数据库访问权限。
* db_backupoperator：数据库备份操作员，可以备份数据库。

- db_ddladmin：数据库 DDL 管理员，可以在数据库中运行任何 DDL 命令。
- db_datawriter：数据库数据写入者，可以在所有用户表中添加、删除或更改数据。
- db_datareader：数据库数据读取者，可以从所有用户表中读取所有数据。
- db_denydatawriter：数据库拒绝数据写入者，不能添加、修改或删除数据库内用户表中的任何数据。
- db_denydatareader：数据库拒绝数据读取者，不能读取数据库内用户表中的任何数据。
- public：特殊的数据库角色，每个数据库用户都属于 public 数据库角色。如果未向某个用户授予或拒绝对安全对象的特定权限，该用户将继承授予该对象的 public 角色的权限。

添加或删除固定数据库角色成员有使用系统存储过程和图形界面方式两种方式。

1）使用系统存储过程添加固定数据库角色成员

使用系统存储过程 sp_addrolemember 将一个数据库用户添加到某一固定数据库角色。

语法格式：

sp_addrolemember [@rolename =] 'role', [@membername =] 'security_account'

其中，role 为当前数据库中的数据库角色的名称；security_account 为添加到该角色的安全账户，可以是数据库用户或当前数据库角色。

【例 12.16】 在固定数据库角色 db_owner 中添加用户 Dbm。

```
USE stsc
GO
EXEC sp_addrolemember 'db_owner', 'Dbm'
```

2）使用系统存储过程删除固定数据库角色成员

使用系统存储过程 sp_droprolemember 将某一成员从固定数据库角色中删除。

语法格式：

sp_droprolemember [@rolename =] 'role',[@membername =] 'security_account

【例 12.17】 在固定数据库角色 db_owner 中删除用户 Dbm。

```
EXEC sp_droprolemember 'db_owner', 'Dbm'
```

3）使用图形界面方式添加固定数据库角色成员

使用图形界面方式添加固定数据库角色成员举例如下。

【例 12.18】 在固定数据库角色 db_owner 中添加用户 Acc。

使用图形界面方式添加固定数据库角色成员的操作步骤如下。

（1）启动 SQL Server Management Studio，在"对象资源管理器"窗格中，展开"数据库"节点，展开 stsc 节点，展开"安全性"节点，展开"用户"节点，选中 Acc 选项，右击该选项，在弹出的快捷菜单中选择"属性"命令，出现"数据库用户-Acc"窗口，在"角色成员"列表中，选择 db_owner 角色，如图 12.11 所示，单击"确定"按钮。

（2）为了查看 db_owner 角色的成员中是否添加了 Acc 用户，在"对象资源管理器"窗

图 12.11　在"数据库用户-Acc"窗口中选择 db_owner 角色

格中，展开"数据库"节点，展开 stsc 节点，展开"安全性"节点，展开"角色"节点，展开"数据库角色"节点，选中 db_owner 选项，右击该选项，在弹出的快捷菜单中选择"属性"命令，出现"数据库角色属性-db_owner"窗口，可以看到在"角色成员"列表中已有 Acc 成员，如图 12.12 所示。

图 12.12　固定数据库角色 db_owner 中已添加成员 Acc

2. 用户定义数据库角色

若有若干用户需要获取数据库共同权限,可形成一组,创建用户定义数据库角色赋予该组相应权限,并将这些用户作为该数据库角色成员即可。

创建或删除用户定义数据库角色有 T-SQL 语句和图形界面方式两种方式。

1) 使用 T-SQL 语句创建用户定义数据库角色

(1) 定义数据库角色。

创建用户定义数据库角色使用 CREATE ROLE 语句。

语法格式:

```
CREATE ROLE role_name [ AUTHORIZATION owner_name ]
```

其中,role_name 为要创建的自定义数据库角色名称;AUTHORIZATION owner_name 指定新的自定义数据库角色拥有者。

【例 12.19】 为 stsc 数据库创建数据库用户角色 Roledb1、Roledb2。

```
USE stsc
GO
CREATE ROLE Roledb1 AUTHORIZATION dbo

USE stsc
GO
CREATE ROLE Roledb2 AUTHORIZATION dbo
```

(2) 添加数据库角色成员。

向用户定义数据库角色添加成员使用存储过程 sp_ addrolemember,其用法与前面介绍的基本相同。

【例 12.20】 给数据库用户角色 Roledb1 添加用户账户 Dbn。

```
EXEC sp_addrolemember 'Roledb1','Dbn'
```

2) 使用 T-SQL 语句删除用户定义数据库角色

删除用户定义数据库角色使用 DROP ROLE 语句。

语法格式:

```
DROP ROLE role_name
```

【例 12.21】 删除用户定义数据库角色 Roledb2。

```
DROP ROLE Roledb2
```

3) 使用图形界面方式创建用户定义数据库角色

使用图形界面方式创建用户定义数据库角色举例如下。

【例 12.22】 为 stsc 数据库创建一个用户定义数据库角色 Roledb。

使用图形界面方式创建用户定义数据库角色成员的操作步骤如下。

(1) 启动 SQL Server Management Studio,在"对象资源管理器"窗格中,展开"数据库"节点,展开 stsc 节点,展开"安全性"节点,展开"角色"节点,选中"数据库角色"选项,右击该选项，在弹出的快捷菜单中选择"新建数据库角色"命令，如图 12.13 所示。

图 12.13　选择"新建数据库角色"命令

（2）出现如图 12.14 所示的"数据库角色-新建"窗口，在"角色名称"文本框中输入 Roledb，单击"所有者"文本框后的"."按钮。

图 12.14　"数据库角色-新建"窗口

（3）出现"选择数据库用户或角色"对话框，单击"浏览"按钮，出现如图 12.15 所示的"查找对象"对话框，从中选择数据库用户 Acc，两次单击"确定"按钮。

图 12.15　"查找对象"对话框

（4）选择"常规"选择页，设置结果如图 12.16 所示，单击"确定"按钮，完成用户定义数据库角色 Roledb 的创建操作。

图 12.16　"常规"选择页

3. 应用程序角色

应用程序角色用于允许用户通过特定的应用程序获取特定数据，它是一种特殊的数据库角色。

应用程序角色是非活动的,在使用之前要在当前连接中将其激活。激活一个应用程序角色后,当前连接将失去它所有的用户权限,只获得应用程序角色所拥有的权限。应用程序角色在默认情况下不包含任何成员。

12.5 权限管理

登录名具有对某个数据库的访问权限,但并不表示对该数据库的数据库对象具有访问权限,只有对数据库用户授权后才能访问数据库对象。

12.5.1 登录名权限管理

使用图形界面方式给登录名授权举例如下。

【例 12.23】 将固定服务器角色 serveradmin 的权限分配给一个登录名 Mike。

使用图形界面方式添加固定数据库角色成员的操作步骤如下。

(1)启动 SQL Server Management Studio,在"对象资源管理器"窗格中,展开"安全性"节点,展开"登录名"节点,选中 Mike 选项,右击该选项,在弹出的快捷菜单中选择"属性"命令,如图 12.17 所示。

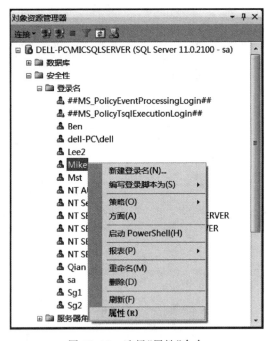

图 12.17 选择"属性"命令

(2)在出现的"登录属性-Mike"窗口中,选择"服务器角色"选择页,如图 12.18 所示,在"服务器角色"列表框中,勾选 serveradmin 复选框固定服务器角色。

(3)选择"用户映射"选择页,出现如图 12.19 所示的窗口,在"映射到此登录名的用

图 12.18 "登录属性-Mike"窗口

图 12.19 "用户映射"选择页

系统安全管理

户"列表框中勾选 stsc 数据库，设置数据库用户，此处设置为 Acc 用户，可以看出数据库用户 Acc 具有固定服务器角色 public 权限。

（4）选择"安全对象"选择页，单击"搜索"按钮，出现"添加对象"对话框，选择"特定类型的所有对象"单选按钮，单击"确定"按钮，出现如图 12.20 所示的"选择对象类型"对话框，勾选"登录名"复选框，单击"确定"按钮。

图 12.20 "选择对象类型"对话框

（5）返回"登录属性-Mike"窗口的"安全对象"选择页，在"安全对象"列表中选择 Mike 选项，在"Mike 的权限"列表中勾选"更改"复选框进行授予，设置结果如图 12.21 所示。单击"确定"按钮，完成对登录名 Mike 的授权操作。

图 12.21 "登录属性-Mike"窗口的"安全对象"选择页

12.5.2　数据库用户权限管理

可以使用 T-SQL 语句和图形界面方式给数据库用户授权,下面分别进行介绍。

1. 使用 GRANT 语句给用户授予权限

使用 GRANT 语句可以给数据库用户或数据库角色授予数据库级别或对象级别的权限。

语法格式:

```
GRANT { ALL [ PRIVILEGES ] }| permission [ ( column [ ,...n ] ) ] [ ,...n ]
    [ ON [ class :: ] securable ] TO principal [ ,...n ]
    [ WITH GRANT OPTION ] [ AS principal ]
```

说明:

- ALL:授予所有可用的权限。
- permission:权限的名称。

对于数据库,权限取值可为 CREATE DATABASE、CREATE DEFAULT、CREATE FUNACTION、CREATE PROCEDURE、CREATE RULE、CREATE TABLE、CREATE VIEW、BACKUP DATABASE 、BACKUP LOG。

对于表、视图或表值函数,权限取值可为 SELECT、INSERT、DELETE、UPDATE、REFERENCES。

对于存储过程库,权限取值可为 EXECUTE。

对于用户函数,权限取值可为 EXECUTE、REFERENCES。

- column:指定表中将授予其权限的列的名称。
- class:指定将授予其权限的安全对象的类。需要范围限定符"::"。
- ON securable:指定将授予其权限的安全对象。
- TO principal:主体的名称。可为其授予安全对象权限的主体因安全对象而异。
- GRANT OPTION:指示被授权者在获得指定权限的同时还可以将指定权限授予其他主体。

【例 12.24】　使用 T-SQL 语句给用户 Dbm 授予 CREATE TABLE 权限。

```
USE stsc
GRANT CREATE TABLE TO Dbm
GO
```

【例 12.25】　对用户 Dbm、角色 Roledb1 授予 student 表上的 SELECT、INSERT 权限。

```
USE stsc
GRANT SELECT, INSERT ON student TO Dbm, Roledb1
GO
```

2. 使用 DENY 语句拒绝授予用户权限

使用 DENY 语句可以拒绝给当前数据库用户授予权限,并防止数据库用户通过其组或角色成员资格继承权限。

254

语法格式：

```
DENY { ALL [ PRIVILEGES ] }
  | permission [ ( column [ ,...n ] ) ] [ ,...n ]
  [ ON securable ] TO principal [ ,...n ]
  [ CASCADE] [ AS principal ]
```

其中,CASCADE 指示拒绝授予指定主体该权限,同时,对该主体授予了该权限的所有其他主体,也拒绝授予该权限。当主体具有带 GRANT OPTION 的权限时,为必选项。DENY 语句语法格式的其他项的含义与 GRANT 语句中的相同。

【例 12.26】 对所有 Roledb 角色成员拒绝 CREATE TABLE 权限。

```
USE stsc
DENY CREATE TABLE TO Roledb
GO
```

3. 使用 REVOKE 语句撤销用户权限

使用 REVOKE 语句可撤销以前给当前数据库用户授予或拒绝的权限。

语法格式：

```
REVOKE [ GRANT OPTION FOR ]
  { [ ALL [ PRIVILEGES ] ]
    | permission [ ( column [ ,...n ] ) ] [ ,...n ]
  }
  [ ON securable ]
  { TO | FROM } principal [ ,...n ]
  [ CASCADE] [ AS principal ]
```

【例 12.27】 撤销已授予用户 Dbm 的 CREATE TABLE 权限。

```
USE stsc
REVOKE CREATE TABLE FROM Dbm
GO
```

【例 12.28】 撤销对 Dbm 授予的 student 表上的 SELECT 权限。

```
USE stsc
REVOKE SELECT ON student FROM Dbm
GO
```

4. 使用图形界面方式给用户授予权限

使用图形界面方式给用户授予权限举例如下。

【例 12.29】 使用图形界面方式给用户 Acc 授予一些权限。

使用图形界面方式给用户 Acc 授权的操作步骤如下。

(1) 启动 SQL Server Management Studio,在"对象资源管理器"窗格中,展开"数据库"节点,展开 stsc 节点,展开"安全性"节点,展开"用户"节点,选中 Acc 用户,右击该用户,在弹出的快捷菜单中选择"属性"命令,如图 12.22 所示。

(2) 在出现的"数据库用户-Acc"窗口中,选择"安全对象"选择页,如图 12.23 所示,

图 12.22 选择"属性"命令

图 12.23 "数据库用户-Acc"窗口

系统安全管理

单击"搜索"按钮。

（3）出现如图 12.24 所示的"添加对象"对话框，选择"特定类型的所有对象"单选按钮，单击"确定"按钮。出现如图 12.25 所示的"选择对象类型"对话框，勾选"表"复选框，单击"确定"按钮。

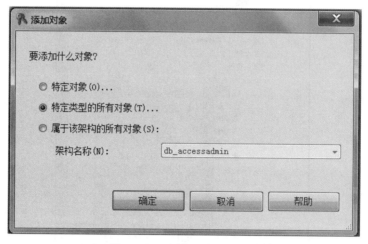

图 12.24 "添加对象"对话框

图 12.25 "选择对象类型"对话框

（4）返回"数据库用户-Acc"窗口的"安全对象"选择页，这里在"安全对象"列表中选择 course，在 dbo.course 列表中勾选"插入""更改""更新""删除""选择"等权限进行授予，设置结果如图 12.26 所示，单击"确定"按钮，完成对用户 Acc 的授权操作。

图 12.26 "安全对象"选择页

12.6 综 合 训 练

1. 训练要求

培养学生自主创建服务器登录名、创建数据库用户、创建用户定义数据库角色和在数据库角色中添加用户的能力。

(1) 以系统管理员 sa 身份登录到 SQL Server。

(2) 分别给 3 个学生创建登录名 st1、st2、st3,默认数据库为 stsc。

(3) 给上述 3 个学生创建 stsc 数据库用户 stud1、stud3、stud3。

(4) 在数据库 stsc 上创建一个数据库角色 Rdb2,并给该数据库角色授予在 student 表上执行 SELECT 语句的权限。

(5) 将每个学生用户定义为数据库角色 Rdb2 的成员。

2. T-SQL 语句编写

根据题目要求,编写 T-SQL 语句如下。

(1) 分别给 3 个学生创建登录名 st1、st2、st3,默认数据库为 stsc。

```
CREATE LOGIN st1
    WITH PASSWORD = '1234',
    DEFAULT_DATABASE = stsc
GO
```

```
CREATE LOGIN st2
    WITH PASSWORD = '1234',
    DEFAULT_DATABASE = stsc
GO


CREATE LOGIN st3
    WITH PASSWORD = '1234',
    DEFAULT_DATABASE = stsc
GO
```

（2）给上述 3 个学生创建 stsc 的数据库用户 stud1、stud2、stud3。

```
CREATE USER stud1
    FOR LOGIN st1
GO


CREATE USER stud2
    FOR LOGIN st2
GO


CREATE USER stud3
    FOR LOGIN st3
GO
```

（3）在数据库 stsc 上创建一个数据库角色 Rdb2，并给该数据库角色授予在 student 表上执行 SELECT 语句的权限。

```
USE stsc
GO


CREATE ROLE Rdb2 AUTHORIZATION dbo
GO


GRANT SELECT ON student TO Rdb2
    WITH GRANT OPTION
GO
```

（4）将每个学生用户定义为数据库角色 Rdb2 的成员。

```
EXEC sp_addrolemember 'Rdb2','stud1'


EXEC sp_addrolemember 'Rdb2','stud2'


EXEC sp_addrolemember 'Rdb2','stud3'
```

12.7　小　　结

本章主要介绍了以下内容。

（1）SQL Server 的安全机制分为 3 层结构，包括服务器安全性、数据库安全性、数据库对象安全性。

SQL Server 提供了两种身份认证模式：Windows 验证模式和 SQL Server 验证模式。

（2）可以使用 T-SQL 语句和图形界面方式两种方式创建登录名。在 T-SQL 语句中，创建登录名使用 CREATE LOGIN 语句。

修改登录名可以使用 T-SQL 语句和图形界面方式两种方式，修改登录名使用 ALTER LOGIN 语句。

可以使用 T-SQL 语句和图形界面方式两种方式删除登录名，删除登录名使用 DROP LOGIN 语句。

（3）创建数据库用户必须首先创建登录名。

创建数据库用户有 T-SQL 语句和图形界面方式两种方式。创建数据库用户使用 CREATE USER 语句。

修改数据库用户使用 T-SQL 语句和图形界面方式两种方式。修改数据库用户使用 ALTER USER 语句。

删除数据库用户有 T-SQL 语句和图形界面方式两种方式。删除数据库用户使用 DROP USER 语句。

（4）SQL Server 提供了若干角色，这些角色将用户分为不同的组，对相同组的用户进行统一管理，赋予相同的操作权限。SQL Server 提供了服务器角色和数据库角色。

服务器级角色分为固定服务器角色和用户定义服务器角色。

固定服务器角色是执行服务器级管理操作的权限集合，这些角色是系统预定义的。添加固定服务器角色成员有使用系统存储过程和图形界面方式两种方式。

SQL Server 2012 新增了用户定义服务器角色，提供了灵活、有效的安全机制。用户可以创建、修改和删除用户定义服务器角色，

（5）数据库角色分为固定的数据库角色、用户定义数据库角色和应用程序角色。

固定数据库角色是在数据库级别定义的，并且有权进行特定数据库的管理和操作，这些角色由系统预定义。添加固定数据库角色成员有使用系统存储过程和图形界面方式两种方式。

若有若干用户需要获取数据库共同权限，可形成一组，创建用户定义数据库角色赋予该组相应权限，并将这些用户作为个该数据库角色成员即可。创建用户定义数据库角色有 T-SQL 语句和图形界面方式两种方式。

应用程序角色用于允许用户通过特定的应用程序获取特定数据，它是一种特殊的数据库角色。

（6）权限管理包括登录名权限管理和数据库用户权限管理。

给数据库用户授予权限有 T-SQL 语句和图形界面方式两种方式。

使用 GRANT 语句可以给数据库用户或数据库角色授予数据库级别或对象级别的权限。

使用 DENY 语句可以拒绝给当前数据库用户授予的权限，并防止数据库用户通过其组或角色成员资格继承权限。

使用 REVOKE 语句可撤销以前给当前数据库用户授予或拒绝的权限。

系统安全管理

习　题　12

一、选择题

1. 下列 SQL Server 提供的系统角色中，具有 SQL Server 服务器上全部操作权限的角色是_____。

  A. db_owner B. dbcreator C. db_datawriter D. sysadmin

2. 下列角色中，具有数据库中全部用户表数据的插入、删除、修改权限且只具有这些权限的角色是_____。

  A. db_owner   B. db_datareader

  C. db_datawriter   D. public

3. 创建 SQL Server 登录账户的 SQL 语句是_____。

  A. CREATE LOGIN   B. CREATE USER

  C. ADD LOGIN   D. ADD USER

4. 下列关于用户定义数据库角色的说法中，错误的是_____。

  A. 用户定义数据库角色只能是数据库级别的角色

  B. 用户定义数据库角色可以是数据库级别的角色，也可以是服务器级别的角色

  C. 定义用户定义数据库角色的目的是方便对用户的权限管理

  D. 用户定义数据库角色的成员可以是用户定义数据库角色

5. 下列关于 SQL Server 数据库用户权限的说法中，错误的是_____。

  A. 数据库用户自动具有该数据库中全部用户数据的查询权

  B. 通常情况下，数据库用户都来源于服务器的登录名

  C. 一个登录名可以对应多个数据库中的用户

  D. 数据库用户都自动具有该数据库中 public 角色的权限

6. 在 SQL Server 中，设用户 U1 是某数据库 db_datawriter 角色中的成员，则 U1 在该数据库中有权执行的操作是_____。

  A. SELECT

  B. SELECT 和 INSERT

  C. INSERT、UPDATE 和 DELETE

  D. SELECT、INSERT、UPDATE 和 DELETE

7. 在 SQL Server 的某数据库中，设用户 U1 同时是角色 R1 和角色 R2 中的成员。现已授予角色 R1 对表 T 具有 SELECT、INSERT 和 UPDATE 权限，授予角色 R2 对表 T 具有 INSERT 和 DENY UPDATE 权限，没有对 U1 进行其他授权，则 U1 对表 T 有权执行的操作是_____。

  A. SELECT 和 INSERT   B. INSERT、UPDATE 和 SELECT

  C. SELECT 和 UPDATE   D. SELECT

二、填空题

1. SQL Server 的安全机制分为 3 层结构，包括服务器安全性、数据库安全性、数据库

对象_____。

2. SQL Server 提供了两种身份认证模式：Windows 验证模式和_____验证模式。

3. 在 SQL Server 中，创建登录名 em1，请补全下面的语句：

_____ em1 WITH PASSWORD = '1234' DEFAULT_DATABASE = StoreSales;

4. 在 SQL Server 的某数据库中，授予用户 emp1 获得对 sales 表数据的查询权限，请补全实现该授权操作的 T-SQL 语句：

_____ ON sales TO emp1;

5. 在 SQL Server 的某数据库中，授予用户 emp1 获得创建表的权限，请补全实现该授权操作的 T-SQL 语句：

_____ TO emp1;

6. 在 SQL Server 的某数据库中，设置不允许用户 stu1 获得对 student 表的插入数据权限，请补全实现该拒绝权限操作的 T-SQL 语句：

_____ ON student TO stu1;

7. 在 SQL Server 的某数据库中，撤销用户 u1 创建表的权限，请补全实现该撤销权限操作的 T-SQL 语句：

_____ FROM u1;

三、问答题

1. 怎样创建 Windows 验证模式和 SQL Server 验证模式的登录名？

2. SQL Server 登录名和用户有什么区别？

3. 什么是角色？固定服务器角色有哪些？固定数据库角色有哪些？

4. 常见数据库对象访问权限有哪些？

5. 怎样给一个数据库用户或角色授予操作权限？怎样撤销授予的操作权限？

四、上机实验题

1. 使用 T-SQL 语句创建一个登录名 mylog，其密码为 123456，然后将密码改为 234567，以 mylog/234567 登录到 SQL Server，打开 stsc 数据库，查看出现的结果；完成上述实验后，删除登录名 mylog。

2. 创建了一个登录名 Mst，其默认数据库为 stsc，使用 T-SQL 语句为 Mst 登录名在 test 数据库中创建一个数据库用户 Musr。

3. 将 test 数据库中建表的权限授予 Musr 数据库用户，然后收回该权限。

4. 将 test 数据库中表 s 上的 INSERT、UPDATE 和 DELETE 权限授予 Musr 数据库用户，然后收回该权限。

5. 拒绝 Musr 数据库用户对 test 数据库中表 s 的 INSERT、UPDATE 和 DELETE 权限。

实验 12　系统安全管理

1. 实验目的及要求

（1）了解 SQL Server 安全机制和身份验证模式的概念。

（2）掌握登录名、用户和角色的创建和删除，权限授予、拒绝和撤销等操作和使用方法。

（3）具备设计、编写和调试登录名、用户和角色的创建和删除，权限授予、拒绝和撤销等以解决应用问题的能力。

2. 验证性实验

使用登录名、用户和角色管理、权限管理语句解决以下应用问题。

（1）分别创建 5 个登录名：em1、em2、em3、em4、em5，默认数据库为 storeexpm。

```
CREATE LOGIN em1
    WITH PASSWORD = '1234',
    DEFAULT_DATABASE = storeexpm
GO


CREATE LOGIN em2
    WITH PASSWORD = 'abcd',
    DEFAULT_DATABASE = storeexpm
GO


CREATE LOGIN em3
    WITH PASSWORD = 'gh01',
    DEFAULT_DATABASE = storeexpm
GO


CREATE LOGIN em4
    WITH PASSWORD = '6mnp',
     DEFAULT_DATABASE = storeexpm
GO


CREATE LOGIN em5
    WITH PASSWORD = 'rstu',
    DEFAULT_DATABASE = storeexpm
GO
```

（2）在数据库 storeexpm 上创建 5 个数据库用户：empl1、empl2、empl3、empl4、empl5。

```
USE storeexpm
GO


CREATE USER empl1
    FOR LOGIN em1
```

```
GO

CREATE USER empl2
    FOR LOGIN em2
GO

CREATE USER empl3
    FOR LOGIN em3
GO

CREATE USER empl4
    FOR LOGIN em4
GO

CREATE USER empl5
    FOR LOGIN em5
GO
```

（3）删除数据库用户 empl5 和登录名 em5。

```
DROP USER empl5

DROP LOGIN em5
```

（4）在数据库 storeexpm 上创建 4 个数据库角色：shop1、shop2、shop3、shop4,给数据库角色 shop1 添加用户 empl3,给数据库角色 shop2 添加用户 empl4。

```
USE storeexpm
GO

CREATE ROLE shop1 AUTHORIZATION dbo
GO

CREATE ROLE shop2 AUTHORIZATION dbo
GO

CREATE ROLE shop3 AUTHORIZATION dbo
GO

CREATE ROLE shop4 AUTHORIZATION dbo
GO

EXEC sp_addrolemember 'shop1', 'empl3'

EXEC sp_addrolemember 'shop2', 'empl4'
```

（5）删除数据库角色 shop4。

```
DROP ROLE shop4
```

（6）授予用户 empl1 和角色 shop1 在数据库 storeexpm 上创建表和创建视图的权限。

```
USE storeexpm
GRANT CREATE TABLE, CREATE VIEW TO empl1, shop1
GO
```

（7）授予用户 empl2 和角色 shop2 在数据库 storeexpm 的 EmplInfo 表上查询、插入、更新和删除权限。

```
USE storeexpm
GRANT SELECT, INSERT, UPDATE, DELETE ON EmplInfo TO empl2, shop2
GO
```

（8）对用户 empl2 和角色 shop3 拒绝创建表和创建视图的权限。

```
USE storeexpm
DENY CREATE TABLE, CREATE VIEW TO empl2, shop3
GO
```

（9）撤销已授予用户 empl2 和角色 shop2 在数据库 storeexpm 的 EmplInfo 表上查询和删除权限。

```
USE storeexpm
REVOKE SELECT, DELETE FROM empl2, shop2
GO
```

3. 设计性实验

设计、编写和调试登录名、用户和角色管理、权限管理语句以解决下列应用问题。

（1）分别创建 5 个登录名：cs1、cs2、cs3、cs4、cs5，默认数据库为 storeexpm。

（2）在数据库 storeexpm 上创建 5 个数据库用户：consumer1、consumer2、consumer3、consumer4、consumer5。

（3）删除数据库用户 consumer5 和登录名 cs5。

（4）在数据库 storeexpm 上创建 4 个数据库角色：sp1、sp2、sp3、sp4，给数据库角色 sp1 添加用户 consumer3，给数据库角色 sp2 添加用户 consumer34。

（5）删除数据库角色 sp4。

（6）授予用户 consumer1 和角色 sp1 在数据库 storeexpm 上创建表和创建视图的权限。

（7）授予用户 consumer2 和角色 sp2 在数据库 storeexpm 的 GoodsInfo 表上查询、插入、更新和删除权限。

（8）对用户 consumer2 和角色 sp3 拒绝创建表和创建视图的权限。

（9）撤销已授予用户 consumer2 和角色 sp2 在数据库 storeexpm 的 GoodsInfo 表上查询和删除权限。

4. 观察与思考

（1）登录名权限和数据库用户权限有何不同？

（2）授予权限和撤销权限有何关系？

第13章 备份和恢复

本章要点

- 备份和恢复概述。
- 创建备份设备。
- 备份数据库。
- 恢复数据库。
- 复制数据库。
- 分离和附加数据库。

为了防止因硬件故障、软件错误、误操作、病毒和自然灾难而导致的数据丢失或数据库崩溃而进行的数据备份和恢复工作是一项重要的系统管理工作。本章介绍备份和恢复概述、创建备份设备、备份数据库、恢复数据库、复制数据库、分离和附加数据库等内容。

13.1 备份和恢复概述

备份是制作数据库结构、数据库对象和数据的副本,当数据库遭到破坏时能够通过备份还原和恢复数据。恢复是指从一个或多个备份中还原数据,并在还原最后一个备份后恢复数据库的操作。

用于还原和恢复数据的数据副本称为备份。使用备份可以在发生故障后还原数据。通过妥善的备份,可以从多种故障中恢复,例如:

- 硬件故障(例如,磁盘驱动器损坏或服务器报废)。
- 存储媒体故障(例如,存放数据库的硬盘损坏)。
- 用户错误(例如,偶然或恶意地修改或删除数据)。
- 自然灾难(例如火灾、洪水或地震等)。
- 病毒(破坏性病毒会破坏系统软件、硬件和数据)。

此外,数据库备份对于进行日常管理(如将数据库从一台服务器复制到另一台服务器,设置数据库镜像以及进行存档)非常有用。

1. 备份类型

SQL Server 有 3 种备份类型:完整数据库备份、差异数据库备份、事务日志备份。

(1)完整数据库备份:备份整个数据库或事务日志。

(2)差异数据库备份:备份自上次备份以来发生过变化的数据库的数据。差异备份也称为增量备份。

(3) 事务日志备份：备份事务日志。

2. 恢复模式

SQL Server 有 3 种恢复模式：简单恢复模式、完整恢复模式和大容量日志恢复模式。

(1) 简单恢复模式：无日志备份，自动回收日志空间以减少空间需求，实际上不再需要管理事务日志空间。

(2) 完整恢复模式：需要日志备份，数据文件丢失或损坏不会导致数据文件丢失，可以恢复到任意时点(例如应用程序或用户错误之前)。

(3) 大容量日志恢复模式：需要日志备份，是完整恢复模式的附加模式，允许执行高性能的大容量复制操作，通过使用最小方式记录大多数大容量操作，减少日志空间使用量。

13.2　创建备份设备

在备份操作过程中，需要将要备份的数据库备份到备份设备中，备份设备可以是磁盘设备或磁带设备。

创建备份设备需要一个物理名称或一个逻辑名称。将可以使用逻辑名访问的备份设备称为命名备份设备。将可以使用物理名访问的备份设备称为临时备份设备。

- 命名备份设备：又称逻辑备份设备，用户可定义名称，例如 mybackup。
- 临时备份设备：又称物理备份设备，例如 e:\tmpsql\dkbp.bak。

使用命名备份设备的一个优点是比使用临时备份设备路径简单。

提示：物理备份设备的备份文件是常规操作系统文件。通过逻辑备份设备，可以在引用相应的物理备份设备时使用间接寻址。

13.2.1　使用存储过程创建和删除命名备份设备

使用存储过程创建和删除命名备份设备介绍如下。

1. 使用存储过程创建命名备份设备

使用存储过程 sp_addumpdevice 创建命名备份设备。

语法格式：

```
sp_addumpdevice [ @devtype = ] 'device_type',
  [ @logicalname = ] 'logical_name',
  [ @physicalname = ] 'physical_name'
```

其中，device_type 指出介质类型，可以是 DISK 或 TAPE，DISK 表示硬盘文件，TAPE 表示磁带设备；logical_name 和 physical_name 分别是逻辑名和物理名。

【例 13.1】　使用存储过程创建命名备份设备 mybackup1。

命名备份设备 mybackup1 的逻辑名为 mybackup1，物理名为 e:\nmsql\mybackup1. bak，语句如下：

```
USE master
```

```
GO
EXEC sp_addumpdevice 'disk', 'mybackup1', 'e:\nmsql\mybackup1.bak'
```

注意：备份磁盘应不同于数据库数据和日志的磁盘，这是数据或日志磁盘出现故障时访问备份数据必不可少的。

2. 使用存储过程删除命名备份设备

使用存储过程 sp_dropdevice 删除命名备份设备举例如下。

【例 13.2】 使用存储过程删除命名备份设备 mybackup1。

```
EXEC sp_dropdevice 'mybackup1', DELFILE
```

13.2.2 使用 T-SQL 语句创建临时备份设备

使用 T-SQL 的 BACKUP DATABASE 语句创建临时备份设备。

语法格式：

```
BACKUP DATABASE { database_name | @database_name_var }
  TO < backup_file > [, ...n ]
```

其中，database_name 是被备份的数据库名。backup_file 的定义格式如下：

```
{ { backup_file_name | @backup_file_name_evar } |
  { DISK | TAPE } = { temp_file_name | @temp_file_name_evar } }
```

【例 13.3】 使用 T-SQL 语句创建临时备份设备 e:\tmpsql\dkbp.bak。

```
USE master
BACKUP DATABASE mystsc TO DISK = 'e:\tmpsql\dkbp.bak'
```

13.2.3 使用图形界面方式创建和删除命名备份设备

1. 使用图形界面方式创建命名备份设备

下面介绍使用图形界面方式创建命名备份设备的过程。

【例 13.4】 使用图形界面方式创建命名备份设备 mybackup。

使用图形界面方式创建命名备份设备的操作步骤如下。

（1）启动 SQL Server Management Studio，在"对象资源管理器"窗格中，展开"服务器对象"节点，选中"备份设备"选项，右击该选项，在弹出的快捷菜单中选择"新建备份设备"命令，如图 13.1 所示。

（2）出现如图 13.2 所示的"备份设备"窗口，在"设备名称"文本框中，输入创建的备份设备名 mybackup，单击"文件"文本框后的"…"按钮。

（3）出现如图 13.3 所示的"定位数据库文件-DELL-PC\MICSQLSERVER"窗口，在"所选路径"文本框中，输入路径 E:\nmsql，在"文件名"文本框中输入文件名 mybackup，单击"确定"按钮完成设置。

（4）返回"对象资源管理器"窗格，在"备份设备"中出现已创建的命名备份设备 mybackup，如图 13.4 所示。

图 13.1 选择"新建备份设备"命令

图 13.2 "备份设备"窗口

注意：将数据库和备份放置在不同的设备上；否则，如果包含数据库的设备失败，备份也将不可用。此外，放置在不同的设备上还可以提高写入备份和使用数据库时的 I/O 性能。

2. 使用图形界面方式删除命名备份设备

下面举例说明使用图形界面方式删除命名备份设备。

图 13.3　"定位数据库文件-DELL-PC\MICSQLSERVER"窗口

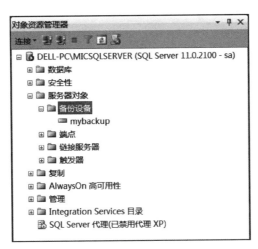

图 13.4　创建的命名备份设备 mybackup

【例 13.5】　设 mybackup2 已创建,使用图形界面方式删除命名备份设备 mybackup2。其操作步骤如下。

(1) 启动 SQL Server Management Studio,在"对象资源管理器"窗格中,展开"服务

器对象"节点,展开"备份设备"节点,选中要删除的备份设备 mybackup2,右击该选项,在弹出的快捷菜单中选择"删除"命令。

（2）出现"删除对象"对话框,单击"确定"按钮,则删除备份设备完成。

13.3 备份数据库

首先创建备份设备,然后才能通过 T-SQL 语句或图形界面方式备份数据库到备份设备中。

13.3.1 使用 T-SQL 语句备份数据库

使用 T-SQL 语句进行完整数据库备份、差异数据库备份、事务日志备份、备份数据库文件或文件组介绍如下。

1. 完整数据库备份
进行完整数据库备份使用 BACKUP 语句。

语法格式:

```
BACKUP DATABASE { database_name | @database_name_var }        /* 被备份的数据库名 */
TO < backup_device > [ , ...n ]                                /* 备份目标设备 */
[ WITH
    [ BLOCKSSIZE = {blocksize | @blocksize_variable } ]
    [[,] {CHECKSUM | NO_ CHECKSUM }]
    [[,] {STOP_ON_ERROR | CONTINUE_AFTER_ERROR}]
    [[,] DESCRIPTION = {'text | @ text_variable'}]
    [[,] DIFFERENTIAL ]
    /* 其余选项略 */
]

< backup_device >:: =
 {
   { logical_device_name | @logical_device_name_var }         /* 使用逻辑备份设备 */
 | { DISK | TAPE } =
      { 'physical_device_name' | @physical_device_name_var }  /* 使用物理备份设备 */
 }
```

其中,backup_device 指定备份操作时使用的逻辑备份设备或物理备份设备。

- 逻辑备份设备:又称命名备份设备,由存储过程 sp_addumpdevice 创建。
- 物理备份设备:又称临时备份设备。

【例 13.6】 创建一个命名的备份设备 testbp,并将数据库 mystsc 完整备份到该设备。

```
USE master
EXEC sp_addumpdevice 'disk', 'testbp', 'e:\tmpsql\testbp.bak'
BACKUP DATABASE mystsc TO testbp
```

运行结果：

已为数据库 'mystsc',文件 'mystsc'(位于文件 1 上)处理了 304 页。
已为数据库 'mystsc',文件 'mystsc_log'(位于文件 1 上)处理了 2 页。
BACKUP DATABASE 成功处理了 306 页,花费 0.926 秒(2.573 MB/秒)。

2. 差异数据库备份

进行差异数据库备份时,将备份从最近的完全数据库备份后发生过变化的数据部分。对于需要频繁修改的数据库,该备份类型可以缩短备份和恢复的时间。

进行差异备份使用 BACKUP 语句。

```
BACKUP DATABASE { database_name | @database_name_var }
  READ_WRITE_FILEGROUPS
  [ , FILEGROUP = { logical_filegroup_name | @logical_filegroup_name_var } [ ,...n ] ]
TO < backup_device > [ , ...n ]
[ WITH
  {[[,] DIFFERENTIAL ]
  / * 其余选项与数据库的完全备份相同 * /
  }
]
```

其中,DIFFERENTIAL 选项是差异备份的关键字。

【例 13.7】 创建临时备份设备并在所创建的临时备份设备上对数据库 mystsc 进行差异备份。

```
BACKUP DATABASE mystsc TO DISK = 'e:\tmpsql\testbp1.bak' WITH DIFFERENTIAL
```

运行结果：

已为数据库 'mystsc',文件 'mystsc'(位于文件 1 上)处理了 40 页。
已为数据库 'mystsc',文件 'mystsc_log'(位于文件 1 上)处理了 1 页。
BACKUP DATABASE WITH DIFFERENTIAL 成功处理了 41 页,花费 0.210 秒(1.525 MB/秒)。

3. 事务日志备份

事务日志备份用于记录前一次的数据库备份或事务日志备份后数据库所做出的改变。事务日志备份需在一次完全数据库备份后进行,这样才能将事务日志文件与数据库备份一起用于恢复。进行事务日志备份时,系统进行操作如下。

- 将事务日志中从前一次成功备份结束位置开始到当前事务日志的结尾处的内容进行备份。
- 标识事务日志中活动部分的开始,所谓事务日志的活动部分指从最近的检查点或最早的打开位置开始至事务日志的结尾处。

进行事务日志备份使用 BACKUP LOG 语句。

语法格式：

```
BACKUP LOG { database_name | @database_name_var }   / * 指定被备份的数据库名 * /
{
    TO < backup_device > [ ,...n ]                  / * 指定备份目标 * /
```

备份和恢复

```
[ WITH
    {
      { NORECOVERY  | STANDBY = undo_file_name }
    | NO_TRUNCATE   ]
    | / * 其余选项与数据库的完全备份相同 * /
    }
}
```

其中，BACKUP LOG 语句指定只备份事务日志。

【例 13.8】 创建一个命名的备份设备 myslogbk，备份 mystsc 数据库的事务日志。

```
EXEC sp_addumpdevice 'disk', 'myslogbk', 'e:\nmsql\myslogbk.bak'
BACKUP LOG mystsc TO myslogbk
```

运行结果：

已为数据库 'mystsc'，文件 'mystsc_log'（位于文件 1 上）处理了 8 页。
BACKUP LOG 成功处理了 8 页，花费 0.095 秒(0.657 MB/秒)。

4. 备份数据库文件或文件组

使用 BACKUP 语句进行数据库文件或文件组的备份。

语法格式：

```
BACKUP DATABASE { database_name | @database_name_var }
    < file_or_filegroup > [ ,...f ]                      / * 指定文件或文件组名 * /
TO < backup_device > [ ,...n ]
[ [ MIRROR TO < backup_device > [ ,...n ] ] [ ...next - mirror ] ]
[ WITH
    { [[,] DIFFERENTIAL ]
      / * 选项与数据库的完全备份相同 * /
}]
```

其中，参数< file_or_filegroup >指定的数据库文件或文件组备份到由参数 backup_device 指定的备份设备上。参数< file_or_filegroup >指定包含在数据库备份中的文件或文件组的逻辑名。

13.3.2 使用图形界面方式备份数据库

下面举例说明使用图形界面方式备份数据库。

【例 13.9】 使用图形界面方式对数据库 mystsc 进行备份。

使用图形界面方式备份数据库的操作步骤如下。

（1）启动 SQL Server Management Studio，在"对象资源管理器"窗格中，展开"数据库"节点，选中 mystsc，右击该选项，在弹出的快捷菜单中选择"任务"→"备份"命令，如图 13.5 所示。

（2）出现如图 13.6 所示的"备份数据库-mystsc"窗口，在"目标"选项组中有一个默认值，单击"删除"按钮将它删除，单击"添加"按钮。

图 13.5　选择"任务"→"备份"命令

图 13.6　"备份数据库-mystsc"窗口

第
13
章

备份和恢复

(3) 出现如图 13.7 所示的"选择备份目标"对话框,选择"备份设备"单选按钮,从组合框中选中已建备份设备 mybackup,单击"确定"按钮返回"备份数据库-mystsc"窗口,单击"确定"按钮,数据库备份操作开始运行,备份完成后,出现"备份成功"对话框,单击"确定"按钮,完成备份数据库操作。

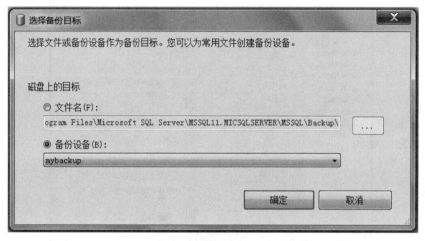

图 13.7　"选择备份目标"对话框

13.4　恢复数据库

恢复数据库有两种方式:一种是使用 T-SQL 语句;另一种是使用图形界面方式。

13.4.1　使用 T-SQL 语句恢复数据库

在 SQL Server 中,恢复数据库的 T-SQL 语句是 RESTORE。

1. 恢复数据库的准备

在进行数据库恢复之前,RESTORE 语句要校验有关备份集或备份介质的信息,其目的是确保数据库备份介质是有效的。

使用图形界面方式查看所有备份介质属性的操作步骤如下:启动 SQL Server Management Studio,在"对象资源管理器"窗格中,展开"服务器对象"节点,展开"备份设备"节点,选择要查看的备份设备,这里选择 mybackup,右击,在弹出的快捷菜单中选择"属性"命令,在打开的"备份设备"窗口中选择"媒体内容"选择页,可以看到所选备份介质的有关信息,例如备份介质所在的服务器、备份数据库名、位置、备份日期、大小、用户名等。

2. 使用 RESTORE 语句恢复数据库

BACKUP 语句所做的备份可使用 RESTORE 语句恢复,包括完整恢复数据库、恢复数据库的部分内容、恢复特定的文件或文件组和恢复事务日志。

1) 完整恢复数据库

当存储数据库的物理介质被破坏,或者整个数据库被误删除或被破坏时,需要完整恢复数据库。完整恢复数据库时,SQL Server 系统将重新创建数据库及与数据库相关的所有文件,并将文件存放在原来的位置。

语法格式:

```
RESTORE DATABASE { database_name | @database_name_var }   /* 指定被还原的目标数据库 */
  [ FROM < backup_device > [ ,…n ] ]                      /* 指定备份设备 */
  [ WITH
  {
    [ RECOVERY | NORECOVERY | STANDBY = {standby_file_name | @standby_file_name_var } ]
  | , < general_WITH_options > [ ,…n ]
```

其中,database_name 指定被还原的目标数据库名称;FROM 字句指定用于恢复的备份设备。

【例 13.10】 创建命名备份设备 stscbk 并备份数据库 mystsc 到 stscbk 后,使用 RESTORE 语句从备份设备 stscbk 中完整恢复数据库 mystsc。

```
USE master
GO
EXEC sp_addumpdevice 'disk', 'stscbk', 'e:\nmsql\stscbk.bak'

BACKUP DATABASE mystsc TO stscbk

RESTORE DATABASE mystsc FROM stscbk
    WITH FILE = 1, REPLACE
```

运行结果:

已为数据库 'mystsc',文件 'mystsc'(位于文件 1 上)处理了 312 页。
已为数据库 'mystsc',文件 'mystsc_log'(位于文件 1 上)处理了 3 页。
BACKUP DATABASE 成功处理了 315 页,花费 0.200 秒(12.270 MB/秒)。
已为数据库 'mystsc',文件 'mystsc'(位于文件 1 上)处理了 312 页。
已为数据库 'mystsc',文件 'mystsc_log'(位于文件 1 上)处理了 3 页。
RESTORE DATABASE 成功处理了 315 页,花费 0.244 秒(10.057 MB/秒)。

2) 恢复数据库的部分内容

恢复数据库的部分内容是数据库的部分内容还原到另一个位置的机制,以使损坏或丢失的数据可复制回原始数据库。

语法格式:

```
RESTORE DATABASE { database_name | @database_name_var }
    < files_or_filegroup > [ ,…n ]   /* 指定需恢复的逻辑文件或文件组的名称 */
[ FROM < backup_device > [ ,…n ] ]
    WITH
      PARTIAL, NORECOVERY
```

```
        [ , < general_WITH_options > [ ,...n ] ]
    [ ; ]
```

其中，PARTIAL 为恢复数据库的部分内容时在 WITH 后面要加上的关键字。

3）恢复事务日志

恢复事务日志可将数据库恢复到指定的时间点。

语法格式：

```
RESTORE LOG { database_name | @database_name_var }
[ < file_or_filegroup > [ ,...n ] ]
[ FROM < backup_device > [ ,...n ] ]
[ WITH
    {
        [ RECOVERY | NORECOVERY | STANDBY = { standby_file_name | @standby_file_name_var } ]
        | , < general_WITH_options > [ ,...n ]
    } [ ,...n ]
]
```

4）恢复特定的文件或文件组

若某个或某些文件被破坏或被误删除，可以从文件或文件组备份中进行恢复，而不必进行整个数据库的恢复。

语法格式：

```
RESTORE DATABASE { database_name | @database_name_var }
    < file_or_filegroup > [ ,...n ]
[ FROM < backup_device > [ ,...n ] ]
    WITH
    {
        [ RECOVERY | NORECOVERY ]
        [ , < general_WITH_options > [ ,...n ] ]
    } [ ,...n ]
```

13.4.2 使用图形界面方式恢复数据库

下面介绍使用图形界面方式恢复数据库的过程。

【**例 13.11**】 对数据库 mystsc 进行数据库恢复。

使用图形界面方式恢复数据库的操作步骤如下。

（1）启动 SQL Server Management Studio，在"对象资源管理器"窗格中，展开"数据库"节点，选中 mystsc，右击该数据库，在弹出的快捷菜单中选择"任务"→"还原"→"数据库"命令，如图 13.8 所示。

（2）出现如图 13.9 所示的"还原数据库"窗口，选择"设备"单选按钮，在其中的文本框中输入 mybackup，单击其右侧的"···"按钮。

图 13.8　选择"任务"→"还原"→"数据库"命令

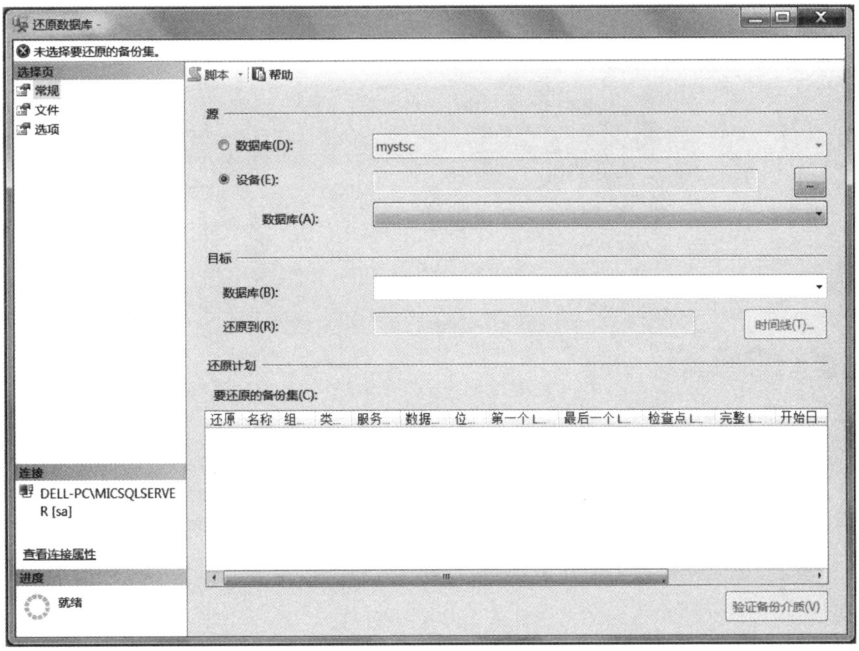

图 13.9　"还原数据库"窗口

（3）出现"指定备份"窗口，从"备份媒体"组合框中选择"备份设备"选项，单击"添加"按钮。

（4）出现如图 13.10 所示的"选择备份设备"对话框，从"备份设备"组合框中选择 mybackup，单击"确定"按钮返回"指定备份"窗口，单击"确定"按钮返回"还原数据库-mystsc"窗口，如图 13.11 所示。

图 13.10 "选择备份设备"对话框

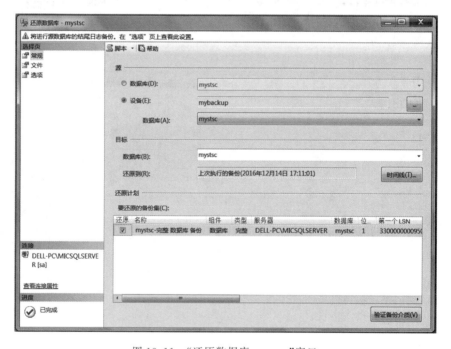

图 13.11 "还原数据库-mystsc"窗口

（5）选择"选项"选择页，如图 13.12 所示，单击"确定"按钮，数据库恢复操作开始运行。还原完成后，出现"成功还原"对话框，单击"确定"按钮，完成数据库恢复操作。

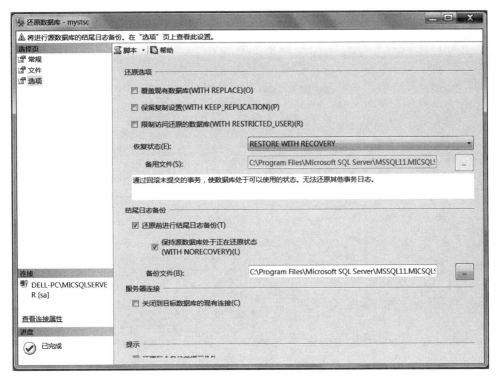

图 13.12　"还原数据库-mystsc"窗口的"选项"选择页

13.5　复制数据库

通过"复制数据库向导",可以方便地将数据库及其对象从一台服务器移动或复制到另一台服务器,可以使用 SQL Server Management Studio 的"对象资源管理器"窗格或 SQL Server 配置管理器启动"复制数据库向导"。下面举例说明复制数据库的过程。

【例 13.12】　将源数据库 stsc 复制到目标数据库 stsc_new。

其操作步骤如下。

(1) 启动 SQL Server Management Studio,在"对象资源管理器"窗格中,右击"SQL Server 代理",在弹出的快捷菜单中选择"启动"命令,在弹出的对话框中单击"是"按钮。

(2) 在"对象资源管理器"窗格中,右击"管理",在弹出的快捷菜单中选择"复制数据库"命令,打开"复制数据库向导"窗口,单击"下一步"按钮,进入"选择源服务器"窗口,如图 13.13 所示,单击"下一步"按钮。

进入"选择目标服务器"窗口,此处不做修改,单击"下一步"按钮。进入"选择传输方法"窗口,这里选择默认方法,单击"下一步"按钮。

(3) 进入"选择数据库"窗口,选择需要复制的数据库,这里勾选 stsc 复选框(如果要移动数据库,则勾选"移动"复选框),如图 13.14 所示,单击"下一步"按钮。

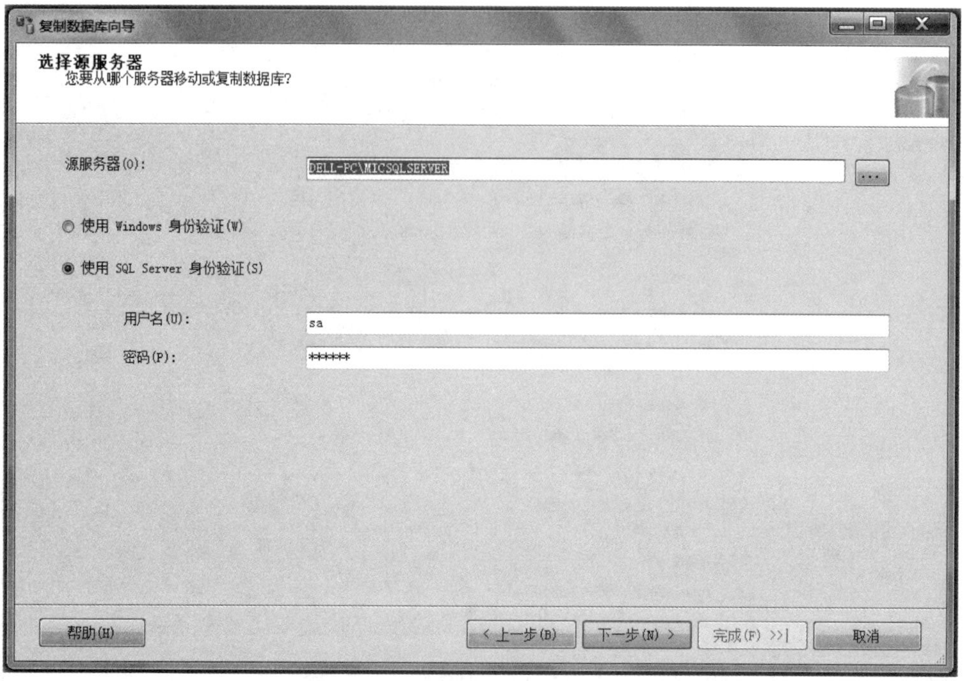

图 13.13 "选择源服务器"窗口

图 13.14 "选择数据库"窗口

（4）进入如图 13.15 所示的"配置目标数据库"窗口，在"目标数据库"文本框中，可修改目标数据库名称，还可修改目标数据库的逻辑文件和日志文件的文件名和路径，单击"下一步"按钮进入"配置包"窗口，这里选择默认设置，单击"下一步"按钮。进入"安排运行包"窗口，这里选择"立即运行"选项，单击"下一步"按钮。进入"完成该向导"窗口，单击"完成"按钮开始复制数据库，直至完成复制数据库操作。

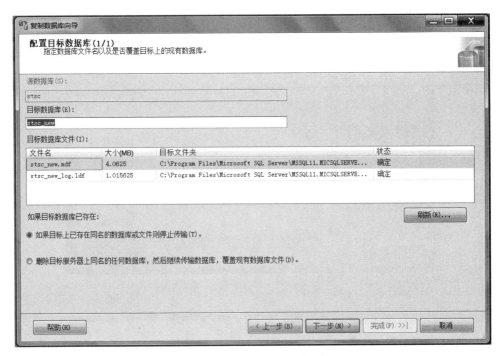

图 13.15 "配置目标数据库"窗口

13.6 分离和附加数据库

可以分离数据库的数据和事务日志文件，然后将它们重新附加到同一或其他 SQL Server 服务器。如果要将数据库更改到同一计算机的不同 SQL Server 服务器或要移动数据库，分离和附加数据库是很有用的。

13.6.1 分离数据库

分离数据库的操作过程举例如下。

【例 13.13】 将数据库 mystsc 从 SQL Server 中分离。

其操作步骤如下。

（1）启动 SQL Server Management Studio，在"对象资源管理器"窗格中，展开"数据库"节点，选中 mystsc，右击该数据库，在弹出的快捷菜单中选择"任务"→"分离"命令。

（2）进入"分离数据库"窗口，在"数据库名称"列，显示要分离的数据库逻辑名称，勾选"删除连接"列，勾选"更新统计信息"列，如图 13.16 所示，单击"确定"按钮。

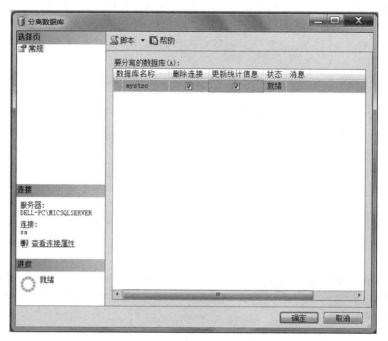

图 13.16 "分离数据库"窗口

（3）单击"确定"按钮，完成分离数据库操作。在"数据库"节点下，已无 mystsc 数据库。

13.6.2 附加数据库

附加数据库的操作过程举例如下。

【例 13.14】 将数据库 mystsc 附加到 SQL Server 中。

其操作步骤如下。

（1）启动 SQL Server Management Studio，在"对象资源管理器"窗格中，右击"数据库"，在弹出的快捷菜单中选择"附加"命令，如图 13.17 所示。

图 13.17 选择"附加"命令

（2）进入如图 13.18 所示的"附加数据库"窗口，单击"添加"按钮。

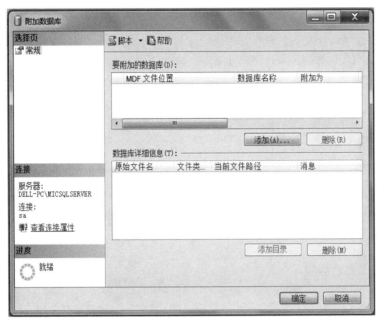

图 13.18　"附加数据库"窗口

（3）出现如图 13.19 所示的"定位数据库文件-DELL-PC\MICSQLSERVER"窗口，选择 mystsc.mdf 文件，单击"确定"按钮。

图 13.19　"定位数据库文件-DELL-PC\MICSQLSERVER"窗口

备份和恢复

（4）返回如图 13.20 所示的"附加数据库"窗口，单击"确定"按钮，完成附加数据库操作。在"数据库"节点下，又可看到 mystsc 数据库。

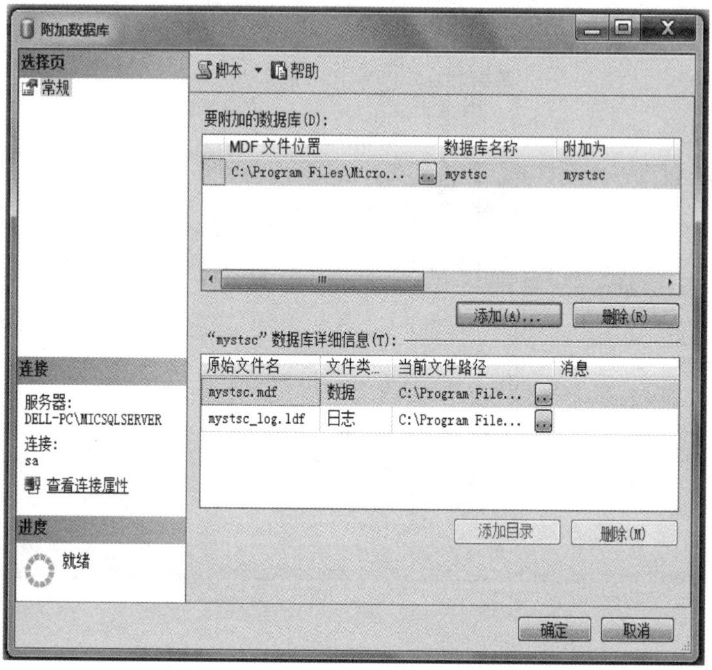

图 13.20　"附加数据库"窗口

13.7　小　　结

本章主要介绍了以下内容。

（1）备份是制作数据库结构、数据库对象和数据的副本。当数据库遭到破坏时，通过备份能够还原和恢复数据。恢复是指从一个或多个备份中还原数据，并在还原最后一个备份后恢复数据库的操作。

在 SQL Server 中，有 3 种备份类型，即完整数据库备份、差异数据库备份、事务日志备份；有 3 种恢复模式，即简单恢复模式、完整恢复模式和大容量日志恢复模式。

（2）在备份操作过程中，需要将要备份的数据库备份到备份设备中，备份设备可以是磁盘设备或磁带设备。创建备份设备需要一个物理名称或一个逻辑名称。将可以使用逻辑名访问的备份设备称为命名备份设备。将可以使用物理名访问的备份设备称为临时备份设备。

使用存储过程 sp_addumpdevice 创建命名备份设备，使用存储过程 sp_dropdevice 删除命名备份设备。使用 T-SQL 的 BACKUP DATABASE 语句创建临时备份设备。使用图形界面方式创建和删除命名备份设备。

（3）备份数据库必须首先创建备份设备，然后才能通过 T-SQL 语句或图形界面方式备份数据库到备份设备中。

使用 T-SQL 中的 BACKUP 语句进行完整数据库备份、差异数据库备份、事务日志备份、备份数据库文件或文件组。

(4) 恢复数据库有两种方式：一种是使用图形界面方式；另一种是使用 T-SQL 语句方式。

BACKUP 语句所做的备份可使用 RESTORE 语句恢复,包括完整恢复数据库、恢复数据库的部分内容、恢复特定的文件或文件组和恢复事务日志。

(5) 可以分离数据库的数据和事务日志文件,然后将它们重新附加到同一或其他 SQL Server 服务器。使用图形界面方式分离和附加数据库。

习　题　13

一、选择题

1. 下列关于数据库备份的说法中,正确的是_____。

  A. 对系统数据库和用户数据库都应采用定期备份的策略

  B. 对系统数据库和用户数据库都应采用修改后即备份的策略

  C. 对系统数据库应采用修改后即备份的策略,对用户数据库应采用定期备份的策略

  D. 对系统数据库应采用定期备份的策略,对用户数据库应采用修改后即备份的策略

2. 下列关于 SQL Server 备份设备的说法中,正确的是_____。

  A. 备份设备可以是磁盘上的一个文件

  B. 备份设备是一个逻辑设备,它只能建立在磁盘上

  C. 备份设备是一台物理存在的有特定要求的设备

  D. 一个备份设备只能用于一个数据库的一次备份

3. 下列关于差异备份的说法中,正确的是_____。

  A. 差异备份备份的是从上次备份到当前时间数据库变化的内容

  B. 差异备份备份的是从上次完整备份到当前时间数据库变化的内容

  C. 差异备份仅备份数据,不备份日志

  D. 两次完整备份之间进行的各差异备份的备份时间都是一样的

4. 下列关于日志备份的说法中,错误的是_____。

  A. 日志备份仅备份日志,不备份数据

  B. 日志备份的执行效率通常比差异备份和完整备份高

  C. 日志备份的时间间隔通常比差异备份短

  D. 第一次对数据库进行的备份可以是日志备份

5. 在 SQL Server 中,有系统数据库 master、model、msdb、tempdb 和用户数据库。下列关于系统数据库和用户数据库的备份策略,最合理的是_____。

  A. 对以上系统数据库和用户数据库都实行周期性备份

    B. 对以上系统数据库和用户数据库都实行修改之后即备份

    C. 对以上系统数据库实行修改之后即备份，对用户数据库实行周期性备份

    D. 对 master、model、msdb 实行修改之后即备份，对用户数据库实行周期性备份，对 tempdb 不备份

6. 设有如下备份操作：

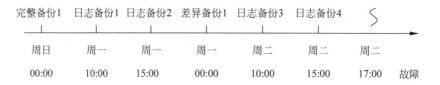

现从备份中对数据库进行恢复，正确的恢复顺序为＿＿＿＿＿＿＿。

    A. 完整备份 1，日志备份 1，日志备份 2，差异备份 1，日志备份 3，日志备份 4

    B. 完整备份 1，差异备份 1，日志备份 3，日志备份 4

    C. 完整备份 1，差异备份 1

    D. 完整备份 1，日志备份 4

二、填空题

1. SQL Server 支持的 3 种备份类型是完整数据库备份、差异数据库备份和＿＿＿＿＿＿＿。

2. SQL Server 的 3 种恢复模式是简单恢复模式、＿＿＿＿＿＿＿和大容量日志恢复模式。

3. 第一次对数据库进行的备份必须是＿＿＿＿＿＿＿备份。

4. SQL Server 中，当恢复模式为简单恢复模式时，不能进行＿＿＿＿＿＿＿备份。

5. SQL Server 中，在进行数据库备份时，＿＿＿＿＿＿＿用户操作数据库。

6. 备份数据库必须首先创建＿＿＿＿＿＿＿。

三、问答题

1. 在 SQL Server 中有哪几种恢复模式？有哪几种备份类型？分别简述其特点。

2. 怎样创建命名备份设备和临时备份设备？

3. 备份数据库有哪些方式？

4. 恢复数据库有哪些方式？

5. 分离和附加数据库要做哪些操作？

四、应用题

1. 编写一个程序，创建一个命名备份设备 mydk，将 test 数据库备份到 mydk 中。

2. 编写一个程序，从 mydk 恢复 test 数据库。

实验 13　备份和恢复

1. 实验目的及要求

（1）理解备份和恢复的概念。

（2）掌握 SQL Server 数据库常用的备份数据方法和恢复数据方法。

（3）具备设计、编写和调试备份数据和恢复数据的语句以解决应用问题的能力。

2. 验证性实验

验证和调试备份数据和恢复数据的语句解决以下应用问题。

（1）创建一个命名的备份设备 integbp，并将数据库 myexpm 完整备份到该设备。

```
USE master
EXEC sp_addumpdevice 'disk', 'integbp', 'e:\data\integbp.bak'
BACKUP DATABASE myexpm TO integbp
```

（2）创建临时备份设备并在所创建的临时备份设备上对数据库 myexpm 进行差异备份。

```
USE master
BACKUP DATABASE myexpm TO DISK = 'e:\data\diffbp.bak' WITH DIFFERENTIAL
```

（3）创建一个命名的备份设备 logbp，备份 myexpm 数据库的事务日志。

```
USE master
EXEC sp_addumpdevice 'disk', 'logbp', 'e:\data\logbp.bak'
BACKUP LOG myexpm TO logbp
```

（4）创建命名备份设备 spbp 并备份数据库 myexpm 到 spbp 后，使用 RESTORE 语句从备份设备 spbp 中完整恢复数据库 myexpm。

```
USE master
GO
EXEC sp_addumpdevice 'disk', 'spbp', 'e:\data\spbp.bak'

BACKUP DATABASE myexpm TO spbp

RESTORE DATABASE myexpm FROM spbp
    WITH FILE = 1, REPLACE
```

3. 设计性实验

设计、编写和调试备份数据和恢复数据的语句解决下列应用问题。

（1）创建一个临时备份设备，并将数据库 shoppm 完整备份到该设备。

（2）创建一个命名备份设备 diffdt 并在所创建的命名备份设备上对数据库 shoppm 进行差异备份。

（3）创建一个临时备份设备，备份 shoppm 数据库的事务日志。

（4）创建命名备份设备 selldt 并备份数据库 shoppm 到 selldt 后，使用 RESTORE 语句从备份设备 selldt 中完整恢复数据库 shoppm。

4. 观察与思考

（1）命名备份设备和临时备份设备有何不同？

（2）数据备份和恢复各有哪几种类型？

备份和恢复

第 14 章 　　　　事 务 和 锁

本章要点
- 事务。
- 锁定。

事务用于保证连续多个操作的全部完成,从而保证数据的完整性;锁定机制用于对多个用户进行并发控制。本章介绍事务原理、事务类型、事务模式、事务处理语句、并发影响、可锁定资源和锁模式、死锁等内容。

14.1 　事 　　务

事务(transaction)是 SQL Server 中单个逻辑工作单元,该单元被作为一个整体进行处理。事务保证连续多个操作必须全部执行成功,否则必须立即恢复到任何操作执行前的状态,即执行事务的结果是要么全部将数据所要执行的操作完成,要么全部数据都不修改。

14.1.1　事务原理

事务是作为单个逻辑工作单元执行的一系列操作,事务的处理必须满足 ACID 原则,即原子性(atomicity)、一致性(consistency)、隔离性(isolation)和持久性(durability)。

1. 原子性

事务必须是原子工作单元,即事务中包括的诸操作要么全执行,要么全不执行。

2. 一致性

事务在完成时,必须使所有的数据都保持一致状态。在相关数据库中,所有规则都必须应用于事务的修改,以保持所有数据的完整性。事务结束时,所有的内部数据结构都必须是正确的。

3. 隔离性

一个事务的执行不能被其他事务干扰。即一个事务内部的操作及使用的数据对其他并发事务是隔离的,并发执行的各个事务间不能互相干扰。事务查看数据时数据所处的状态,要么是另一并发事务修改它之前的状态,要么是另一事务修改它之后的状态,这称为事务的可串行性。因为它能够重新装载起始数据,并且重播一系列事务,以使数据结束时的状态与原始事务执行的状态相同。

4. 持久性

持久性指一个事务一旦提交,则它对数据库中数据的改变就应该是永久的,即使以后出现系统故障也不应该对其执行结果有任何影响。

14.1.2　事务类型

SQL Server 的事务可分为两类：系统提供的事务和用户定义的事务。

1. 系统提供的事务

系统提供的事务是指在执行某些 T-SQL 语句时，一条语句就构成了一个事务。这些语句如下：

```
CREATE    ALTER TABLE   DROP
INSERT    DELETE   UPDATE
SELECT
REVOKE    GRANT
OPEN    FETCH
```

例如，执行如下创建表语句：

```
CREATE TABLE course
    (
        cno char(3) NOT NULL PRIMARY KEY,
        cname char(16) NOT NULL,
        credit int NULL,
        tno char (6) NULL,
    )
```

这条语句本身就构成了一个事务，它要么建立起含 4 列的表结构，要么不能创建含 4 列的表结构，而不会建立起含 1 列、2 列或 3 列的表结构。

2. 用户定义的事务

在实际应用中，大部分是用户定义的事务。用户定义的事务用 BEGIN TRANSACTION 指定一个事务的开始，用 COMMIT 或 ROLLBACK 指定一个事务的结束。

注意：在用户定义的事务中，必须明确指定事务的结束，否则系统将把从事务开始到用户关闭连接前的所有操作都作为一个事务来处理。

14.1.3　事务模式

SQL Server 通过 3 种事务模式管理事务。

1. 自动提交事务模式

该模式下每条单独的语句都是一个事务。在此模式下，每条 T-SQL 语句在成功执行完成后，都被自动提交，如果遇到错误，则自动回滚该语句。该模式为系统默认的事务管理模式。

2. 显式事务模式

该模式允许用户定义事务的启动和结束。事务以 BEGIN TRANSACTION 语句显式开始，以 COMMIT 或 ROLLBACK 语句显式结束。

3. 隐性事务模式

隐性事务模式不需要使用 BEGIN TRANSACTION 语句标识事务的开始，但需要以

COMMIT 或 ROLLBACK 语句来提交或回滚事务。在当前事务完成提交或回滚后,新事务自动启动。

14.1.4　事务处理语句

应用程序主要通过指定事务启动和结束的时间来控制事务,可以使用 T-SQL 语句来控制事务的启动和结束。事务处理语句包括 BEGIN TRANSACTION、COMMIT TRANSACTION、ROLLBACK TRANSACTION 语句。

1. BEGIN TRANSACTION

BEGIN TRANSACTION 语句用来标识一个事务的开始。

语法格式:

```
BEGIN { TRAN | TRANSACTION }
    [ { transaction_name | @tran_name_variable }
      [ WITH MARK [ 'description' ] ]
    ]
[ ; ]
```

说明:

- transaction_name:分配给事务的名称,必须符合标识符规则,但标识符所包含的字符数不能大于 32。
- @tran_name_variable:用户定义的、含有有效事务名称的变量的名称。
- WITH MARK ['description']:指定在日志中标记事务。description 是描述该标记的字符串。

BEGIN TRANSACTION 语句的执行使全局变量@@TRANCOUNT 的值加 1。

注意:显式事务的开始可使用 BEGIN TRANSACTION 语句。

2. COMMIT TRANSACTION

COMMIT TRANSACTION 语句是提交语句,它使得自从事务开始以来所执行的所有数据修改成为数据库的永久部分,也用来标识一个事务的结束。

语法格式:

```
COMMIT { TRAN | TRANSACTION } [ transaction_name | @tran_name_variable ]
[ ; ]
```

说明:

- transaction_name:指定由前面的 BEGIN TRANSACTION 分配的事务名称,SQL Server 数据库引擎忽略此参数。
- @tran_name_variable:用户定义的、含有有效事务名称的变量的名称。

COMMIT TRANSACTION 语句的执行使全局变量@@TRANCOUNT 的值减 1。

注意:隐性事务或显式事务的结束可使用 COMMIT TRANSACTION 语句。

【例 14.1】 建立一个显式事务以显示 stsc 数据库的 student 表的数据。

```
BEGIN TRANSACTION
    USE stsc
    SELECT * FROM student
COMMIT TRANSACTION
```

该语句创建的显式事务以 BEGIN TRANSACTION 语句开始，以 COMMIT TRANSACTION 语句结束。

【例 14.2】 建立一个显式事务以删除课程表和成绩表中的课程号为 205 的记录行。

```
DECLARE @tran_nm char(20)
SELECT @tran_nm = 'tran_del'
BEGIN TRANSACTION @tran_nm
    DELETE FROM course WHERE cno = '205'
    DELETE FROM score WHERE cno = '205'
COMMIT TRANSACTION tran_del
```

该语句创建的显式事务以删除课程表和成绩表中的课程号为 205 的记录行，在 BEGIN TRANSACTION 和 COMMIT TRANSACTION 语句之间的所有语句作为一个整体，当执行到 COMMIT TRANSACTION 语句时，事务对数据库的更新操作才算确认。

【例 14.3】 建立一个隐性事务以插入课程表和成绩表中的课程号为 205 的记录行。

```
SET IMPLICIT_TRANSACTIONS ON        /* 启动隐性事务模式 */
GO
/* 第一个事务由 INSERT 语句启动 */
SET IMPLICIT_TRANSACTIONS ON        /* 启动隐性事务模式 */
GO
/* 第一个事务由 INSERT 语句启动 */
USE stsc
INSERT INTO course VALUES ('205','微机原理',4)
COMMIT TRANSACTION                  /* 提交第一个隐性事务 */
GO
/* 第二个隐式事务由 SELECT 语句启动 */
USE stsc
SELECT COUNT( * ) FROM score
INSERT INTO score VALUES ('121001','205',91)
INSERT INTO score VALUES ('121002','205',65)
INSERT INTO score VALUES ('121005','205',85)
COMMIT TRANSACTION                  /* 提交第二个隐性事务 */
GO
SET IMPLICIT_TRANSACTIONS OFF       /* 关闭隐性事务模式 */
GO
```

该语句启动隐性事务模式后，由 COMMIT TRANSACTION 语句提交了两个事务：第一个事务在 course 表中插入一条记录；第二个事务统计 score 表的行数并插入 3 条记录。隐性事务不需要 BEGIN TRANSACTION 语句标识开始位置，而由第一个 T-SQL 语句启动，直到遇到 COMMIT TRANSACTION 语句结束。

3. ROLLBACK TRANSACTION

ROLLBACK TRANSACTION 语句是回滚语句，它使得事务回滚到起点或指定的保存点处，也标识一个事务的结束。

语法格式：

```
ROLLBACK { TRAN | TRANSACTION }
    [ transaction_name | @tran_name_variable
    | savepoint_name | @savepoint_variable ]
[ ; ]
```

说明：

- transaction_name：事务名称。
- @tran_name_variable：事务变量名。
- savepoint_name：保存点名。
- @savepoint_variable：含有保存点名称的变量名。

如果事务回滚到开始点，则全局变量@@TRANCOUNT 的值减 1，而如果只回滚到指定存储点，则@@TRANCOUNT 的值不变。

注意：ROLLBACK TRANSACTION 语句将显式事务或隐性事务回滚到事务的起点或事务内的某个保存点，也标识一个事务的结束。

【例 14.4】 建立事务对 course 表和 score 表进行插入操作，使用 ROLLBACK TRANSACTION 语句标识事务结束。

```
BEGIN TRANSACTION
    USE stsc
    INSERT INTO course VALUES('206','数据结构',3)
    INSERT INTO score VALUES('122001','206',75)
    INSERT INTO score VALUES('122002','206',94)
    INSERT INTO score VALUES('122004','206',88)
ROLLBACK TRANSACTION
```

该语句建立的事务对课程表和成绩表进行插入操作，但当服务器遇到回滚语句 ROLLBACK TRANSACTION 时，清除自事务起点所做的所有数据修改，将数据恢复到开始工作之前的状态，所以事务结束后，课程表和成绩表都不会改变。

【例 14.5】 建立的事务规定 student 表只能插入 8 条记录，如果超出 8 条记录，则插入失败，现在该表已有 6 条记录，向该表插入 3 条记录。

```
USE stsc
GO
BEGIN TRANSACTION
    INSERT INTO student VALUES('121006','刘美琳','女', '1992-04-21','通信',52)
    INSERT INTO student VALUES('121007','罗超','男', '1992-11-05','通信',50)
    INSERT INTO student VALUES('122009','何春蓉','女', '1992-06-15','计算机',52)
```

```
DECLARE @stCount int
SELECT @stCount = (SELECT COUNT( * ) FROM student)
IF @stCount > 8
    BEGIN
        ROLLBACK TRANSACTION
        PRINT '插入记录数超过规定数,插入失败!'
    END
ELSE
    BEGIN
        COMMIT TRANSACTION
        PRINT '插入成功!'
    END
```

该语句从 BEGIN TRANSACTION 定义事务开始,向 student 表插入 3 条记录,插入完成后,对该表的记录计数,判断插入记录数已超过规定的 8 条记录。使用 ROLLBACK TRANSACTION 语句撤销该事务所有操作,将数据恢复到开始工作之前的状态,事务结束后,student 表未改变。

【例 14.6】 建立一个事务,向 course 表插入一行数据,设置保存点,然后再删除该行。

```
BEGIN TRANSACTION
    USE stsc
    INSERT INTO course VALUES('207','操作系统',3)
    SAVE TRANSACTION cou_point                    / * 设置保存点 * /
    DELETE FROM course WHERE cno = '207'
    ROLLBACK TRANSACTION cou_point                / * 回滚到保存点 cou_point * /
COMMIT TRANSACTION
```

该语句建立的事务执行完毕后,插入的一行并没有被删除,因为回滚语句 ROLLBACK TRANSACTION 将操作回退到保存点 cou_point,删除操作被撤销,所以 course 表增加了一行数据。

4. 事务嵌套

在 SQL Server 中, BEGIN TRANSACTION 和 COMMIT TRANSACTION 语句也可以进行嵌套,即事务可以嵌套执行。

全局变量@@TRANCOUNT 用于返回当前等待处理的嵌套事务数量,如果没有等待处理的事务,则该变量值为 0。BEGIN TRANSACTION 语句将@@TRANCOUNT 加 1。ROLLBACK TRANSACTION 将 @@TRANCOUNT 递减 0,但 ROLLBACK TRANSACTION savepoint_name 除外,它不影响 @@TRANCOUNT。COMMIT TRANSACTION 或 COMMIT WORK 将@@TRANCOUNT 递减 1。

【例 14.7】 嵌套的 BEGIN TRANSACTION 和 COMMIT TRANSACTION 语句示例。

```
USE stsc
CREATE TABLE tran_clients
    (
```

```
            cid int NOT NULL,
            cname char(8) NOT NULL
        )
    GO
    BEGIN TRANSACTION Tran1                                    / * @@TRANCOUNT 为 1 * /
        INSERT INTO tran_clients VALUES (1,'李君')
        BEGIN TRANSACTION Tran2                                / * @@TRANCOUNT 为 2 * /
            INSERT INTO tran_clients VALUES (2, '刘佳慧')
            BEGIN TRANSACTION Tran3                            / * @@TRANCOUNT 为 3 * /
                PRINT @@TRANCOUNT
                INSERT INTO tran_clients VALUES (3, '王玉山')
            COMMIT TRANSACTION Tran3                           / * @@TRANCOUNT 为 2 * /
            PRINT @@TRANCOUNT
        COMMIT TRANSACTION Tran2                               / * @@TRANCOUNT 为 1 * /
        PRINT @@TRANCOUNT
    COMMIT TRANSACTION Tran1                                   / * @@TRANCOUNT 为 0 * /
    PRINT @@TRANCOUNT
```

14.2   锁   定

锁定是 SQL Server 用来同步多个用户同时对同一个数据块的访问的一种机制，用于控制多个用户的并发操作，以防止用户读取正在由其他用户更改的数据或者多个用户同时修改同一数据，从而确保事务完整性和数据库一致性。

14.2.1   并发影响

修改数据的用户会影响同时读取或修改相同数据的其他用户，即使这些用户可以并发访问数据。并发操作带来的数据不一致性包括丢失更新、脏读、不可重复读、幻读等。

（1）丢失更新（lost update）：当两个事务同时更新数据，此时系统只能保存最后一个事务更新的数据，导致另一个事务更新数据的丢失。

（2）脏读（dirty read）：当第一个事务正在访问数据，而第二个事务正在更新该数据，但尚未提交时，会发生脏读问题，此时第一个事务正在读取的数据可能是"脏"（不正确）数据，从而引起错误。

（3）不可重复读（unrepeatable read）：如果第一个事务两次读取同一文档，但在两次读取之间，另一个事务重写了该文档，当第一个事务第二次读取文档时，文档已更改，则此时原始读取不可重复。

（4）幻读：当对某行执行插入或删除操作，而该行属于某个事务正在读取的行的范围时，会发生幻读问题。由于其他事务的删除操作，事务第一次读取的行的范围显示有一行不再存在于第二次或后续读取内容中。同样，由于其他事务的插入操作，事务第二次或后续读取的内容显示有一行并不存在于原始读取内容中。

14.2.2   可锁定资源和锁模式

1. 可锁定资源

SQL Server 具有多粒度锁定，允许一个事务锁定不同类型的资源。为了尽量减少锁定的开销,数据库引擎自动将资源锁定在适合任务的级别。锁定在较小的粒度(例如行)可以提高并发度,但开销较高,因为如果锁定了许多行,则需要持有更多的锁。锁定在较大的粒度(例如表)会降低并发度,因为锁定整个表限制了其他事务对表中任意部分的访问。但其开销较低,因为需要维护的锁较少。

可锁定资源的粒度由细到粗列举如下。

(1) 数据行(row):数据页中的单行数据。

(2) 索引行(key):索引页中的单行数据,即索引的键值。

(3) 页(page):SQL Server 存取数据的基本单位,其大小为 8KB。

(4) 扩展盘区(extent):一个盘区由 8 个连续的页组成。

(5) 表(table):包括所有数据和索引的整个表。

(6) 数据库(database):整个数据库。

2. 锁模式

SQL Server 使用不同的锁模式锁定资源,这些锁模式确定了并发事务访问资源的方式。有以下 7 种锁模式,分别是共享、更新、排他、意向、架构、大容量更新、键范围。

1) 共享锁(S 锁)

共享锁允许并发事务在封闭式并发控制下读取资源。当资源上存在共享锁时,任何其他事务都不能修改数据。读取操作一完成,就立即释放资源上的共享锁,除非将事务隔离级别设置为可重复读或更高级别,或者在事务持续时间内用锁定提示保留共享锁。

2) 更新锁(U 锁)

更新锁可以防止常见的死锁。在可重复读或可序列化事务中,此事务读取数据,获取资源(页或行)的共享锁,然后修改数据,此操作要求锁转换为排他锁。如果两个事务获得了资源上的共享模式锁,然后试图同时更新数据,则一个事务尝试将锁转换为排他锁。共享模式到排他锁的转换必须等待一段时间,因为一个事务的排他锁与其他事务的共享模式锁不兼容,因此发生锁等待。第二个事务试图获取排他锁以进行更新。由于两个事务都要转换为排他锁,并且每个事务都等待另一个事务释放共享模式锁,因此发生死锁。

若要避免这种潜在的死锁问题,就要使用更新锁。一次只有一个事务可以获得资源的更新锁。如果事务修改资源,则更新锁转换为排他锁。

3) 排他锁(X 锁)

排他锁可防止并发事务对资源进行访问,其他事务不能读取或修改排他锁锁定的数据。

4) 意向锁

意向锁表示 SQL Server 需要在层次结构中的某些底层资源(如表中的页或行)上获取共享锁或排他锁。例如,放置在表级的共享意向锁表示事务打算在表中的页或行上放置共享锁。在表级设置意向锁可防止另一个事务随后在包含那一页的表上获取排他锁。意向锁可以提高性能,因为 SQL Server 仅在表级检查意向锁来确定事务是否可以安全地获取该表上的锁,而无须检查表中的每行或每页上的锁以确定事务是否可以锁定整个表。

意向锁包括意向共享(IS)锁、意向排它(IX)锁以及与意向排它共享(SIX)锁。

• 意向共享(IS)锁:通过在各资源上放置 S 锁,表明事务的意向是读取层次结构中的部分（而不是全部）底层资源。

- 意向排它（IX）锁：通过在各资源上放置 X 锁，表明事务的意向是修改层次结构中的部分（而不是全部）底层资源。IX 是 IS 的超集。
- 意向排它共享（SIX）锁：通过在各资源上放置 IX 锁，表明事务的意向是读取层次结构中的全部底层资源并修改部分（而不是全部）底层资源。

5）架构锁

执行表的数据定义语言操作（如增加列或删除表）时使用架构修改（Sch-M）锁。

当编译查询时，使用架构稳定性（Sch-S）锁。架构稳定性锁不阻塞任何事务锁，包括排它锁。因此在编译查询时，其他事务（包括在表上有排它锁的事务）都能继续运行，但不能在表上执行 DDL 操作。在执行依赖于表架构的操作时使用。架构锁包含两种类型：架构修改（Sch-M）锁和架构稳定性（Sch-S）锁。

6）大容量更新（BU）锁

当将数据大容量复制到表，且指定了 TABLOCK 提示或者使用 sp_tableoption 设置了 table lock on bulk 表选项时，将使用大容量更新锁。大容量更新锁允许进程将数据并发地大容量复制到同一个表，同时可防止其他不进行大容量复制数据的进程访问该表。

7）键范围锁

键范围锁用于序列化的事务隔离级别，可以保护由 T-SQL 语句读取的记录集合中隐含的行范围。键范围锁可以防止幻读，还可以防止对事务访问的记录集进行幻像插入或删除。

14.2.3 死锁

两个事务分别锁定某个资源，而又分别等待对方释放其锁定的资源时，将发生死锁。

除非某个外部进程断开死锁，否则死锁中的两个事务都将无限期等待下去。SQL Server 死锁监视器自动定期检查陷入死锁的任务。如果监视器检测到循环依赖关系，将选择其中一个任务作为牺牲品，然后终止其事务并提示错误。这样，其他任务就可以完成其事务。对于事务以错误终止的应用程序，它还可以重试该事务，但通常要等到与它一起陷入死锁的其他事务完成后执行。

将哪个会话选为死锁牺牲品取决于每个会话的死锁优先级：如果两个会话的死锁优先级相同，则 SQL Server 实例将回滚开销较低的会话选为死锁牺牲品。例如，如果两个会话都将其死锁优先级设置为 HIGH，则此实例便将它估计回滚开销较低的会话选为牺牲品。

如果会话的死锁优先级不同，则将死锁优先级最低的会话选为死锁牺牲品。

1. 可能会造成死锁的资源

每个用户会话可能有一个或多个代表它运行的任务，其中每个任务都可能获取或等待获取各种资源。以下类型的资源可能会造成阻塞，并最终导致死锁。

1）锁

等待获取资源（如对象、页、行、元数据和应用程序）的锁可能导致死锁。例如，事务 T1 在行 r1 上有共享锁并等待获取行 r2 的排他锁。事务 T2 在行 r2 上有共享锁并等待获取行 r1 的排他锁。这将导致一个锁循环,其中,T1 和 T2 都等待对方释放已锁定的资源。

2)工作线程

排队等待可用工作线程的任务可能导致死锁。如果排队等待的任务拥有阻塞所有工作线程的资源,则将导致死锁。例如,会话 S1 启动事务并获取行 r1 的共享锁后,进入睡眠状态。在所有可用工作线程上运行的活动会话正尝试获取行 r1 的排他锁。因为会话 S1 无法获取工作线程,所以无法提交事务并释放行 r1 的锁,这将导致死锁。

3)内存

当并发请求等待获得内存,而当前的可用内存无法满足其需要时,可能发生死锁。例如,两个并发查询(Q1 和 Q2)作为用户定义函数执行,分别获取 10MB 和 20MB 的内存。如果每个查询需要 30MB 而可用总内存为 20MB,则 Q1 和 Q2 必须等待对方释放内存,这将导致死锁。

4)并行查询执行的相关资源

通常与交换端口关联的处理协调器、发生器或使用者线程至少包含一个不属于并行查询的进程时,可能会相互阻塞,从而导致死锁。此外,当并行查询启动执行时,SQL Server 将根据当前的工作负荷确定并行度或工作线程数。如果系统工作负荷发生意外更改,例如,新查询开始在服务器中运行或系统用完工作线程,则可能发生死锁。

2. 将死锁减至最少

下列方法可将死锁减至最少。

(1)按同一顺序访问对象。

(2)避免事务中的用户交互。

(3)保持事务简短并处于一个批处理中。

(4)使用较低的隔离级别。

(5)使用基于行版本控制的隔离级别。

(6)将 READ_COMMITTED_SNAPSHOT 数据库选项设置为 ON,使得已提交读事务使用行版本控制。

(7)使用快照隔离。

(8)使用绑定连接。

14.3 小　　结

本章主要介绍了以下内容。

(1)事务是作为单个逻辑工作单元执行的一系列操作,事务的处理必须满足 ACID 原则,即原子性(atomicity)、一致性(consistency)、隔离性(isolation)和持久性(durability)。

SQL Server 的事务可分为两类:系统提供的事务和用户定义的事务。

(2)SQL Server 通过 3 种事务模式管理事务:自动提交事务模式、显式事务模式和隐性事务模式。

显式事务模式以 BEGIN TRANSACTION 语句显式开始,以 COMMIT 或 ROLLBACK 语句显式结束。

隐性事务模式不需要使用 BEGIN TRANSACTION 语句标识事务的开始,但需要以 COMMIT 语句来提交事务,或以 ROLLBACK 语句来回滚事务。

（3）事务处理语句包括 BEGIN TRANSACTION、COMMIT TRANSACTION、ROLLBACK TRANSACTION 语句。

（4）锁定是 SQL Server 用来同步多个用户同时对同一个数据块的访问的一种机制,用于控制多个用户的并发操作,以防止用户读取正在由其他用户更改的数据或者多个用户同时修改同一数据,从而确保事务完整性和数据库一致性。

并发操作带来的数据不一致性包括丢失更新、脏读、不可重复读、幻读等。

可锁定资源的粒度由细到粗为数据行(row)、索引行(key)、页(page)、扩展盘区(extent)、表(table)、数据库(database)。

SQL Server 使用不同的锁模式锁定资源,这些锁模式确定了并发事务访问资源的方式,有以下 7 种锁模式,分别是共享、更新、排他、意向、架构、大容量更新、键范围。

（5）两个事务分别锁定某个资源,而又分别等待对方释放其锁定的资源时,将发生死锁。

可能会造成死锁的资源有锁、工作线程、内存、并行查询执行的相关资源。

将死锁减至最少的方法:按同一顺序访问对象;避免事务中的用户交互;保持事务简短并处于一个批处理中;使用较低的隔离级别;使用基于行版本控制的隔离级别;将 READ_COMMITTED_SNAPSHOT 数据库选项设置为 ON,使得已提交读事务使用行版本控制;使用快照隔离;使用绑定连接。

习 题 14

一、选择题

1. 如果有两个事务,同时对数据库中同一数据进行操作,则下列_____不会引起冲突操作。

    A. 一个是 DEIETE,另一个是 SELECT

    B. 一个是 SELECT,另一个是 DELETE

    C. 两个都是 UPDATE

    D. 两个都是 SELECT

2. 解决并发操作带来的数据不一致问题普遍采用_____技术。

    A. 存取控制   B. 锁   C. 恢复   D. 协商

3. 若某数据库系统中存在一个等待事务集{T1,T2,T3,T4,T5},其中 T1 正在等待被 T2 锁住的数据项 A2,T2 正在等待被 T4 锁住的数据项 A4,T3 正在等待被 T4 锁住的数据项 A4,T5 正在等待被 T1 锁住的数据项 A。下列有关此系统所处状态及需要进行的操作的说法中,正确的是_____。

    A. 系统处于死锁状态,需要撤销其中任意一个事务即可退出死锁状态

B. 系统处于死锁状态,通过撤销 T4 可使系统退出死锁状态

C. 系统处于死锁状态,通过撤销 T5 可使系统退出死锁状态

D. 系统未处于死锁状态,不需要撤销其中的任何事务

二、填空题

1. 事务的处理必须满足 ACID 原则为原子性、一致性、隔离性和_____。

2. 显式事务模式以_____语句显式开始,以 COMMIT 或 ROLLBACK 语句显式结束。

3. 隐性事务模式需要以 COMMIT 语句来提交事务,或以_____语句来回滚事务。

4. 锁定是 SQL Server 用来同步多个用户同时对同一个_____的访问的一种机制。

5. 并发操作带来的数据不一致性包括丢失更新、脏读、不可重复读、_____等。

6. 两个事务分别锁定某个资源,而又分别等待对方_____其锁定的资源时,将发生死锁。

三、问答题

1. 什么是事务?事务的作用是什么?

2. ACID 原则有哪几个?

3. 事务模式有哪几种?

4. 为什么要在 SQL Server 中引入锁定机制?

5. 锁模式有哪些?

6. 为什么会产生死锁?怎样解决死锁现象?

四、应用题

1. 建立一个显式事务以显示 stsc 数据库的 course 表的数据。

2. 建立一个隐性事务以插入课程表和成绩表中的新课程号的记录行。

3. 建立一个事务,向 score 表插入一行数据,设置保存点,然后再删除该行。

第 15 章 基于 Java EE 和 SQL Server 的学生成绩管理系统开发

本章要点

- 创建学生成绩管理系统数据库和表。
- 搭建系统框架。
- 持久层开发。
- 业务层开发。
- 表示层开发。

本项目基于 Struts 2＋Spring＋Hibernate 架构进行开发,采用分层次开发方法。本章介绍学生成绩管理系统的需求分析与设计、搭建系统框架、持久层开发、业务层开发、表示层开发等内容。

15.1 创建学生成绩管理系统数据库和表

学生成绩管理系统数据库的基本表有 STUDENT 表、COURSE 表、SCORE 表、LOGTAB 表,它们的结构如表 15.1～表 15.4 所示。

表 15.1 STUDENT 表的结构

列 名	数 据 类 型	允许 NULL 值	是否主键	说 明
STNO	char(6)		主键	学号
STNAME	char(8)			姓名
STSEX	tinyint			性别,1 表示男,0 表示女
STBIRTHDAY	date			出生日期
SPECIALITY	char(12)	√		专业
TC	int	√		总学分

表 15.2 COURSE 表的结构

列 名	数 据 类 型	允许 NULL 值	是 否 主 键	说 明
CNO	char(3)		主键	课程号
CNAME	char(16)			课程名
CREDIT	int	√		学分
TNO	char(6)	√		教师编号

表 15.3　SCORE 表的结构

列　　名	数 据 类 型	允许 NULL 值	是 否 主 键	说　　明
STNO	char(6)		主键	学号
CNO	char(3)		主键	课程号
GRADE	int	√		成绩

表 15.4　LOGTAB 表的结构

列　　名	数 据 类 型	允许 NULL 值	是 否 主 键	说　　明
LOGNO	int		主键	标志
STNAME	char(6)			姓名
PASSWORD	char(20)			口令

各表的样本数据如表 15.5～表 15.8 所示。

表 15.5　STUDENT 表的样本数据

学　　号	姓　　名	性　　别	出 生 日 期	专　　业	总 学 分
121001	李贤友	男	1991-12-30	通信	52
121002	周映雪	女	1993-01-12	通信	49
121005	刘刚	男	1992-07-05	通信	50
122001	郭德强	男	1991-10-23	计算机	48
122002	谢萱	女	1992-09-11	计算机	52
122004	孙婷	女	1992-02-24	计算机	50

表 15.6　COURSE 表的样本数据

课 程 号	课 程 名	学　　分	教 师 编 号
102	数字电路	3	102101
203	数据库系统	3	204101
205	微机原理	4	204107
208	计算机网络	4	NULL
801	高等数学	4	801102

表 15.7　SCORE 表的样本数据

学　　号	课 程 号	成　　绩	学　　号	课 程 号	成　　绩
121001	102	92	121005	205	85
121002	102	72	121001	801	94
121005	102	87	121002	801	73
122002	203	94	121005	801	82
122004	203	81	122001	801	NULL
121001	205	91	122002	801	95
121002	205	65	122004	801	86

基于 Java EE 和 SQL Server 的学生成绩管理系统开发

表 15.8 LOGTAB 表的样本数据

标　　志	姓　　名	口　　令
1	李贤友	121001
2	周映雪	121002
3	刘刚	121005
4	郭德强	122001
5	谢萱	122002
6	孙婷	122004

15.2 搭建系统框架

15.2.1 层次划分

1. 分层模型

轻量级 Java EE 系统划分为持久层、业务层和表示层，基于 Struts 2＋Spring＋Hibernate 架构进行开发，用 Hibernate 进行持久层开发，用 Spring 的 Bean 管理组件 DAO、Action 和 Service，用 Struts 2 完成页面的控制跳转，分层模型如图 15.1 所示。

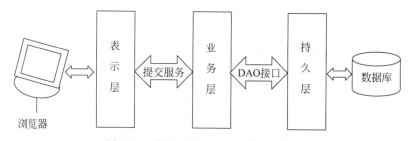

图 15.1 轻量级 Java EE 系统分层模型

1）持久层

轻量级 Java EE 系统的后端是持久层，使用 Hibernate 框架。持久层由 POJO 类及其映射文件、DAO 组件构成，该层屏蔽了底层 JDBC 连接和数据库操作细节，为业务层提供统一的面向对象的数据访问接口。

2）业务层

轻量级 Java EE 系统的中间部分是业务层，使用 Spring 框架。业务层由 Service 组件构成，Service 调用 DAO 接口中的方法，经由持久层间接地操作后台数据库，并为表示层提供服务。

3）表示层

轻量级 Java EE 系统的前端是表示层，是 Java EE 系统直接与用户交互的层面，使用业务层提供的服务来满足用户的需求。

2. 轻量级 Java EE 系统解决方案

轻量级 Java EE 系统采用 3 种主流开源框架 Struts 2、Spring 和 Hibernate 进行开发,其解决方案如图 15.2 所示。

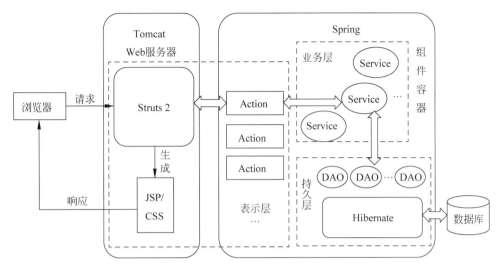

图 15.2　轻量级 Java EE 系统解决方案

在上述解决方案中,表示层使用 Struts 2 框架,包括 Struts 2 核心控制器、Action 业务控制器和 JSP 页面;业务层使用 Spring 框架,由 Service 组件构成;持久层使用 Hibernate 框架,由 POJO 类及其映射文件、DAO 组件构成。

该系统的所有组件,包括 Action、Service 和 DAO 等,全部放在 Spring 容器中,由 Spring 统一管理,所以,Spring 是轻量级 Java EE 系统解决方案的核心。

使用上述解决方案的优点如下。

- 减少重复编程以缩短开发周期和降低成本,易于扩充,从而达到快捷高效的目的。
- 系统架构更加清晰合理,系统运行更加稳定可靠。

程序员在表示层中只需编写 Action 和 JSP 代码,在业务层中只需编写 Service 接口及其实现类,在持久层中只需编写 DAO 接口及其实现类,可以使用更多的精力为应用开发项目选择合适的框架,从根本上提高开发的速度、效率和质量。

比较 Java EE 3 层架构和 MVC 3 层结构:

(1) MVC 是所有 Web 程序的通用开发模式,划分为 3 层结构:M(模型层)、V(视图层)和 C(控制器层)。它的核心是控制器层,一般由 Struts 2 担任。Java EE 3 层架构为表示层、业务层和持久层,使用的框架分别为 Struts 2、Spring 和 Hibernate,以 Spring 容器为核心,控制器 Struts 2 只承担表示层的控制功能。

(2) 在 Java EE 3 层架构中,表示层包括 MVC 的视图层和控制器层两层,业务层和持久层是模型层的细分。

基于 Java EE 和 SQL Server 的学生成绩管理系统开发

15.2.2 搭建项目框架

搭建项目框架的步骤如下：

(1) 创建 Java EE 项目。

新建 Java EE 项目，项目命名为 studentManagement。

(2) 添加 Spring 核心容器。

(3) 添加 Hibernate 框架。

(4) 添加 Struts 2 框架。

(5) 集成 Spring 与 Struts 2。

通过以上 5 个步骤，搭好 studentManagement 的主体架构。studentManagement 项目完成后的目录树如图 15.3 所示。

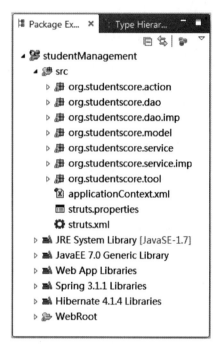

图 15.3   studentManagement 项目完成后的目录树

在图 15.3 中 src 目录下创建以下各子包，分别存放各个组件。

(1) 持久层。

org. studentscore. dao：该包中放置 DAO 的接口。

org. studentscore. dao. imp：该包中放置 DAO 接口的实现类。

org. studentscore. model：该包中放置表对应的 POJO 类及映射文件 *. hbm. xml。

(2) 业务层。

org. studentscore. service：该包中放置业务逻辑接口。

org. studentscore. service. imp：该包中放置业务逻辑接口的实现类。

（3）表示层。

org. studentscore. action：该包中放置对应的用户自定义的 Action 类。

Org. studentscore. tool：该包中放置公用的工具类，如分页类。

15.3　持久层开发

在持久层开发中，程序员要生成数据库表对应的 POJO 类及其映射文件、编写 DAO 接口及其实现类。下面对学生信息管理子系统的持久层开发进行介绍。

1. 生成 POJO 类及其映射文件

使用 Hibernate 的"反向工程"法生成数据库表对应的 POJO 类及相应的映射文件，操作参考附录 A 的"4. 由表生成 POJO 类和映射文件"。生成的 POJO 类及映射文件都存于项目 org. studentscore. model 包下，如图 15.4 所示。

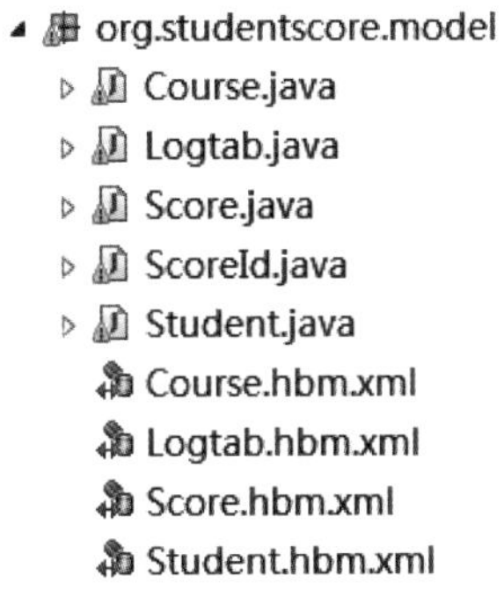

```
▲ ⊞ org.studentscore.model
    ▷ ⓙ Course.java
    ▷ ⓙ Logtab.java
    ▷ ⓙ Score.java
    ▷ ⓙ ScoreId.java
    ▷ ⓙ Student.java
      ⓧ Course.hbm.xml
      ⓧ Logtab.hbm.xml
      ⓧ Score.hbm.xml
      ⓧ Student.hbm.xml
```

图 15.4　org. studentscore. model 包

在学生信息管理子系统中，STUDENT 表对应的类为 Student，其映射文件为 Student. hbm. xml。

Studentd. java 的代码如下：

```
package org. studentscore. model;
import java. util. Date;
/**
  * Student entity. @author MyEclipse Persistence Tools
  */
public class Student implements java. io. Serializable {
  // Fields
  private String stno;
  private String stname;
  private Short stsex;
  private String stbirthday;
  private String speciality;
  private int tc;
  public String getStno() {
      return stno;
```

```java
    }
    public void setStno(String stno) {
        this.stno = stno;
    }
    public String getStname() {
        return stname;
    }
    public void setStname(String stname) {
        this.stname = stname;
    }
    public String getStsex() {
        return stsex;
    }
    public void setStsex(String stsex) {
        this.stsex = stsex;
    }
    public String getStbirthday() {
        return stbirthday;
    }
    public void setStbirthday(String stbirthday) {
        this.stbirthday = stbirthday;
    }
    public String getSpeciality() {
        return speciality;
    }
    public void setSpeciality(String speciality) {
        this.speciality = speciality;
    }
    public int getTc() {
        return tc;
    }
    public void setTc(int tc) {
        this.tc = tc;
    }
}
```

Student.hbm.xml 的代码如下：

```xml
<?xml version = "1.0" encoding = "utf - 8"?>
<!DOCTYPE hibernate - mapping PUBLIC " - //Hibernate/Hibernate Mapping DTD 3.0//EN"
"http://www.hibernate.org/dtd/hibernate - mapping - 3.0.dtd">
<!-- Mapping file autogenerated by MyEclipse Persistence Tools -->
<hibernate - mapping>
 <class name = "org.studentscore.model.Student" table = "STUDENT" schema = "dbo" catalog = "STSC">
    <id name = "stno" type = "java.lang.String">
      <column name = "STNO" length = "6" />
      <!-- <generator class = "native" /> -->
    </id>
    <property name = "stname" type = "java.lang.String">
```

```
    < column name = "STNAME" length = "8" not - null = "true" />
  </property >
  < property name = "stsex" type = "java.lang.Short">
    < column name = "STSEX" not - null = "true" />
  </property >
  < property name = "stbirthday" type = "java.lang.String">
    < column name = "STBIRTHDAY" />
  </property >
  < property name = "speciality" type = "java.lang.String">
    < column name = "SPECIALITY" />
  </property >
  < property name = "tc" type = "java.lang.Integer">
    < column name = "TC" />
  </property >
 </class >
</hibernate - mapping >
```

2. 实现 DAO 接口组件

学生信息管理功能包括学生信息查询、学生信息录入、学生信息修改、学生信息删除等功能。这些功能在 StudentDao.java 中提供对应的方法接口,并在对应实现类 StudentDaoImp.java 中实现。StudentDao.java 在 org.studentscore.dao 包中,StudentDaoImp.java 在 org.studentscore.dao.imp 包中,如图 15.5 所示。

▲ ⊞ org.studentscore.dao
   ▷ 📄 BaseDAO.java
   ▷ 📄 CourseDao.java
   ▷ 📄 LogDao.java
   ▷ 📄 ScoreDao.java
   ▷ 📄 StudentDao.java
▲ ⊞ org.studentscore.dao.imp
   ▷ 📄 CourseDaoImp.java
   ▷ 📄 LogDaoImp.java
   ▷ 📄 ScoreDaoImp.java
   ▷ 📄 StudentDaoImp.java

图 15.5　org.studentscore.dao 包和 org.studentscore.dao.imp 包

本项目所有 DAO 类都要继承 BaseDAO 类,以获取 Session 实例。
BaseDAO.java 代码如下:

```
package org.studentscore.dao;
import org.hibernate. * ;
public class BaseDAO {
 private SessionFactory sessionFactory;
 public SessionFactory getSessionFactory(){
    return sessionFactory;
 }
 public void setSessionFactory(SessionFactory sessionFactory){
```

```
        this. sessionFactory = sessionFactory;
    }
    public Session getSession(){
        Session session = sessionFactory. openSession( );
        return session;
    }
}
```

接口 StudentDao. java 的代码如下：

```
package org. studentscore. dao;
import java. util. * ;
import org. studentscore. model. * ;
public interface StudentDao {
    public List findAll( int pageNow, int pageSize);      //显示所有学生信息
    public int findStudentSize( );                         //查询学生记录数
    public Student find( String stno);                    //根据学号查询学生详细信息
    public void delete( String stno);                     //根据学号删除学生信息
    public void update( Student student);                 //修改学生信息
    public void save( Student student);                   //插入学生记录
}
```

对应实现类 StudentDaoImp. java 的代码如下：

```
package org. studentscore. dao. imp;
import java. util. * ;
import org. studentscore. dao. * ;
import org. studentscore. model. * ;
import org. hibernate. * ;
public class StudentDaoImp extends BaseDAO implements StudentDao{
//显示所有学生信息
    public List findAll( int pageNow, int pageSize){
        try{
            Session session = getSession( );
            Transaction ts = session. beginTransaction( );
            Query query = session. createQuery("from Student order by stno");
            int firstResult = (pageNow − 1) * pageSize;
            query. setFirstResult(firstResult);
            query. setMaxResults(pageSize);
            List list = query. list( );
            ts. commit( );
            session. close( );
            session = null;
            return list;
        }catch(Exception e){
            e. printStackTrace( );
            return null;
        }
    }
    //查询学生记录数
```

```
public int findStudentSize(){
    try{
        Session session = getSession();
        Transaction ts = session.beginTransaction();
        return session.createQuery("from Student").list().size();
    }catch(Exception e){
        e.printStackTrace();
        return 0;
    }
}
//根据学号查询学生详细信息
public Student find(String stno){
    try{
        Session session = getSession();
        Transaction ts = session.beginTransaction();
        Query query = session.createQuery("from Student where stno = ?");
        query.setParameter(0, stno);
        query.setMaxResults(1);
        Student student = (Student)query.uniqueResult();
        ts.commit();
        session.clear();
        return student;
    }catch(Exception e){
        e.printStackTrace();
        return null;
    }
}
//根据学号删除学生信息
public void delete(String stno){
    try{
        Session session = getSession();
        Transaction ts = session.beginTransaction();
        Student student = find(stno);
        session.delete(student);
        ts.commit();
        session.close();
    }catch(Exception e){
        e.printStackTrace();
    }
}
//修改学生信息
public void update(Student student){
    try{
        Session session = getSession();
        Transaction ts = session.beginTransaction();
        session.update(student);
        ts.commit();
        session.close();
    }catch(Exception e){
```

```
        e.printStackTrace();
      }
    }
//插入学生记录
public void save(Student student){
    try{
      Session session = getSession();
      Transaction ts = session.beginTransaction();
      session.save(student);
      ts.commit();
      session.close();
    }catch(Exception e){
      e.printStackTrace();
    }
  }
}
```

15.4　业务层开发

在业务层开发中，程序员要编写 Service 接口及其实现类，如图 15.6 所示。

图 15.6　Service 接口及其实现类

在学生信息管理子系统的业务层开发中，StudentService 接口放在 org. studentscore. service 包中，其实现类 StudentServiceManage 放在 org. studentscore. service. imp 包中。

StudentService. java 接口的代码如下：

```
package org.studentscore.service;
import java.util.*;
import org.studentscore.model.*;
public interface StudentService {
    public List findAll(int pageNow, int pageSize);       //服务：显示所有学生信息
    public int findStudentSize();                          //服务：查询学生记录数
    public Student find(String stno);                      //服务：根据学号查询学生信息
    public void delete(String stno);                       //服务：根据学号删除学生信息
    public void update(Student student);                   //服务：修改学生信息
```

```
    public void save(Student student);                    //服务：插入学生记录
}
```

对应实现类 StudentServiceManage 的代码如下：

```
package org.studentscore.service.imp;
import java.util.*;
import org.studentscore.dao.*;
import org.studentscore.model.*;
import org.studentscore.service.*;
public class StudentServiceManage implements StudentService{
  private StudentDao studentDao;
  private ScoreDao scoreDao;
  //服务：显示所有学生信息
  public List findAll(int pageNow, int pageSize){
    return studentDao.findAll(pageNow, pageSize);
  }
  //服务：查询学生记录数
  public int findStudentSize(){
    return studentDao.findStudentSize();
  }
  //服务：根据学号查询学生详细信息
  public Student find(String stno){
    return studentDao.find(stno);
  }
  //服务：根据学号删除学生信息
  public void delete(String stno){
    studentDao.delete(stno);
    scoreDao.deleteOneStudentScore (stno);        //删除学生的同时要删除该生对应的成绩
  }
  //服务：修改学生信息
  public void update(Student student){
    studentDao.update(student);
  }
  //服务：插入学生记录
  public void save(Student student){
    studentDao.save(student);
  }
  …
}
```

15.5　表示层开发

在表示层开发中，程序员需要编写 Action 和 JSP 代码，下面对学生信息管理子系统的表示层开发进行介绍。

1. 主界面开发

运行学生成绩管理系统，出现该系统的主界面，如图 15.7 所示。

基于 Java EE 和 SQL Server 的学生成绩管理系统开发

图 15.7　学生成绩管理系统主界面

　　主界面分为 3 部分：头部 head.jsp、左部 left.jsp 和登录页 login.jsp。这 3 部分通过主页面框架 index.jsp 整合在一起。

　　1) 页面布局

　　页面布局采用 CSS 代码，在 WebRoot 下建立文件夹 CSS，在该文件夹中创建 left_style.css 文件。

　　left_style.css 的代码如下：

```
@CHARSET "UTF - 8";

div.left_div{
  width:184px;
}
div ul li{
  list - style:none;
}
span.sinfo{
  display:none;
}
span.cinfo{
  display:none;
}
span.scoreInfo{
  display:none;
}
div a{
```

```
        text-decoration:none;
}
div a:link {color: black}
div a:visited {color: black}
div a:hover {color: black}
div a:active {color: black}
div.student{
    width:80px;
    padding:5px 20px;
    border:1px solid #c0d2e6;
}
```

2) 主页框架

主页面框架 index.jsp 的代码如下:

```
<%@ page language="java" import="java.util.*" pageEncoding="UTF-8"%>
<%
String path = request.getContextPath();
String basePath = request.getScheme() + "://" + request.getServerName() + ":" + request.
getServerPort() + path + "/";
%>
<!DOCTYPE HTML PUBLIC "-//W3C//DTD HTML 4.01 Transitional//EN">
<html>
    <head>
        <base href="<%=basePath%>">
        <title>学生成绩管理系统</title>
        <meta http-equiv="pragma" content="no-cache">
        <meta http-equiv="cache-control" content="no-cache">
        <meta http-equiv="expires" content="0">
        <meta http-equiv="keywords" content="keyword1,keyword2,keyword3">
        <meta http-equiv="description" content="This is my page">
    </head>
    <body>
        <div style="width:1000px; height:1000px; margin:auto;">
            <iframe src="head.jsp" frameborder="0" scrolling="no" width="913" height=
"160"></iframe>
            <div style="width:1000px; height:420; margin:auto;">
                <div style="width:200px; height:420; float:left">
                    <iframe src="left.jsp" frameborder="0" scrolling="no" width="200"
height="520"></iframe>
                </div>
                <div style="width:800px; height:420; float:left">
                    <iframe src="login.jsp" name="right" frameborder="0" scrolling="no"
width="800" height="520"></iframe>
                </div>
            </div>
        </div>
    </body>
</html>
```

基于 Java EE 和 SQL Server 的学生成绩管理系统开发

3）页面头部

页面头部 head.jsp 的代码如下：

```
<%@ page language = "java" pageEncoding = "UTF - 8" %>
<html>
    <head>
        <title>学生成绩管理系统</title>
    </head>
    <body>
        <img src = "images/top.jpg" />
    </body>
</html>
```

4）页面左部

页面左部 left.jsp 的代码如下：

```
<%@ page language = "java" pageEncoding = "UTF - 8" %>
<html>
    <head>
        <title>学生成绩管理系统</title>
        <script type = "text/javascript" src = "js/jquery - 1.8.0.min.js"></script>
        <script type = "text/javascript" src = "js/left.js"></script>
        <link rel = "stylesheet" href = "CSS/left_style.css" type = "text/css" />
        <script type = "text/javascript"></script>
    </head>
    <body>
        <div class = "left_div">
            <div style = "width:1px;height:10px;"></div>
            <div class = "student"><a href = "javascript:void(0)" id = "student">学生信息</a></div>
            <div style = "width:1px;height:10px;"></div>
            <div class = "student">
            <span class = "sinfo" style = "width: 200px;"><a href = "addStudentView.action" target = "right">学生信息录入</a></span>
            <span class = "sinfo" style = "width: 200px;"><a href = "studentInfo.action" target = "right">学生信息查询</a></span>
            </div>
            <div style = "width:1px;height:10px;"></div>
            <div class = "student"><a href = "javascript:void(0)" id = "course">课程信息</a></div>
            <div style = "width:1px;height:10px;"></div>
            <div class = "student">
            <span class = "cinfo" style = "width: 200px;"><a href = "addKcView.action" target = "right">课程信息录入</a></span>
            <span class = "cinfo" style = "width: 200px;"><a href = "kcInfo.action" target = "right">课程信息查询</a></span>
            </div>
            <div style = "width:1px;height:10px;"></div>
            <div class = "student"><a href = "javascript:void(0)" id = "score">成绩信息</a>
```

```
</div>
        <div style = "width:1px;height:10px;"></div>
        <div class = "student">
        <span class = "scoreInfo" style = "width: 200px;"><a href = "addStudentcjView.
action" target = "right">成绩信息录入</a></span>
         <span class = "scoreInfo" style = "width: 200px;"><a href = "studentcjInfo.
action" target = "right">成绩信息查询</a></span>
        </div>
      </div>
    </body>
</html>
```

2. 登录功能开发

1）编写登录页

登录页 login.jsp 的代码如下：

```
<%@ page language = "java" pageEncoding = "UTF - 8"%>
<%@ taglib prefix = "s" uri = "/struts - tags"%>
<html>
  <head>
    <title>学生成绩管理系统</title>
  </head>
  <body>
    <s:form action = "login" method = "post" theme = "simple">
    <table>
      <caption>用户登录</caption>
      <tr>
        <td>
          学号：<s:textfield name = "log.stno " size = "20"/>
        </td>
      </tr>
      <tr>
        <td>
          口令：<s:password name = "log.password " size = "21"/>
        </td>
      </tr>
      <tr>
        <td align = "right">
          <s:submit value = "登录"/>
          <s:reset value = "重置"/>
        </td>
      </tr>
    </table>
    </s:form>
  </body>
</html>
```

2）编写、配置 Action 模块

登录页提交给了一个名为 login 的 Action，为了实现这个 Action 类，在 src 目录下的

org. studentscore. action 包中创建 LogAction 类。

LogAction. java 的代码如下：

```java
package org.studentscore.action;
import java.util.*;
import org.studentscore.model.*;
import org.studentscore.service.*;
import com.opensymphony.xwork2.*;
public class LogAction extends ActionSupport{
    private Logtab Log;
    protected LogService logService;
    //处理用户请求的 execute 方法
    public String execute() throws Exception{
        boolean validated = false;                          //验证成功标识
        Map session = ActionContext.getContext().getSession();  //获得会话对象,用来保存当前
                                                                //登录用户的信息

        Logtab log1 = null;
        //获取 Logtab 对象,如果是第一次访问,则用户对象为空,如果是第二次访问或以后,则直接
        //登录,无须重复验证
        log1 = (Logtab)session.get("Log");
        if(log1 == null){
            log1 = logService.find(Log.getSTNAME(), Log.getPASSWORD());
            if(log1!= null){
                session.put("Log", log1);        //把 log1 对象存储在会话中
                validated = true;                //标识为 true 表示验证成功通过
            }
        }
        else{
            validated = true;                    //该用户已登录并成功验证,标识为 true 无须再验证
        }
        if(validated){
            //验证成功返回字符串 "success"
            return SUCCESS;
        }
        else{
            //验证失败返回字符串 "error"
            return ERROR;
        }
    }
    …
}
```

在 src 下创建 struts. xml 文件,配置如下：

```xml
…
<struts>
    <package name = "default" extends = "struts-default">
        <!-- 用户登录 -->
        <action name = "login" class = "log">
            <result name = "success">/welcome.jsp</result>
```

```
        < result name = "error">/failure.jsp </result >
    </action >
...
    </package >
</struts >
```

3）编写 JSP 代码

登录成功页 welcome.jsp 的代码如下：

```
< % @ page language = "java" pageEncoding = "UTF - 8" % >
< % @ taglib prefix = "s" uri = "/struts - tags" % >
< html >
    < head ></head >
    < body >
        < s:set name = "log" value = " # session['log']"/>
        学号< s:property value = " # log.stno"/>用户登录成功!
    </body >
</html >
```

若登录失败则转到出错页 failure.jsp，代码如下：

```
< % @ page language = "java" pageEncoding = "UTF - 8" % >
< html >
    < head ></head >
    < body bgcolor = " # D9DFAA">
        登录失败!单击< a href = "login.jsp">这里</a>返回
    </body >
</html >
```

4）注册组件

在 applicationContext.xml 文件中加入注册信息。

applicationContext.xml 的代码如下：

```
< bean id = "baseDAO" class = "org.studentscore.dao.BaseDAO">
    < property name = "sessionFactory" ref = "sessionFactory"/>
</bean >
< bean id = "logDao" class = "org.studentscore.dao.imp.LogDaoImp" parent = "baseDAO"/>
< bean id = "logService" class = "org.studentscore.service.imp.LogServiceManage">
    < property name = "logDao" ref = "logDao"/>
</bean >
< bean id = "log" class = "org.studentscore.action.LogAction">
    < property name = "logService" ref = "logService"/>
</bean >
```

5）测试功能

部署运行程序，在页面上输入学号和口令，如图 15.8 所示。单击"登录"按钮，出现
"用户登录成功"页面，如图 15.9 所示。

3. 显示学生信息功能开发

1）编写和配置 Action 模块

单击主界面"学生信息"栏下边"学生信息查询"超链接，就会提交给 StudentAction

图 15.8　用户登录

图 15.9　用户登录成功

去处理。为实现该 Action,在 src 下的 org. studentscore. action 包中创建 StudentAction 类。由于所有与学生信息有关的查询、删除、修改和插入操作都是由 StudentAction 类中的方法来实现的,因此下面在 StudentAction 类中仅列出"显示所有学生信息"的方法,其他方法在此处只给出方法名，后面介绍相应功能的 Action 模块时再给出。

StudentAction.java 的代码如下：

```java
package org.studentscore.action;
import java.util.*;
import java.io.*;
import org.studentscore.model.*;
import org.studentscore.service.*;
import org.studentscore.tool.*;
import com.opensymphony.xwork2.*;
import javax.servlet.*;
import javax.servlet.http.*;
import org.apache.struts2.*;
public class StudentAction extends ActionSupport{
    private int pageNow = 1;
    private int pageSize = 8;
    private Student student;
    private StudentService studentService;
    //显示所有学生信息
    public String execute() throws Exception{
        List list = studentService.findAll(pageNow,pageSize);
        Map request = (Map)ActionContext.getContext().get("request");
        Pager page = new Pager(getPageNow(),studentService.findStudentSize());
        request.put("list", list);
        request.put("page", page);
        return SUCCESS;
    }
    //根据学号查询学生详细信息
    public String findStudent() throws Exception{
        …
    }
    //根据学号删除学生信息
    public String deleteStudent() throws Exception{
        …
    }
    //修改学生信息：显示修改页面和执行修改操作
    public String updateStudentView() throws Exception{
        …
    }
    public String updateStudent() throws Exception{
        …
    }
    //插入学生记录：显示录入页面和执行录入操作
    public String addStudentView() throws Exception{
        …
    }
    public String addStudent() throws Exception{
        …
    }
```

```java
public Student getStudent(){
  return student;
}
public void setStudent(Student student){
this.student = student;
}
public StudentService getStudentService(){
  return studentService;
}
public void setStudentService(StudentService studentService){
  this.studentService = studentService;
}
public int getPageNow(){
  return pageNow;
}
public void setPageNow(int pageNow){
  this.pageNow = pageNow;
}
public int getPageSize(){
  return pageSize;
}
public void setPageSize(int pageSize){
  this.pageSize = pageSize;
}
}
```

在 struts. xml 文件中配置：

```xml
<!-- 显示所有学生信息 -->
<action name = "studentInfo" class = "student">
  <result name = "success">/studentInfo.jsp</result>
</action>
```

2）编写 JSP 代码

成功后跳转到 studentInfo.jsp，分页显示所有学生信息。

studentInfo.jsp 的代码如下：

```jsp
<%@ page language = "java" pageEncoding = "UTF - 8" %>
<%@ taglib uri = "/struts - tags" prefix = "s" %>
<html>
  <head></head>
  <body>
    <table border = "1" cellspacing = "1" cellpadding = "8" width = "700">
      <tr align = "center" bgcolor = "silver">
        <th>学号</th><th>姓名</th><th>性别</th><th>专业</th><th>出生时间
</th><th>总学分</th><th>详细信息</th><th>操作</th><th>操作</th>
      </tr>
      <s:iterator value = "#request.list" id = "student">
      <tr>
        <td><s:property value = "#student.stno"/></td>
```

```
<td><s:property value="#student.stname"/></td>
<td>
  <s:if test="#student.stsex==1">男</s:if>
  <s:else>女</s:else>
</td>
<td><s:property value="#student.speciality"/></td>
<td><s:property value="#student.stbirthday"/></td>
<td><s:property value="#student.tc"/></td>
<td>
  <a href="findStudent.action?student.stno=<s:property value="#student.stno"/>">详细信息</a>
</td>
<td>
  <a href="deleteStudent.action?student.stno=<s:property value="#student.stno"/>" onClick="if(!confirm('确定删除该生信息吗?')) return false; else return true;">删除</a>
</td>
<td>
  <a href="updateStudentView.action?student.stno=<s:property value="#student.stno"/>">修改</a>
</td>
</tr>
</s:iterator>
<tr>
  <s:set name="page" value="#request.page"></s:set>
  <s:if test="#page.hasFirst">
    <s:a href="studentInfo.action?pageNow=1">首页</s:a>
  </s:if>
  <s:if test="#page.hasPre">
    <a href="studentInfo.action?pageNow=<s:property value="#page.pageNow-1"/>">上一页</a>
  </s:if>
  <s:if test="#page.hasNext">
    <a href="studentInfo.action?pageNow=<s:property value="#page.pageNow+1"/>">下一页</a>
  </s:if>
  <s:if test="#page.hasLast">
    <a href="studentInfo.action?pageNow=<s:property value="#page.totalPage"/>">尾页</a>
  </s:if>
</tr>
</table>
</body>
</html>
```

3) 注册组件

在 applicationContext.xml 文件中加入如下注册信息：

```
<bean id="studentDao" class="org.studentscore.dao.imp.StudentDaoImp" parent="baseDAO"/>
<bean id="studentService" class="org.studentscore.service.imp.StudentServiceManage">
```

基于 *Java EE* 和 *SQL Server* 的学生成绩管理系统开发

```
    <property name = "studentDao" ref = "studentDao"/>
</bean>
<bean id = "student" class = "org. studentscore. action. StudentAction">
    <property name = "studentService" ref = "studentService"/>
</bean>
```

4）测试功能

部署运行程序，登录后单击主界面"学生信息"栏下边"学生信息查询"超链接，将分页列出所有学生信息，如图 15.10 所示。

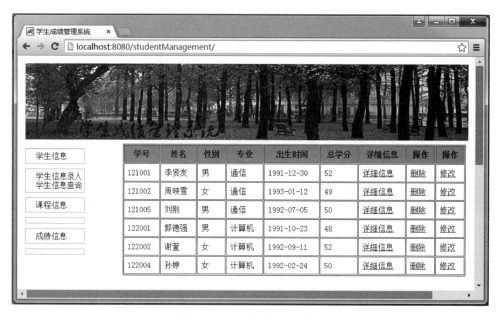

图 15.10　显示所有学生信息

4. 查看学生详细信息功能开发

在显示所有学生信息页面，每个学生记录的后面都有"详细信息"超链接，单击该超链接就会提交给 StudentAction 类的 findStudent 方法去处理。

1）编写、配置 Action 模块

在 StudentAction 类中加入 findStudent 方法，用于从数据库中查找某个学生的详细信息，以上编写的方法在 struts. xml 中配置。

2）编写 JSP 代码

编写用于显示学生详细信息的 moretail. jsp 页面。

3）测试功能

部署运行程序，在显示所有学生信息页面，单击要查询详细信息的学生记录后的"详细信息"超链接，即显示该学生的详细信息，如图 15.11 所示。

5. 学生信息录入功能开发

单击主界面"学生信息"栏下边"学生信息查询"超链接，就会提交给 StudentAction 类的 addStudentView 方法和 addStudent 方法去处理。

图 15.11 学生详细信息查询

1) 编写、配置 Action 模块

该功能分两步：首先显示录入页面，用户在表单中填写学生信息并提交，然后再执行录入操作，需要在 StudentAction 类中加入 addStudentView 方法和 addStudent 方法，在 struts.xml 中配置上述两个方法。

2) 编写 JSP 代码

编写录入页面 addStudentInfo.jsp。

3) 测试功能

部署运行程序，登录后在主界面"学生信息"栏下边单击"学生信息录入"超链接，出现如图 15.12 所示的界面。

单击"添加"按钮，提交 addStudent.action 处理。

6. 修改学生信息功能开发

在显示所有学生信息页面，每个学生记录的后面都有"修改"超链接，单击该超链接就会提交给 StudentAction 类的 updateStudentView 方法和 updateStudent 方法去处理。

1) 编写、配置 Action 模块

该功能分两步：首先显示修改页面，用户在表单中填写修改内容并提交，然后再执行修改操作，需要在 StudentAction 类中加入 updateStudentView 方法和 updateStudent 方法，并在 struts.xml 中配置。

2) 编写 JSP 代码

编写修改页面 updateStudentView.jsp。

3) 测试功能

部署运行程序，在显示所有学生信息页面，单击要修改的学生记录后的"修改"超链

基于 Java EE 和 SQL Server 的学生成绩管理系统开发

324

图 15.12　学生信息录入

接,进入该学生的信息修改页面,页面表单中已经自动获得了该学生的原信息,将总学分由 50 修改为 52,如图 15.13 所示。

图 15.13　修改学生信息

单击"添加"按钮,提交 updateStudent.action 处理。修改成功后,会跳转到 success.jsp,显示操作成功。

7. 删除学生信息功能开发

在显示所有学生信息页面,每个学生记录的后面都有"删除"超链接,单击该超链接就会提交给 StudentAction 类的 deleteStudent 方法去处理。

1)编写、配置 Action 模块

删除功能对应 StudentAction 类中的 deleteStudent 方法,在 struts.xml 中配置。

2)编写 JSP 代码

操作成功后会跳转到成功界面 success.jsp。

3)测试功能

在所有学生信息的显示页 studentInfo.jsp 中,有以下代码:

```
<td>
    <a href = "deleteStudent.action?student.stno = <s:property value = "♯student.stno"/>
      onClick = "if(!confirm('确定删除该生信息吗?'))return false;else return true;">删除</a>
</td>
```

为了防止操作人员误删学生信息,加入了上述"确定"对话框。部署运行程序,当用户单击"删除"超链接时,出现如图 15.14 所示的界面。

图 15.14　删除学生信息

单击"确定"按钮,提交 deleteStudent.action 执行删除操作。

基于 Java EE 和 SQL Server 的学生成绩管理系统开发

15.6 小 结

本章主要介绍了以下内容。

(1) 在创建学生成绩管理系统数据库和表中,介绍了基本表 STUDENT 表、COURSE 表、SCORE 表、LOGTAB 表的结构和样本数据。

(2) 轻量级 Java EE 系统划分为持久层、业务层和表示层,其后端是持久层,中间部分是业务层,前端是表示层,基于 Struts 2+Spring+Hibernate 架构进行开发。

(3) 在轻量级 Java EE 系统解决方案中,表示层使用 Struts 2 框架,包括 Struts 2 核心控制器、Action 业务控制器和 JSP 页面;业务层使用 Spring 框架,由 Service 组件构成;持久层使用 Hibernate 框架,由 POJO 类及其映射文件、DAO 组件构成。

该系统的所有组件,包括 Action、Service 和 DAO 等,全部放在 Spring 容器中,由 Spring 统一管理,所以,Spring 是轻量级 Java EE 系统解决方案的核心。

(4) 学生成绩管理系统的开发采用轻量级 Java EE 系统解决方案,搭建项目框架是学生成绩管理系统开发的重要工作。

(5) 开发人员在持久层开发中,需要生成 POJO 类及其映射文件,编写 DAO 接口及其实现类;在业务层开发中需要编写 Service 接口及其实现类;在表示层开发中需要编写 Action 类和 JSP 代码并进行测试。

习 题 15

一、选择题

1. 在下面的层中,_____不是轻量级 Java EE 系统划分的层。

    A. 模型层　　　　　B. 持久层　　　　　C. 表示层　　　　　D. 业务层

2. 表示层不包括_____。

    A. Action 业务控制器　　　　　　　B. JSP 页面

    C. DAO 组件　　　　　　　　　　　D. Struts 2 核心控制器

二、填空题

1. 表示层使用_____框架。

2. 业务层使用_____框架。

3. 持久层使用_____框架。

4. Spring 是轻量级 Java EE 系统解决方案的_____。

5. 在持久层开发中,需要生成 POJO 类及其映射文件,编写_____接口及其实现类。

6. 在业务层开发中需要编写_____接口及其实现类。

7. 在表示层开发中需要编写_____类和 JSP 代码并进行测试。

三、问答题

1. 轻量级 Java EE 系统怎样划分层?

2. 简述在轻量级 Java EE 系统解决方案中各层使用的框架和组成。

3. 试述"Spring 是轻量级 Java EE 系统解决方案的核心"的理由。

4. 开发人员在 Spring 是轻量级 Java EE 系统开发中,需要做哪些工作?

四、应用题

1. 参照学生成绩管理系统开发步骤,完成开发工作,完成后进行测试。

2. 将学生成绩管理系统后台数据库换为 Oracle 数据库,完成开发工作并进行测试。

3. 在学生成绩管理系统中增加学生选课功能,完成开发工作并进行测试。

基于 *Java EE* 和 *SQL Server* 的学生成绩管理系统开发

附录 A　习题参考答案

第 1 章　数据库系统和数据库设计

一、选择题

1. C　　　　　2. B　　　　　3. A　　　　　4. B　　　　　5. A

二、填空题

1. 数据完整性约束　　　　　2. 多对多

三、问答题

略

四、应用题

1.

(1)

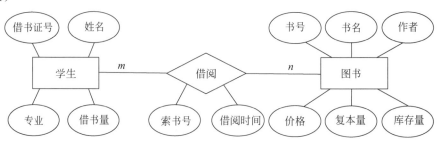

(2)

学生(<u>学号</u>，姓名，性别，出生日期)

课程(<u>课程号</u>，课程名，学分)

选修(<u>学号，课程号</u>，成绩)

　　外码：学号，课程号

2.

(1)

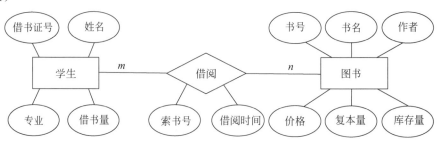

（2）

学生（<u>借书证号</u>，姓名，专业，借书量）

图书（<u>书号</u>，书名，作者，价格，复本量，库存量）

借阅（<u>书号，借书证号</u>，索书号，借阅时间）

外码：书号，借书证号

第 2 章　SQL Server 概述

一、选择题

1. B　　　　2. C　　　　3. D

二、填空题

1. 集成服务

2. 网络

三、问答题

略

第 3 章　创建数据库

一、选择题

1. B　　　　2. D　　　　3. C　　　　4. D　　　　5. B

二、填空题

1. 逻辑成分　　　　2. 视图

3. 数据库文件　　　　4. 64KB

5. 日志文件

三、问答题

略

四、应用题

1. 略

2.

```
CREATE DATABASE mydb
    ON
    (
        NAME = 'mydb',
        FILENAME = 'C:\Program Files\Microsoft SQL Server\MSSQL11.MSSQLSERVER\MSSQL\DATA\
mydb.mdf',
        SIZE = 7MB,
        MAXSIZE = 150MB,
        FILEGROWTH = 15 %
    )
    LOG ON
    (
        NAME = 'mydb_log',
        FILENAME = 'C:\Program Files\Microsoft SQL Server\MSSQL11.MSSQLSERVER\MSSQL\DATA\
```

```
mydb_log.ldf',
    SIZE = 1MB,
    MAXSIZE = UNLIMITED,
    FILEGROWTH = 8 %
)
```

第 4 章　创建和使用表

一、选择题

1. B　　　　2. D　　　　3. C　　　　4. B

二、填空题

1. 数据类型　　　　　　　　　　2. 不可用

3. 列名　　　　　　　　　　　　4. tinyint

5. 可变长度字符数据类型　　　　6. 非英语语种

三、问答题

略

四、应用题

1.

```
CREATE TABLE student
    (
        stno char(6) NOT NULL PRIMARY KEY,
        stname char(8) NOT NULL,
        stsex char(2) NOT NULL,
        stbirthday date NOT NULL,
        speciality char(12) NULL,
        tc int NULL
    )
GO

CREATE TABLE course
    (
        cno char(3) NOT NULL PRIMARY KEY,
        cname char(16) NOT NULL,
        credit int NULL
    )
GO

CREATE TABLE score
    (
        stno char (6) NOT NULL,
        cno char(3) NOT NULL,
        grade int NULL,
        PRIMARY KEY(stno,cno)
    )
GO
```

```
CREATE TABLE teacher
    (
        tno char (6) NOT NULL PRIMARY KEY,
        tname char(8) NOT NULL,
        tsex char (2) NOT NULL,
        tbirthday date NOT NULL,
        title char (12) NULL,
        school char (12) NULL
    )
GO

CREATE TABLE lecture
    (
        tno char (6) NOT NULL ,
        cno char(3) NOT NULL,
        location char(10) NULL,
        PRIMARY KEY(tno,cno)
    )
GO
```

2. 略

3.

```
INSERT INTO student values('121001','李贤友','男','1991－12－30','通信',52),
('121002','周映雪','女','1993－01－12','通信',49),
('121005','刘刚','男','1992－07－05','通信',50),
('122001','郭德强','男','1991－10－23','计算机',48),
('122002','谢萱','女','1992－09－11','计算机',52),
('122004','孙婷','女','1992－02－24','计算机',50);
GO

INSERT INTO course values('102','数字电路',3), ('203','数据库系统',3),
('205','微机原理',4),('208','计算机网络',4),('801','高等数学',4)
GO

INSERT INTO score values('121001','102',92),('121002','102',72),('121005','102',87),('122002',
'203',94),
('122004','203',81),('121001','205',91),('121002','205',65),('121005','205',85),
('121001','801',94),('121002','801',73), ('121005','801',82),('122001','801',NULL),
('122002','801',95),('122004','801',86);
GO

INSERT INTO teacher values('102101','刘林卓','男','1962－03－21','教授','通信学院'),
('102105','周学莉','女','1977－10－05','讲师','通信学院'),
('204101','吴波','男','1978－04－26','教授','计算机学院'),
('204107','王冬琴','女','1968－11－18','副教授','计算机学院'),
('801102','李伟','男','1975－08－19','副教授','数学学院');
GO

INSERT INTO lecture values('102101','102','1－327'),('204101','203','3－103'),
```

习题参考答案

```
('204107','205','5 - 214'),('801102','801','6 - 108');
GO
```

4. 略

第 5 章 数 据 查 询

一、选择题

1. D   2. C   3. C   4. B   5. D

二、填空题

1. 外层表的行数   2. 内   外

3. 外   内   4. ALL

5. WHERE

三、问答题

略

四、应用题

1.

```
USE stsc
SELECT *
FROM student
WHERE tc > = 50
```

2.

```
USE stsc
SELECT a. stno, a. stname, b. cname, c. grade
FROM student a, course b, score c
WHERE a. stno = c. stno AND b. cno = c. cno AND a. stname = '谢萱' AND b. cname = '高等数学'
```

3.

```
USE stsc
SELECT a. stname, c. grade
FROM student a, course b, score c
WHERE a. stno = c. stno AND b. cno = c. cno AND b. cname = '数字电路'
ORDER BY c. grade DESC
```

4.

```
USE stsc
SELECT a. cname, AVG(b. grade) AS 平均成绩
FROM course a, score b
WHERE a. cno = b. cno AND a. cname = '数字电路' OR a. cname = '微机原理'
GROUP BY a. cname
```

5.

```
USE stsc
```

```
SELECT a.speciality, b.cname, MAX(c.grade) AS 最高分
FROM student a, course b, score c
WHERE a.stno = c.stno AND b.cno = c.cno
GROUP BY a.speciality, b.cname
```

6.

```
SELECT st.stno, st.stname, sc.cno, sc.grade
FROM student st, score sc
WHERE st.stno = sc.stno AND st.speciality = '通信' AND sc.grade IN
  ( SELECT MAX(grade)
    FROM score
    WHERE st.stno = sc.stno
    GROUP BY cno
    )
```

7.

```
WITH tempt(stname, avg_grade, total)
AS ( SELECT stname, avg(sc.grade) AS avg_grade, COUNT(sc.stno) AS total
      FROM student s INNER JOIN score sc ON s.stno = sc.stno
      WHERE sc.grade >= 80
      GROUP BY s.stname
    )
SELECT stname AS 姓名, avg_grade AS 平均成绩 FROM tempt WHERE total >= 2
```

8.

```
USE stsc
SELECT a.stname AS '学生姓名'
FROM student a, course b, score c
WHERE a.stno = c.stno AND b.cno = c.cno
GROUP BY a.stname
HAVING COUNT(b.cno) >= 3
```

第6章 视 图

一、选择题
1. D   2. B   3. B   4. C

二、填空题
1. 一个或多个表或其他视图   2. 虚表

3. 定义   4. 基表

三、问答题
略

四、应用题
1.

```
USE stsc
```

```
GO
CREATE VIEW st_co_sr
AS
SELECT a.stno, a.stname, a.stsex, b.cno, b.cname, c.grade
    FROM student a, course b, score c
    WHERE a.stno = c.stno AND b.cno = c.cno
    WITH CHECK OPTION
GO

USE stsc
SELECT *
FROM st_co_sr
```

2.

```
USE stsc
GO
CREATE VIEW st_computer
AS
SELECT a.stname, b.cname, c.grade
    FROM student a, course b, score c
    WHERE a.stno = c.stno AND b.cno = c.cno AND speciality = '计算机'
    WITH CHECK OPTION
GO

USE stsc
SELECT *
FROM st_computer
```

3.

```
USE stsc
GO
CREATE VIEW st_av
AS
SELECT a.stname AS 姓名, AVG(grade) AS 平均分
    FROM student a, score b
    WHERE a.stno = b.stno
    GROUP BY a.stname
    WITH CHECK OPTION
GO

USE stsc
SELECT *
FROM st_av
```

第 7 章 索   引

一、选择题

1. C   2. B   3. C   4. C   5. D

二、填空题

1. UNIQUE CLUSTERED

2. 提高查询速度

3. CREATE INDEX

三、问答题

略

四、应用题

1.

```
USE stsc
CREATE UNIQUE CLUSTERED INDEX idx_tno ON teacher(tno)
```

2.

```
USE stsc
CREATE INDEX idx_credit ON course(credit)
USE stsc
ALTER INDEX idx_credit
  ON course
  REBUILD
    WITH (PAD_INDEX = ON, FILLFACTOR = 90)
GO
```

第8章　数据完整性

一、选择题

1. C   2. B   3. D   4. A   5. C

二、填空题

1. 列   2. 行完整性

3. DEFAULT '男' FOR 性别   4. CHECK(成绩>＝0 AND 成绩<＝100)

5. PRIMARY KEY（商品号）

6. FOREIGN KEY（商品号）REFERENCES 商品表（商品号）

三、问答题

略

四、应用题

1.

提示：可通过图形界面查出 student 表的 PRIMARY KEY 约束的名称。

```
USE stsc
ALTER TABLE student
DROP CONSTRAINT PK__student__312D77345872FC11
GO

ALTER TABLE student
```

```
ADD CONSTRAINT PK_student_stno PRIMARY KEY(stno)
GO
```

2.

```
USE stsc
ALTER TABLE score
ADD CONSTRAINT FK_score_stno FOREIGN KEY(stno) REFERENCES student(stno)
```

3.

```
USE stsc
ALTER TABLE score
ADD CONSTRAINT CK_score_grade CHECK(grade > = 0 AND grade < = 100)
```

4.

```
USE stsc
ALTER TABLE student
ADD CONSTRAINT DF_student_stsex DEFAULT '男' FOR stsex
```

第 9 章   T-SQL 程序设计

一、选择题

1. D   2. C   3. B   4. D   5. A   6. D

二、填空题

1. 标量函数   2. 多语句表值函数

3. @@FETCH_STATUS   4. DROP FUNCTION

5. 逐行处理   6. 游标当前行指针

三、问答题

略

四、应用题

1.

```
USE stsc
IF EXISTS(
    SELECT name FROM sysobjects WHERE type = 'u' and name = 'score')
    PRINT '存在'
ELSE
    PRINT '不存在'
GO
```

2.

```
USE stsc
SELECT s.stname, sc.grade, level =
    CASE
        WHEN sc.grade > = 90 THEN 'A'
        WHEN sc.grade > = 80 THEN 'B'
```

```
            WHEN sc.grade > = 70 THEN 'C'
            WHEN sc.grade > = 60 THEN 'D'
            WHEN sc.grade BETWEEN 0 AND 60 THEN 'E'
            WHEN sc.grade IS NULL THEN '未考试'
        end
FROM student s INNER JOIN score sc ON sc.stno = s.stno
GO
```

3.

```
USE stsc
DECLARE @name char(10),@gd int
SELECT @name = cname,@gd = AVG(grade)
FROM course c JOIN score sc on c.cno = sc.cno JOIN lecture lt on c.cno = lt.cno JOIN teacher t
on t.tno = lt.tno
WHERE t.tname = '李伟'
GROUP BY cname
PRINT @name + CAST(@gd AS char(10))
```

4.

```
DECLARE @i int, @sum int
SET @i = 1
SET @sum = 0
while(@i < 100)
    BEGIN
        SET @sum = @sum + @i
        SET @i = @i + 2
    END
PRINT CAST(@sum AS char(10))
```

5.

```
USE stsc
DECLARE @course_no int,@course_avg float
DECLARE avg_cur CURSOR
    FOR SELECT cno,AVG(grade)
        FROM score
        WHERE grade IS NOT NULL
        GROUP BY cno
OPEN avg_cur
FETCH NEXT FROM avg_cur INTO @course_no,@course_avg
PRINT '课程   平均分'
PRINT '------------'
WHILE @@fetch_status = 0
BEGIN
    PRINT CAST(@course_no AS char(4)) + ' ' + CAST(@course_avg AS char(6))
    FETCH NEXT FROM avg_cur INTO @course_no,@course_avg
END
CLOSE avg_cur
DEALLOCATE avg_cur
```

附
录
A

习题参考答案

6.

```
USE stsc
DECLARE stu_cur3 CURSOR
    FOR SELECT grade FROM sco WHERE grade IS NOT NULL
DECLARE @deg int,@lev char(1)
OPEN stu_cur3
FETCH NEXT FROM stu_cur3 INTO @deg
WHILE @@fetch_status = 0
    BEGIN
        SET @lev = CASE
            WHEN @deg >= 90 THEN 'A'
            WHEN @deg >= 80 THEN 'B'
            WHEN @deg >= 70 THEN 'C'
            WHEN @deg >= 60 THEN 'D'
            WHEN @deg IS NULL THEN NULL
            ELSE 'E'
        END
        UPDATE sco
        SET gd = @lev
        WHERE CURRENT OF stu_cur3
        FETCH NEXT FROM stu_cur3 INTO @deg
    END
CLOSE stu_cur3
DEALLOCATE stu_cur3

DECLARE @st_no int,@co_no int,@sc_lv char(1)
DECLARE lv_cur CURSOR
    FOR SELECT stno,cno,gd
        FROM sco
        WHERE grade IS NOT NULL
OPEN lv_cur
FETCH NEXT FROM lv_cur INTO @st_no,@co_no, @sc_lv
PRINT '学号    课程号   成绩等级'
PRINT '----------------------- '
WHILE @@fetch_status = 0
    BEGIN
        PRINT CAST(@st_no AS char(6)) + '   ' + CAST(@co_no AS char(6)) + ' '+ @sc_lv
        FETCH NEXT FROM lv_cur INTO @st_no,@co_no, @sc_lv
    END
CLOSE lv_cur
DEALLOCATE lv_cur
```

7.

```
USE stsc
DECLARE @st_sp char(8),@co_cn char(12),@st_avg float
DECLARE stu_cur2 CURSOR
    FOR SELECT a.speciality,c.cname,AVG(b.grade)
        FROM student a, score b,course c
```

```
        WHERE a.stno = b.stno AND b.grade > 0 AND c.cno = b.cno
        GROUP BY a.speciality,c.cname
OPEN stu_cur2
FETCH NEXT FROM stu_cur2 INTO @st_sp,@co_cn,@st_avg
PRINT '专业    课程        平均分'
PRINT '----------------------- '
WHILE @@fetch_status = 0
    BEGIN
        PRINT @st_sp + @co_cn + ' ' + CAST(@st_avg as char(6))
        FETCH NEXT FROM stu_cur2 INTO @st_sp,@co_cn,@st_avg
    END
CLOSE stu_cur2
DEALLOCATE stu_cur2
```

第 10 章   存 储 过 程

一、选择题
1. A   2. B   3. A   4. D   5. C

二、填空题
1. 预编译后   2. CREATE PROCEDURE
3. EXECUTE   4. 变量及类型
5. OUTPUT

三、问答题
略

四、应用题
1.

```
USE stsc
GO
CREATE PROCEDURE stu_all
AS
    SELECT a.stno,a.stname,b.cname,c.grade
    FROM student a, course b, score c
    WHERE a.stno = c.stno AND b.cno = c.cno
    ORDER BY a.stno
GO

EXEC stu_all
GO
```

2.

```
USE stsc
GO
IF EXISTS(SELECT * FROM sysobjects WHERE name = 'avg_spec' AND TYPE = 'P')
    DROP PROCEDURE avg_spec
GO
CREATE PROCEDURE avg_spec(@spe char(12) = '计算机')
```

```
AS
    SELECT avg(b.grade)AS '平均分'
    FROM student a,score b
    WHERE a.speciality = @spe AND a.stno = b.stno
    GROUP BY a.speciality
GO

EXEC avg_spec
GO
```

3.

```
USE stsc
GO
CREATE PROCEDURE avg_course
(
    @cou_num int,
    @cou_name char(8) OUTPUT,
    @cou_avg float OUTPUT
 )
AS
    SELECT @cou_name = a.cname, @cou_avg = AVG(b.grade)
    FROM course a, score b
    WHERE a.cno = b.cno AND NOT grade is NULL
    GROUP BY a.cno, a.cname
    HAVING a.cno = @cou_num
GO

DECLARE @cou_name char(8)
DECLARE @cou_avg float
EXEC avg_course '102', @cou_name OUTPUT, @cou_avg OUTPUT
SELECT '课程名' = @cou_name, '平均分' = @cou_avg
GO
```

第 11 章　触　发　器

一、选择题

1. D　　　　2. A　　　　3. B　　　　4. C　　　　5. D　　　　6. D

二、填空题

1. 激发　　　　　　　　2. 后

3. 1　　　　　　　　　4. inserted

5. ROLLBACK　　　　　6. 约束

三、问答题

略

四、应用题

1.

```
USE stsc
GO
```

```
CREATE TRIGGER trig_deleteTeacher
    ON teacher
AFTER DELETE
AS
    BEGIN
        DECLARE @nm char(6)
        SELECT @nm = deleted.tno FROM deleted
        DELETE lecture
        WHERE lecture.tno = @nm
    END
GO

DELETE teacher
WHERE tno = '102101'
GO
SELECT * FROM lecture
GO
```

2.

```
USE stsc
GO
CREATE TRIGGER trig_updateScore
    ON score
AFTER UPDATE
AS
IF UPDATE(grade)
    BEGIN
        PRINT '不能修改分数'
        ROLLBACK TRANSACTION
    END
GO

UPDATE score
SET grade = 100
WHERE stno = '121002'
GO
```

3.

```
USE stsc
GO
CREATE TRIGGER trig_insert_update
    ON score
AFTER INSERT, UPDATE
AS
BEGIN
    DECLARE @nm int
    SELECT @nm = inserted.grade FROM inserted
    IF @nm <= 100 and @nm >= 0
        PRINT '插入数值正确!'
```

```
        ELSE
            BEGIN
                PRINT '插入数值不在正确范围内!'
                ROLLBACK TRANSACTION
            END
END
GO

INSERT INTO score VALUES('121005','302',180)
GO
```

4.

```
USE stsc
GO
CREATE TRIGGER trig_dbTab
    ON DATABASE
AFTER DROP_TABLE, ALTER_TABLE
AS
BEGIN
    PRINT '不能修改表结构'
    ROLLBACK TRANSACTION
END
GO

ALTER TABLE teacher ADD class char(8)
GO
```

第 12 章　系统安全管理

一、选择题

1. D　　2. C　　3. A　　4. B　　5. A　　6. C　　7. A

二、填空题

1. 安全性

2. SQL Server

3. CREATE LOGIN

4. GRANT SELECT

5. GRANT CREATE TABLE

6. DENY INSERT

7. REVOKE CREATE TABLE

三、问答题

略

四、应用题

1.

```
CREATE LOGIN mylog
    WITH PASSWORD = '123456'

ALTER LOGIN mylog
    WITH PASSWORD = '234567'
```

```
DROP LOGIN mylog
```

2.

```
CREATE LOGIN Mst
    WITH PASSWORD = '123',
    DEFAULT_DATABASE = stsc

USE test
CREATE USER Musr
    FOR LOGIN Mst
```

3.

```
USE test
GRANT CREATE TABLE TO Musr
GO

USE test
REVOKE CREATE TABLE FROM Musr
GO
```

4.

```
USE test
GRANT INSERT,UPDATE,DELETE ON s TO Musr
GO

USE test
REVOKE INSERT,UPDATE,DELETE ON s FROM Musr
GO
```

5.

```
USE test
DENY INSERT,UPDATE,DELETE ON s TO Musr
GO
```

第 13 章　备份与恢复

一、选择题

1. C　　　2. A　　　3. B　　　4 D　　　5. D　　　6. B

二、填空题

1. 事务日志备份　　　2. 完整恢复模式

3. 完整　　　4. 日志

5. 允许　　　6. 备份设备

三、问答题

略

附录 A

习题参考答案

四、应用题

1.

```
USE master
EXEC sp_addumpdevice 'disk','mydk','e:\bkp\mydk.bak'
BACKUP DATABASE test TO mydk
```

2.

```
USE master
RESTORE DATABASE test FROM mydk
    WITH FILE = 1, REPLACE
```

第 14 章　事 务 和 锁

一、选择题

1. D　　　　2. B　　　3. D

二、填空题

1. 持久性　　　　　　　2. BEGIN TRANSACTION

3. ROLLBACK　　　　　4. 数据块

5. 幻读　　　　　　　　6. 释放

三、问答题

略

四、应用题

1.

```
BEGIN TRANSACTION
    USE stsc
    SELECT * FROM course
COMMIT TRANSACTION
```

2.

```
SET IMPLICIT_TRANSACTIONS ON                 /*启动隐性事务模式*/
GO
USE stsc
INSERT INTO course VALUES ('104','信号与系统',4)
COMMIT TRANSACTION
GO
USE stsc
SELECT COUNT(*) FROM score
INSERT INTO score VALUES ('121001','104',93)
INSERT INTO score VALUES ('121002','104',81)
INSERT INTO score VALUES ('121005','104',88)
COMMIT TRANSACTION
GO
SET IMPLICIT_TRANSACTIONS OFF                 /*关闭隐性事务模式*/
GO
```

3.

```
BEGIN TRANSACTION
    USE stsc
    INSERT INTO score VALUES('122004','205',90)
    SAVE TRANSACTION sco_point                    /* 设置保存点 */
    DELETE FROM score WHERE stno = '122004' AND cno = '205'
    ROLLBACK TRANSACTION sco_point               /* 回滚到保存点 sco_point */
COMMIT TRANSACTION
```

第 15 章　基于 Java EE 和 SQL Server 的学生成绩管理系统开发

一、选择题
1. A　　　　2. C

二、填空题
1. Struts 2　　　2. Spring

3. Hibernate　　　4. 核心

5. DAO　　　　6. Service

7. Action

三、问答题
略

四、应用题
略

附录 B | 学生成绩数据库 stsc 的表结构和样本数据

1. stsc(学生成绩数据库)的表结构

stsc 数据库的表结构见表 B.1～表 B.5。

表 B.1 student(学生)表的结构

列　名	数据类型	允许 NULL 值	是否主键	说　明
stno	char(6)		主键	学号
stname	char(8)			姓名
stsex	char(2)			性别
stbirthday	date			出生日期
speciality	char(12)	√		专业
tc	int	√		总学分

表 B.2 course(课程)表的结构

列　名	数据类型	允许 NULL 值	是否主键	说　明
cno	char(3)		主键	课程号
cname	char(16)			课程名
credit	int	√		学分

表 B.3 score(成绩)表的结构

列　名	数据类型	允许 NULL 值	是否主键	说　明
stno	char(6)		主键	学号
cno	char(3)		主键	课程号
grade	int	√		成绩

表 B.4 teacher(教师)表的结构

列　名	数据类型	允许 NULL 值	是否主键	说　明
tno	char(6)		主键	教师编号
tname	char(8)			姓名
tsex	char(2)			性别
tbirthday	date			出生日期
title	char(12)	√		职称
school	char(12)	√		学院

表 B.5 lecture(讲课)表的结构

列　　名	数 据 类 型	允许 NULL 值	是 否 主 键	说　　明
tno	char(6)		主键	教师编号
cno	char(3)		主键	课程号
location	char(10)	√		上课地点

2. stsc(学生成绩数据库)的样本数据

stsc 数据库的样本数据见表 B.6~表 B.10。

表 B.6 student 表的样本数据

学　　号	姓　　名	性　　别	出 生 日 期	专　　业	总 学 分
121001	李贤友	男	1991-12-30	通信	52
121002	周映雪	女	1993-01-12	通信	49
121005	刘刚	男	1992-07-05	通信	50
122001	郭德强	男	1991-10-23	计算机	48
122002	谢萱	女	1992-09-11	计算机	52
122004	孙婷	女	1992-02-24	计算机	50

表 B.7 course 表的样本数据

课 程 号	课 程 名	学　　分
102	数字电路	3
203	数据库系统	3
205	微机原理	4
208	计算机网络	4
801	高等数学	4

表 B.8 score 表的样本数据

学　　号	课 程 号	成　　绩	学　　号	课 程 号	成　　绩
121001	102	92	121005	205	85
121002	102	72	121001	801	94
121005	102	87	121002	801	73
122002	203	94	121005	801	82
122004	203	81	122001	801	NULL
121001	205	91	122002	801	95
121002	205	65	122004	801	86

表 B.9　teacher 表的样本数据

编　号	姓　名	性　别	出生日期	职　称	学　院
102101	刘林卓	男	1962-03-21	教授	通信学院
102105	周学莉	女	1977-10-05	讲师	通信学院
204101	吴波	男	1978-04-26	教授	计算机学院
204107	王冬琴	女	1968-11-18	副教授	计算机学院
801102	李伟	男	1975-08-19	副教授	数学学院

表 B.10　lecture 表的样本数据

教师编号	课　程　号	上课地点
102101	102	1-327
204101	203	3-103
204107	205	5-214
801102	801	6-108

参 考 文 献

［1］ SILBERSCHATZ A，KORTH H F，SUDARSHAN S. Database System Concepts［M］. 6th ed. New York：The McGraw-Hill Companies，Inc. ，2011.

［2］ LEBLANCE P. SQL Server 2012 从入门到精通［M］. 潘玉琪，译. 北京：清华大学出版社，2014.

［3］ ATKINSON P，VIEIRA R. SQL Server 2012 编程入门经典［M］. 王军，牛志玲，译. 4 版. 北京：清华大学出版社，2013.

［4］ 王珊，萨师煊. 数据库系统概论［M］. 5 版. 北京：高等教育出版社，2014.

［5］ 刘卫国，奎晓燕. 数据库技术与应用 SQL Server 2012 微课版［M］. 北京：清华大学出版社，2020.

［6］ 教育部考试中心. 数据库技术（2021 年版）［M］. 北京：高等教育出版社，2020.

［7］ 郑阿奇. SQL Server 实用教程（SQL Server 2012）［M］. 4 版. 北京：电子工业出版社，2015.

［8］ 李春葆，曾平，喻丹丹. SQL Server 2012 数据库应用与开发教程［M］. 北京：清华大学出版社，2015.

图 书 资 源 支 持

感谢您一直以来对清华版图书的支持和爱护。为了配合本书的使用,本书提供配套的资源,有需求的读者请扫描下方的"书圈"微信公众号二维码,在图书专区下载,也可以拨打电话或发送电子邮件咨询。

如果您在使用本书的过程中遇到了什么问题,或者有相关图书出版计划,也请您发邮件告诉我们,以便我们更好地为您服务。

我们的联系方式:

地　　址:北京市海淀区双清路学研大厦 A 座 714

邮　　编:100084

电　　话:010-83470236　　010-83470237

客服邮箱:2301891038@qq.com

QQ:2301891038(请写明您的单位和姓名)

资源下载: 关注公众号"书圈"下载配套资源。

资源下载、样书申请

书 圈

获取最新书目

观看课程直播